长江流域大别山脉地区
毛翅目昆虫
分类学与区系研究
Researches on
Trichoptera Taxonomy and Fauna of
Dabie Mountains, Yangtze River Basin

Researches on Trichoptera Taxonomy and Fauna of Dabie Mountains, Yangtze River Basin

长江流域大别山脉地区毛翅目昆虫分类学与区系研究

闫云君　邱　爽　◎　著

中国·武汉

内容简介

本书作者主要于2014—2015年在大别山脉地区进行了一次较为系统的毛翅目昆虫考察，采集、记录该地区的毛翅目昆虫共140种。书中对毛翅目的分类学研究、形态、系统发育和水质监测等方面进行了详细的介绍，同时搜集整理了大别山脉地区的相关资料，并结合采集结果对当地毛翅目昆虫的时空分布、季节变化、起源与演化等方面进行了分析。

本书中作者采集的所有种均有详细的鉴定特征描述和图片，可供水生昆虫研究者和爱好者鉴定使用。

图书在版编目(CIP)数据

长江流域大别山脉地区毛翅目昆虫分类学与区系研究/闫云君，邱爽著. —武汉：华中科技大学出版社，2020.11

ISBN 978-7-5680-6654-9

Ⅰ.①长… Ⅱ.①闫… ②邱… Ⅲ.①长江流域-大别山-毛翅目-研究 Ⅳ.①Q969.410.8

中国版本图书馆CIP数据核字(2020)第214776号

长江流域大别山脉地区毛翅目昆虫分类学与区系研究 闫云君 邱 爽 著

Changjiang Liuyu Dabieshanmai Diqu Maochimu Kunchong Fenleixue yu Quxi Yanjiu

策划编辑：王汉江
责任编辑：朱建丽
装帧设计：赵慧萍 王瑞阳
责任校对：曾 婷
责任监印：徐 露
出版发行：华中科技大学出版社(中国·武汉) 电话：(027)81321913
武汉市东湖新技术开发区华工科技园 邮编：430223
录 排：华中科技大学惠友文印中心
印 刷：武汉科源印刷设计有限公司
开 本：710mm×1000mm 1/16
印 张：16.25 插页：4
字 数：321千字
版 次：2020年11月第1版第1次印刷
定 价：58.00元

插图 1　典型毛翅目幼虫栖息地

插图 2　舌石蛾科幼虫栖息于溪中石块

插图 3　鳞石蛾属(完须亚目)幼虫所筑便携可动巢

插图 4　环须亚目幼虫所筑捕食网

插图 5　用光幕法采集毛翅目昆虫

插图 6　用光盘法采集毛翅目昆虫

插图 7　白天于水边使用捕网采集毛翅目昆虫

插图 8　使用马氏网进行采集

前　言

毛翅目成虫俗称石蛾，为一古老昆虫类群。其幼虫俗称石蚕，多完全水生，少量湿生或陆生，常见于清洁、冷凉淡水水体，如各种山间溪流、河流与湖泊。毛翅目昆虫较其他水生昆虫有极高的多样性，已知的毛翅目昆虫种数大于蜻蜓目、蜉蝣目、襀翅目与广翅目的种数之和，仅次于水生双翅目。

近年来，世界上对毛翅目昆虫的研究水平有很大提升，获得了较多成果。重视的原因主要有两方面，一方面是欧美毛翅目昆虫学家于东洋界发现了大量新种。更多的潜在新种吸引了许多昆虫学家前往亚洲东南部进行调查研究。另一方面是毛翅目昆虫之于水生态系统的重要作用愈加为人所知。石蚕个体较大，易于鉴定，寿命较长，活动能力与活动范围较小，且大部分种类对于污染物与其他干扰较为敏感，故在各种水生态系统的生物监测中，石蚕可作为指示生物，反映水体的清洁度。即便污染物毒性与浓度不足以杀死个体，其所织捕食网也会发生扭曲变形，进一步影响摄食效率与营养状况。毛翅目幼虫不仅食性多样，可参与河流生态系统中不同的功能摄食群，其筑巢行为与聚集休眠行为也可提升栖息地的复杂性，从而有益于其他底栖生物的聚群，提升生态系统稳定性，减少水土流失。因此，对毛翅目昆虫的调查不仅能检测水质，更能全面地监测淡水生态系统的健康状况。各类底栖动物生态方面的论文、研究机构与学术会议中均可见毛翅目昆虫的相关研究。此外，古生物学家可利用毛翅目昆虫化石进行古生态学与古代河道演变的研究，毒理学家可结合毛翅目与组织学进行污染物毒性研究。在系统学方面，毛翅目与鳞翅目为姐妹群，因此，毛翅目昆虫可作为外群帮助鳞翅目昆虫进行鳞翅目系统发育分析。毛翅目昆虫在形态上保留了许多古老的特征，因而被称为“活化石”。例如，成虫毛翅与退化为吸器的咀嚼式口器，可以看作是从光滑翅膀到鳞翅目昆虫的鳞翅、从咀嚼式口器到虹吸式口器的过渡形态。同样，在分子层面，毛翅目昆虫也因其原始特征与独特位置而在各类昆虫纲系统发育分析中起到不可或缺的作用。在上述所有研究背后，分类学作为各种生物学相关研究的基础，起到至关重要的作用，若不能确定具体种类，生物学研究很难做出有意义的成果。

本书选择大别山脉地区作为研究区域，这一地区位于河南省、安徽省与湖北省交界处，长江与黄河中下游，气候温和，水量充沛。其山间溪流、湖泊与河流为毛翅目昆虫的理想栖息地。此外，大别山脉地区靠近我国古北界与东洋界的交界处，属南北动物的过渡地带，生物资源丰富。本研究在搜集整理大别山脉地区毛翅目昆虫研究记录的同时，通过对该地区多次采样，尽可能获得标本，并进行鉴定分析与数理统计，以确定大别山脉地区毛翅目昆虫的区系组成，分析该地区的多样性、分布格局与特点。

本书主要内容如下。

(1) 大别山脉地区毛翅目昆虫区系资料。在前人研究基础上，对大别山脉地区毛翅目昆虫的形态进行详细描述，并提供完整的大别山脉地区毛翅目昆虫名录，包括各级阶元组成特征与检索表。

(2) 分析大别山脉地区毛翅目昆虫多样性组成特点、物种分布格局及成因。

(3) 分析大别山脉地区毛翅目昆虫地理分布，包括与国外、我国其他地区的地理分布比较，海拔与时空分布规律等。

著者

2020 年 5 月

目　　录

第一篇　总　　论

第二篇　各　　论

第一篇　总　　论

第一章 研究区域简介

大别山脉地区(以下简称大别山)位于30°10′～32°30′N,112°40′～117°10′E,包括大别山与桐柏山,占地约6.9万平方公里,为河南省、湖北省与安徽省三省交界地带,属长江中下游地区。这一地区为我国南北交界区的过渡地带,两界动物于此互相渗透。解焱等人将这一地区划分为东南区-华中亚区-淮北平原和长江中下游平原-大别山桐柏山落叶灌丛-大别山桐柏山。张荣祖在《中国动物地理》中将大别山气候区划为东部季风区,温度带划为北亚热带,动物地理区划为华中区-东部丘陵平原地带。大别山从侏罗纪早期开始形成,于侏罗纪晚期至白垩纪早期隆起,喜马拉雅期再次发生抬升与拉伸塌陷,形成现代的山体地貌。

大别山脉走向为东南至西北,其中高山沟壑镶嵌分布,卫星照片中可见明显北向高山与深谷分布(见图1.1)。其东南方湖北境内为北高南低,自北向南呈阶梯形坡降。北部海拔500 m以上,往南依次出现中山、低山、丘陵,中部、南部低平,一般在300 m以下。山体于太湖、宿松、黄梅、蕲春地区向南凸出呈“盾”形;山体于中部金寨南北有一个受东西向挤压,往南北向延长的地带,三省交界处有许多高峰;山体于西北河南境内则由南向北从中山、低山逐渐变为低山、丘陵地带。总体而言,大别山地形为两边低中间高,地势多样,主要为中低山系、丘陵山地与山间盆地。受到地形影响,大别山脉东南部河流受断裂构造控制而呈格子状水系,即河段的大角度转弯及主干与支流呈直角形交汇;西北部主干河流伴山脉,呈东南向或西北向分布,包括许多支流,构成树枝状。

同时,大别山脉地区位于我国东部亚热带湿润区,江淮之间,为长江水系与淮河水系的分水岭。其气候属北亚热带温暖湿润区向南暖温带半湿润区过渡地带,具有明显过渡特征,为具有优越山地气候与森林小气候特征的北亚热带季风型气候,都湿润温和,四季分明,光照充足,7月份最热平均气温23 ℃,夏季平均气温22 ℃,冬季平均气温10℃,局部气候差异较大。大别山脉地区,区域内虽兴建了许多水库,但调节能力仍较为薄弱。雨量充沛,年降水量1080～1600 mm,河流多,水质好。但年降水量变化较大,且降水季节集中,时空分布不均。另一方面,大别山脉地区地形切割强烈,岩石富水性差,降雨会迅速排入江河,因此调节能力较差、地下水贫乏。

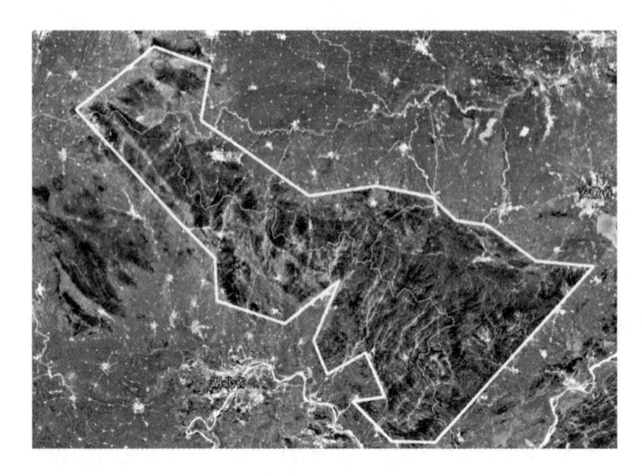

图 1.1　大别山脉地区卫星照片(来源:谷歌地球)

大别山脉的复杂地形与优越气候形成较高的生态系统多样性,其中森林、湿地生态系统尤为丰富。大别山脉地区植被属北亚热带落叶阔叶与常绿阔叶混交林带,南部亚热带常绿植物成分有所增加,但由于长期过度砍伐,其天然森林已濒临枯竭,目前该地区森林主要为次生林。对大别山脉地区长期考察结果显示,目前该地区森林覆盖率高,有丰富的动植物多样性。此外,大别山脉地区自三叠纪以来基本保持温暖湿润,第三纪与第四纪冰川期未受到太大侵害,因此聚集了许多古老物种。这一地区建立了多个自然保护区,包括董寨、金寨天马等国家级自然保护区。总体而言,这一地区环境功能多样,同时生态环境较脆弱敏感,部分地区存在污染与土壤侵蚀等问题。

Wallace 将世界陆地动物地理区域划分为古北界(palaearctic realm)、新北界(nearctic realm)、东洋界(oriental realm)、非洲界(afrotropical realm,又称为热带界)、新热带界(neotropical realm)与澳大利亚界(australian realm),这一划分方式为大多数学者所接受,仅就具体边界存在一些争议。Morse J. C. 在 Wallace 的基础上,将古北界划分为东古北界(east palaearctic region)与西古北界(west palaearctic region),并将非洲界称为非洲热带界(afrotropical region)。我国的新疆维吾尔自治区、青海省、甘肃省、陕西省、河南省、山东省及其北部为古北界,南部为东洋界。这些定义应用于 Morse J. C. 所建立的毛翅目昆虫世界名录中。由于这一名录相当完善并在毛翅目分类学界被广为接受,这些定义也得到毛翅目研究者广泛认同。另一方面,马世骏提出,中国昆虫可分为古北种、东洋种、中日种与中国-喜马拉雅种等四种区系成分,其中中国-喜马拉雅分布最广,应考虑将这一成分作为一个独立地理区划看待。杨星科在此基础上提出了一些基于地理分布的标准,将中国种类分为古北种、东洋种、广布种与东亚种类。本书的世界地理区域与中国动物地理区的划分即基于以上研究。

与其他世界地理区系相比，大别山脉地区所在的东洋界具有当前最高的毛翅目多样性。在毛翅目中，环须亚目八科、原石蛾科、鳞石蛾科、瘤石蛾科、枝石蛾科与长角石蛾科均以东洋界的多样性最高。因此，大别山脉地区应具有丰富的毛翅目昆虫资源。

第二章　毛翅目昆虫概述

第一节　国内外研究概况

1. 经典分类学研究

对毛翅目昆虫的研究具有悠久历史。1758 年出版的《自然系统》(10 版)中，著名博物学家林奈已描述了 18 种脉翅目昆虫，其中 14 种及随后描述的 7 种均被归入毛翅目。毛翅目(Trichoptera)一名最早由 Kirby 在 1813 年创建，意指这一类昆虫具有以毛覆盖的膜质翅膀，称为毛翅。19 世纪早期这一类群也有其他名字，如 *Lophiacera* Billber、*Plicipennes* Latreille，以及由“石蛾”(*Phryganea*)一词所衍生的词汇如 *Phryganides*、*Phryganina* 等。截至 2019 年，全世界毛翅目昆虫一共有超过 16266 个现存种，分属于 51 科 618 属，另有约 765 个化石种。Ross 曾估计全世界毛翅目为 10000 种，而 Schmid 在印度进行考察后推断，自然界至少存在毛翅目 50000 种，其中亚洲西南部应有 40000 种。目前全世界发现的毛翅目种类虽已远超 Ross 所估计的，却仍不足 Schmid 所估计的 1/3，仍然可能有大量物种尚未被发现。

早期对毛翅目昆虫的记述主要在于体长、体色、翅膀花纹等，描述较为粗略。但毛翅目昆虫的体型多数为小型或中型，体色灰黄，近似种间难以区分，因此研究早期毛翅目种类的发现与描述较少。1844 年，Dufour 提出了关于昆虫外生殖器锁-钥学说。该学说认为，昆虫外生殖器的形态是生殖隔离的物理基础，因此可以据此对种类进行区分。此后，昆虫分类学的观察重点转移到了昆虫生殖系统的形态，这一方法可有效地区分不同标本，并使形态学定义物种的方式与生物学的物种定义相关联，这提高了在毛翅目研究中以形态学定义物种的可信度。随着研究的发展，这一理论也更加完善，锁-钥结构不仅可在物理上形成生殖隔离，并且由于形态差异，即使不同种的昆虫勉强交配也会因为契合度低而影响繁殖成功率。随着显微镜的出现与发展，种的描述得以更加细致，形态学应用也愈加广泛。Nielson 对毛翅目各科雄性与雌性生殖系统进行了较为全面与系统的比较学研究，确认了不同科下各结构的同源性。其中许多术语至今仍被广泛使用。同时，由于毛翅目分布较广，易于采集，早期多位昆虫学家均在研究各自领域内昆虫时或多或少地描述过毛翅目昆虫，如美国昆虫学家 Nathan Banks、西班牙昆虫学家 Longinos Navás。后来随着学科发展，部分昆虫学家更加专注于毛翅目昆虫的研究，如乌克兰昆虫学家 Andrei V. Martynov、奥地利昆虫学家 Hans Malicky、美国昆虫学家 Herbert H. Ross 与加拿大昆虫学家 Fernand Schmid，这些更为专业的昆虫学家在毛翅目领域发现了大量新种，并按照形态特征对部分种进行了初步归类与划分。新种的发现与描述为进一步研究奠定了基础。

累积一定形态多样性后，系统发育学研究开始发展。早期系统发育研究通常以形态学特征为基础，结合生态学与行为学特征进行归纳。最初昆虫学家仅使用少量特征进行较为主观的归类，而 Henning 则将支序学引入了分类，结合计算机的发展与应用，近现代形态学分类方法更加客观。经过了多年发展，昆虫学家对毛翅目各科之间的关系有了一定理解，并确立了一些有效的分类学名称。

然而，经典分类学存在其局限性，即使是同一种内的不同个体，形态中也有细微差距，而且形态描述与观察方式也受描述者主观影响。这些不足限制了形态学的系统发育分析，尤其是科下系统发育分析的应用。这些不足可以由现代生物学技术补充完善。

随着分类学研究的深入，对毛翅目昆虫的实际应用研究也开始兴起。例如，利用毛翅目幼虫进行河流生态功能调查与研究，或针对特定水域进行全面物种调查。调查结果不仅可为水质监测提供对比资料，也可进一步发现新种。当前各大文献库可查阅毛翅目昆虫生活史、生产力与营养基础方面等相关研究。

我国在世界动物地理区系中占据古北界与东洋界部分位置。而目前东洋界具有全世界最高的毛翅目昆虫多样性，许多毛翅目昆虫学家在此区域发现了大量新物种。然而，与欧美国家相比，这一区域多数国家对毛翅目昆虫的研究开展较晚或进展较慢。其原因主要包括知识储备不足、研究人员不足、设备不足及对水生生物重要性认识不足等。此类问题不仅存在于我国，也存在于东洋界其他国家；不仅存在于毛翅目，也存在于其他无脊椎动物领域。

日本对毛翅目研究相对于其他亚洲国家而言发展得更好。1931 年日本昆虫学家松江松年在《日本昆虫大图鉴》中描述了 48 种毛翅目昆虫。后来日本昆虫学家也不断对毛翅目昆虫进行研究，包括名录编纂与修订、新种调查与发表、已知种的重新描述等，同时涉及对系统学与分子生物学的研究与应用，其中在幼虫采集、描述及成虫与幼虫配对方面的工作尤为突出。在成熟的饲养技术支持下，许多新种与已知种有了完整生活史的描述记录。

我国毛翅目昆虫的记录可追溯到汉末时期的《名医别录》，书中记载的一味中药“石蚕”为一类毛翅目幼虫。其后各种著名医书如《唐本草》、《本草衍义》、《神农本草经》中，也可看到对石蚕的记载。然而，这些记载的重点在于石蚕的药用价值,未见可用于分类学的详细形态描述。

我国近代毛翅目研究是由黄其林教授开创的,他于 19 世纪 40 年代赴美国学习并搜集文献。黄其林教授总共发表了毛翅目新种 40 个,并初步查明了当时我国所有已知的毛翅目种类数量。由于我国关于毛翅目的研究相对于国外较晚,早期我国许多种由国外研究人员发表。毋庸置疑,这些研究人员为我国昆虫分类学发展做出了重要贡献,但也产生了一些问题,例如,①国外研究人员所书地名并非汉语或正规汉语拼音,未标注音调,早期研究也无可靠 GPS 系统提供采样地坐标,因此许多采集地现已难以考证;②许多原产于我国种类的模式标本保存于外国的博物馆、大学或标本馆,我国研究者难以获得模式标本进行比对;③部分国外研究者使用法语,甚至德语、拉丁语等小语种进行描述,不利于我国研究者的研究与传播。在本书描述的毛翅目中,也可看到部分种的模式产地没有中文或中文地名不确定的问题。这是因为部分种发表年代久远且地名记述不够规范而导致难以考据。

得益于黄其林教授及其学生的努力与坚持,我国毛翅目研究得以持续,其水平也不断上升。1990 年夏,美国克莱姆森大学(Clemson University)与中国南京农业大学的研究团队联合进行了一次大规模采集,设立了 85 个采样点,包括安徽省、江西省、福建省、四川省、湖北省与云南省等地区,得到了超过 120000 个标本,所包含新种随后陆续发表。该行动不仅获得了大量标本与新种,而且建立了我国水生昆虫工作者联络网,制订了我国水污染监测工程计划,编写了《我国水生昆虫学研究计划》,推动了我国水生昆虫事业发展,提高了我国昆虫分类学的国际地位。1993 年,南京农业大学与克莱姆森大学的研究者出版了我国第一本水生昆虫学专著《Aquatic Insects of China Useful for Monitoring Water Quality》,该书描述了美国环境保护局所制订的大型底栖无脊椎动物快速水质评价技术,并将 EPT (蜉蝣目(Ephemeroptera)、襀翅目(Plecoptera)与毛翅目(Trichoptera))分类单元数与科级水平生物指数评价法介绍到了国内。1996 年,《中国经济昆虫志 第四十九册 毛翅目(一)》出版,介绍了毛翅目昆虫的特征、研究沿革、地理分布、生物学、采集方法与各科分类方法,并记录了我国毛翅目小石蛾科、角石蛾科、纹石蛾科与长角石蛾科常见种类 180 种。此后,我国研究人员陆续发表了大量新种。2016 年的中国毛翅目昆虫名录中记载了我国发现的毛翅目 1267 种,分属于 30 科 116 属。相关研究如生物监测、区系研究及分子序列的运用研究也逐渐增多。

南京农业大学对毛翅目昆虫的研究历史悠久,成绩斐然。但我国地域广袤,生物多样性非常丰富,仅依靠他们研究还远远不够。昆虫纲中,我国对蝴蝶(鳞翅目,锤角亚目)的研究较为完善,全世界蝴蝶的数量有 15000 种,而我国有 2000 种。水生昆虫中,蜻蜓目全世界约有 5000 种,我国记录了 730 种。相对而言,我国毛翅目记录不到全世界记录的 10%,比例偏低。同时,文献搜索结果显示我国的毛翅目区系研究资料较少而古老，仅新疆维吾尔自治区、台湾省、云南省等少数地区有较新名录或较全面研究。我国不同地区毛翅目昆虫种类数有很大差异，如新疆维吾尔自治区毛翅目昆虫有 44 种，江西省有 87 种，台湾省约有 170 种，而云南省共有 321 种(包括特有种 152 种)。这些地区之间共布种较少，如云南省未发现与新疆维吾尔自治区共有的毛翅目种类。由此可见，我国蕴藏着丰富的毛翅目昆虫。

2. 现代生物学研究

目前毛翅目的系统发育成果主要是形态学研究的结果，目前研究中使用的大多数类群名，如环须亚目、完须亚目、全幕骨下目、短幕骨下目及大多数科均为基于形态学研究得出的结果。但同时，形态学的主观性也造成了一些混乱与研究上的障碍，分类学历史中不乏各种类群的划分与合并、移动与更名，如鳞石蛾属 *Lepidostoma* 的异名多达 62 个。同时，许多科之间的相互关系、科下各属的相互关系至今不明。

分子生物学为分类学研究带来了改革，其中 DNA 测序技术的兴起与普及显得尤为重要——碱基序列数量庞大，非常客观，同一基因内碱基权重相等且互不影响，基因组包含了整个世代中的一切信息，并且碱基序列可以数字化，从而方便快捷地在全球范围内传输，对于数值分类学研究与计算而言是绝佳数据。近年来，昆虫学家在多个不同层面与类群中使用分子生物学方法进行系统分析，使许多在形态学分类中定义的单系群在分子生物学领域得到了支持，同时也有形态相近类群在分子层面中发现亲缘关系较远。从近期文献来看，系统发育研究中分子序列所占比例有增加的趋势。毛翅目系统发育学研究中常用到的片段包括线粒体细胞色素 C 氧化酶亚基 I 编码基因(*COI*)、18S 核糖体核糖核酸编码基因(*18S rDNA*)、翻译延伸因子 1 的 alpha 亚基编码基因($EF-1\alpha$)和 DNA 聚合酶编码基因(*POL*)等。毛翅目分子数据库也在不断整合与补全。目前，在全世界超过 16000 种的毛翅目昆虫中，有分子数据的种已有 2779 种，如果加上未鉴定为种的毛翅目昆虫序列则有 4680 种，大多数为数百个碱基的小段序列，涉及种类分散于各个科属。尽管目前过于分散的数据和过短的序列难以应用于系统发育研究，仅能作为鉴定的辅助手段，但知识体系与数据库的建立无疑是一大进步，可为后来的研究者提供明确的研究方向。对于使用计算机进行系统发育分析的人员，最完美的数据自然是全基因组，但全基因组的测序费用昂贵且费时费力，短期内难以获得，所以大多数研究仍使用部分形态学数据作为辅助。随着测序技术的发展，分子序列的片段类型与长度均在增加，分子序列的作用会越来越受到重要。可以预见，未来的系统发育研究中，分子序列将是不可或缺的工具。

分子序列的另一个重要作用是进行近似种、雌虫及幼虫的鉴定。近似种的区分一直是困扰经典分类学家的难题。另一方面，经典分类学往往使用交配的成虫进行雌雄虫配对，通过采集蛹并分析对成虫羽化时蜕下的皮进行成虫与幼虫配对，这些方法虽可行，但需要“运气”；一劳永逸的方法是在实验室中进行饲养，将一只雌虫产下的卵一直饲养至成虫，可一次完成所有阶段的形态学研究，日本在这一方面的研究较为完善。但毛翅目幼虫对环境要求高，大多数种类难以养殖，且花费时间较长。相比而言，分子生物学方法则快捷得多。

加拿大圭尔夫大学教授、加拿大皇家学会会员 Paul D. N. Hebert 发起了国际生命条形码计划，即利用一些短的 DNA 片段作为物种鉴定的依据。在毛翅目中，常用作生物条形码的基因片段为 *COI* 编码基因中一段 658bp 的片段。这是由于 *COI* 基因进化速率较快，能有效地区分近似种。毛翅目条形码数据库已于 2012 年建立，数据库的整合与补全也在不断进行中。

此外，现代高科技仪器也可为毛翅目昆虫研究提供新思路，如使用扫描电镜观察毛翅目昆虫口器、鳞片与腺体等微观结构，这些发现具有作为新形态学特征的潜力；利用分子序列与程序进行更加细致、可靠的系统发育分析或系统地理学分析等。

第二节　形态特征

1. 幼虫的形态特征

毛翅目为全变态类昆虫，其生活史可分为卵、幼虫、蛹与成虫四个阶段，变态过程中其结构、形态与生活习性等均发生了明显改变。其中小石蛾科具有复变态现象，即末龄幼虫与前四龄显著不同。

毛翅目幼虫多为蛃形幼虫，体态匀称，头(head)、胸(throax)、腹(abdomen)可明显区分(见图 2.1)。小石蛾科末龄幼虫为亚蠋形幼虫，其特征为胸部细小，腹部肥大。头部多为圆形、椭圆形，也有头部狭长种类(角石蛾科 Stenopsychidae)。头部骨化强，幕骨缩小，背面中央具一“丫”形蜕裂线。少量单眼(ocellus)于头壳两侧聚生，外观为聚集的黑斑状。幼虫具触角，一节，位于单眼前缘、单眼与头部前缘连线中点亦或头部前缘，为极短小的棒状突起，其长度不超过宽度的 6 倍，较难观察。口器为前口式、咀嚼式，可区分上唇、上颚、颚唇器等结构。上唇骨化或膜质，上颚坚固有力，下唇与下颚愈合形成颚唇器，下唇端部具一丝腺开口，可用于筑巢或结茧。对于营非自由生活的类群而言，口器除去进食功能外，也是重要的筑巢工具，可用于切割、粘贴材料等。头部着生少量刚毛，刚毛的数量与位置为幼虫分类依据之一。

幼虫胸部分三节，分别称为前胸、中胸与后胸。毛翅目昆虫为内生翅类，幼虫无翅芽，前胸背板为较硬的，也可能骨化板退化为骨化板覆盖，骨化板形态丰富，可作为分类依据。中胸与后胸背板可能具完整骨化板，也可能骨化板退化为零星

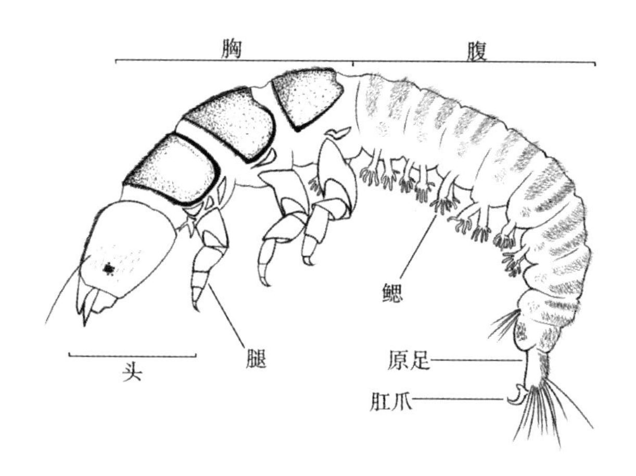

图 2.1　毛翅目幼虫

碎片，甚至骨化板完全消失，仅剩膜质体节和少量刚毛。少数种类胸部具特殊结构，如腹中突或鳃。胸节两侧各生一对足，共三对足，发育完全，分为六节，末端为一爪。足的形状根据生境与习性不同易发生特化，如前肢特化为捕食爪，或生有滤食用的毛，或后肢极细长。

幼虫腹部十节，第一至第九节无原足，体表无气孔，几乎全为膜质，部分种类于第九节背侧具一小骨化片。筑巢幼虫腹部第一节可能于背侧、腹侧或两边具瘤状突起，利于水流进入巢内。腹部可能具多种附属结构，包括刚毛，鳞片，绒毛，单根、分支或成簇气管鳃，调节渗透平衡的氯上皮细胞（chloride epithelia）等。腹部第十节末端具一对原足（proleg），其基部生有骨化板与毛簇，末端着生一对肛爪，肛爪用于固定幼虫，使其不被从巢中拖出或不被水流冲走。

随着人们认识到的物种多样性增加，幼虫形态的重要性也被凸显出来。部分种类雄外生殖器结构差别较小，但幼虫形态差异明显。Wiggins 所写著作描述了 27 科 141 属幼虫及巢的形态、行为与生物学特性，是毛翅目研究中不可或缺的资料。

2. 蛹的形态特征

毛翅目蛹属离蛹，翅、足与身体分离，但紧贴身体（见图 2.2）。完须亚目种类作丝茧，即身体与石质巢穴之间隔有丝制半渗透囊状茧；环须亚目种类不作茧，幼虫将栖身的掩体封闭后直接于掩体内化蛹。蛹的上颚高度骨化，具齿，为羽化时破巢用，羽化后立刻褪去。腹部中间数节生有钩片，用于茧中蠕动，腹部末端具一对肛突。上颚、钩片与肛突的数量与形态均为分类依据。

蛹可用于毛翅目成虫与幼虫配对研究，该方法称为变形法，即利用即将羽化的蛹，通过已成型的头、胸、距与雄性外生殖器等结构确认成虫特征，同时通过茧内末龄幼虫蜕下的骨片确定幼虫特征，进而完成成虫与幼虫配对。该方法优点在

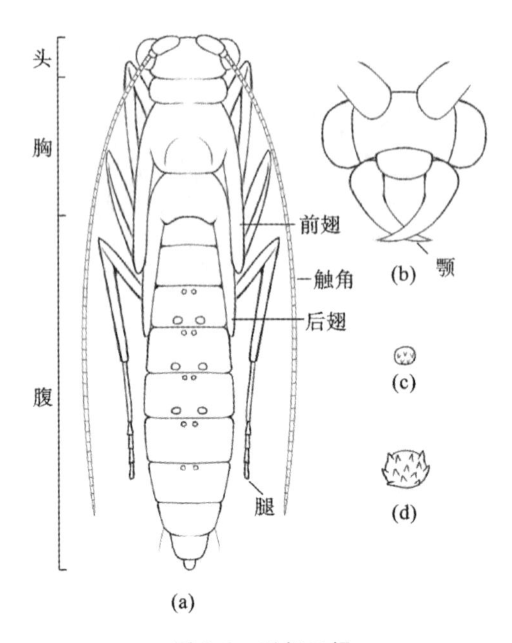

图 2.2　毛翅目蛹

(a)背面观;(b)头部,前面观;(c)前具钩片;(d)后具钩片

于不需要花费较长时间饲养幼虫,只需获得蛹。但野外采集发育至合适阶段的蛹较为困难,且部分幼虫化蛹后会将所蜕表皮排出巢内,因此实际应用较少。除此之外,蛹阶段功能较少,因此结构、特征也较少,种级分类研究中很少涉及。

3. 成虫的形态特征

毛翅目成虫可分为头、胸、腹三部分(见图 2.3),成虫体型为 1.5～45 mm,一般为 5～10 mm。身体与翅膀多为暗淡的黄褐色、灰褐色,也包含色彩华丽种类(如 *Anisocentropus magnificus* Ulmer,1907)。

成虫头部背面观宽度大于长度,相较于其他昆虫头部比例较小,内有复杂多样的幕骨。头部可自由活动,两侧具较大复眼,部分种另具三只单眼,分别位于两复眼正中央及各复眼后缘。头部背侧有毛瘤(setae wart)数对,其形态、大小各异,为分类依据之一。此类体表毛瘤往往为感受器聚集区,结合毛瘤上刚毛或纤毛的放大作用,可帮助昆虫感受温度变化、振动、声音、气味与重力等。部分种雄虫可能于头部毛瘤中暗藏翻缩香腺。触角丝状,具毛,与身体等长或数倍于体长,触角基节可能膨大变形,密生毛或鳞片,形状不规则,或具特殊发香器、嗅器,用于散发信息素;少量种具双香腺系统。口器为退化的咀嚼式,多数种可辨认结构仅存下颚须与下唇须,少数种下颚须或下唇须也有消失,口器完全退化。下颚须分节数、各节长度与形状均为分类依据。残留下颚与咽部愈合形成毛翅目特殊口部结

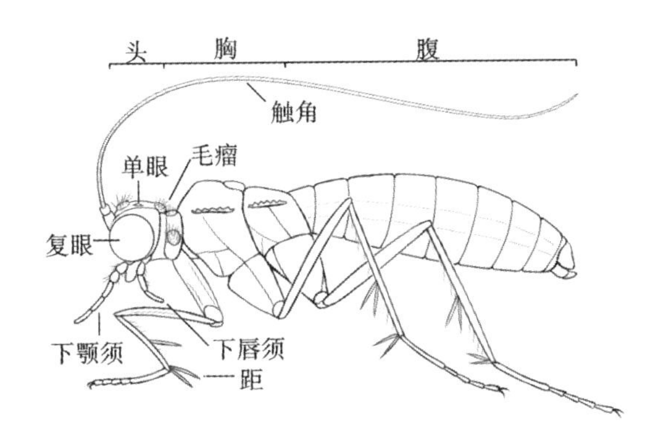

图 2.3　毛翅目成虫(翅略去)

构——吸器,此为毛翅目一系的新特征,也是主要特征,吸器内由纤细毛发构成通道,可吸食液体。

成虫胸部分三节,每节各生一对足,中胸与后胸另生有一对毛翅。毛翅目昆虫前胸背板较短,生有一到两对毛瘤;中胸背板较长,后缘有一个盾间沟分隔以形成一个中胸小盾片,中胸背板与中胸小盾片均可着生毛瘤、散布刚毛或光滑无毛,为分科依据之一;后胸背板较中胸背板短,光滑或仅具少量刚毛。足细长,分基节、腿节、胫节、跗节与前跗节。腿节、胫节与跗节均生有毛、刺或距,其中端距和端前距较大而明显,其数量形态于各科不同,为鉴定常用特征。足端部具一爪,但可消失。部分类群雌虫中后足胫节与跗节扁平化,利于下水产卵时划水。

成虫翅膀纤细柔软,飞行能力较弱,部分种具翅退化的现象。往往前翅稍长而后翅宽,翅面与翅脉均覆有刚毛或纤毛,故称为毛翅。翅色灰暗,利于白天隐藏于树丛、石缝等地。部分雄虫在翅上形成第二性征,如毛簇,翅面重叠,翅脉膨大,或形成香腺。本研究中翅脉术语主要参考 Schmid(见图 2.4),完整纵脉可分为前缘脉(costal vein)、亚前缘脉(subcostal vein)、径脉(radius)、中脉(media)、肘脉(cubitus)与臀脉(anal vein)。各翅脉以其英文首字母编码,翅脉分叉后以前缘往后缘顺序编号,若翅脉愈合或尚未分叉,则写为编号相加的算式(如 R_2 与 R_3 愈合写为 R_{2+3})。各纵脉之间可能由短的横脉相连接而形成室。前缘脉为翅前缘,亚前缘脉为与前缘脉后方较为接近的单脉,亚前缘脉的末端,翅面常常加厚形成翅痣(stigma)。完整径脉分为 5 支,其中 R_1 于近基部分叉,多直达翅缘,也可分叉或与 Sc、R_{2+3} 等翅脉愈合,多数种内 R_1 与 R_2 间为径横脉(r)相连;R_{2+3} 与 R_{4+5} 于翅中部分叉,分叉所处区域称为分径室(discoidal cell,DC),若分叉后两脉之间具分横脉(s),称为分径室封闭,反之称为分径室开放;R_2 与 R_3,R_4 与 R_5 分别形成第一叉与第二叉,第二叉近基部具一翅疤(nigma),翅疤在翅脉愈合或不规则时可成为分辨翅脉的重要依据。中脉分为前中脉 MA 与后中脉 MP,这两支脉分别分成 M_1、

M_2与M_3、M_4，形成第三叉与第四叉；M_2与M_3中间的横脉为中横脉(m)，封闭中室(median cell，MC)。肘脉分成Cu_1与Cu_2，Cu_1又分为Cu_{1a}与Cu_{1b}，形成第五叉；前翅肘脉Cu_2在末端会向后缘弯曲形成弓脉(arculus)，为毛翅目新特征之一；M主干与Cu主干脉之间具一m-cu横脉，参与构成分庭室(又称为明斑室，thyridial cell，TC)，分庭室内常常具一明斑(thyridium)。臀脉一般有三根，可能愈合形成数个臀室，臀脉与翅的后缘形成后缘室(postcostal cell，PC)。前翅后缘基部与胸部的交接处具翅轭(jugum)，停歇时翅轭处折叠，使前翅呈覆瓦状收于背侧。毛翅目各科中，以原石蛾科翅脉最为完整，并且与昆虫学家推测的假想原始脉序较为接近，而其他科及其他目昆虫均有较大变化，主要表现为纵脉减少。

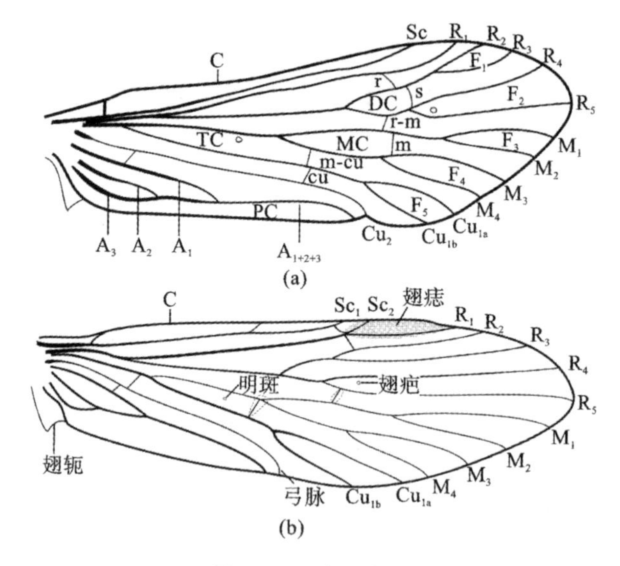

图 2.4 毛翅目翅脉

(a)纹石蛾科前翅；(b)原石蛾科前翅

毛翅目成虫腹部十节，第一节至第八节具骨化背板、腹板与膜质侧板，第九节与第十节参与构成外生殖器。大多数种类在第五节两侧具一对腺体，这种腺体可能与信息素或化学防御有关。某些种类于腺体开口处有突起(腺纹石蛾亚科)或骨片(短石蛾科)等特化结构。部分种类(舌石蛾科、瘤石蛾科、小石蛾科等)在第六节及其后方某节腹面具骨化突起，这种突起称为“锤”，Ivanov认为成虫使用该骨化板敲击停歇面产生振动，从而进行交流。少数种类腹部具无功能的簇状气管(弓石蛾科)。腹部末节即外生殖节，雄虫外生殖节为定种的重要依据。昆虫种类数量极多，全面地观察野外与实验室中的交配行为不现实。因此物种概念更直接地与外生殖器形态特征相关联，传统雌雄成虫配对方式“交配法”即基于这一理论。雄虫外生殖器由于结构复杂，形状各异，骨化较强，向外突出，容易观察，在如今毛翅目领域中,这令雄虫研究较雌虫与幼虫研究完善许多。

毛翅目雄性外生殖器基本结构与鳞翅目非常相似,其细节于各类群中存在不同程度的特化现象,一般具第九节、第十节、上附肢、阳茎与下附肢,无尾须(见图2.5)。其中,大量分类学特征聚集于第十节背板、下附肢与阳茎。腹部第九节形态与前几节区别较大,表现为腹板与侧板愈合形成一骨化环。骨化环于前后缘产生各种突起或凹陷使各部分宽窄不一,常背侧较窄而腹面较宽。第十节短小,仅背板骨化,腹面膜质或退化消失,有时甚至整节退化仅残留少量骨片。第九节或第十节可生有上附肢(肛上突)、中附肢、刚毛或毛瘤,但有时极小或消失。下附肢又称为抱握器,着生于第九节腹面,多细长,基部相连或不相连,一节或两节,内有肌肉,可活动,用于辅助交配。进行形态描述时毛翅目雄性外生殖器及翅体制方位如图2.6所示。

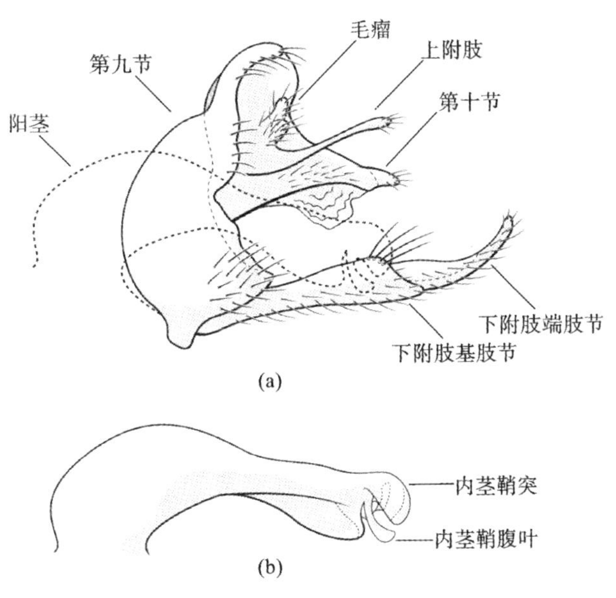

图2.5　毛翅目雄性外生殖器(具沟离脉纹石蛾)

(a)左侧面观;(b)阳茎,左侧面观

毛翅目阳茎结构复杂,包括阳茎盾(phallic shield)、阳茎基(phallobase)、内茎鞘(endotheca)、阳基侧突(paramere)、内茎鞘突(endothecal process)、阳茎端(phallicata)、阳茎孔片(phallic sclerite)等(见图2.7)。阳茎基部外翻骨化为阳茎盾,阳茎基部称为阳茎基,端部为阳茎端,阳茎基内可具一对骨化附肢,为阳基侧突。内茎鞘为阳茎基与阳茎端连接处膜质部分,一般内陷于阳茎基,内茎鞘可具突起,即内茎鞘突。阳茎端具射精孔,阳茎孔片即射精孔附近一对小骨片。各结构、形态、大小在各科中差异明显,除阳茎外,任何结构均可愈合或退化消失。一

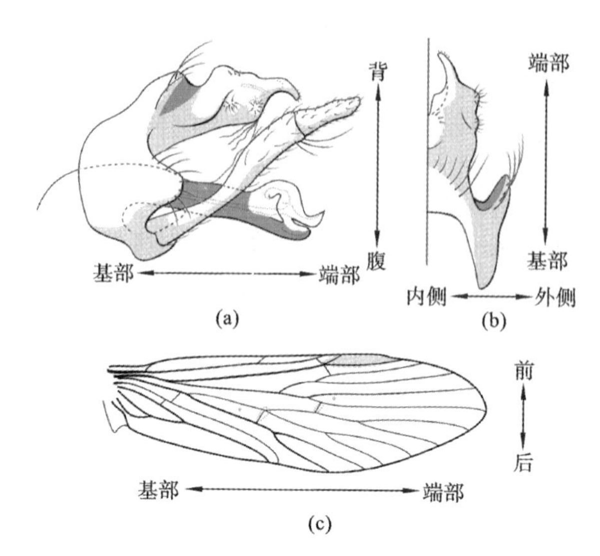

图 2.6 雄性外生殖器及翅体制方位

(a)侧面观;(b)背面观(半边);(c)前翅

般在下附肢与第十节之间观察到的管状结构即为阳茎。

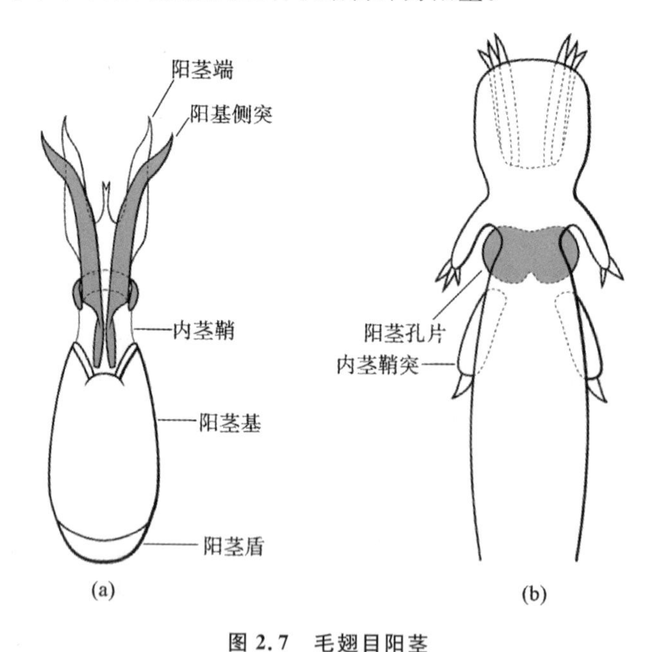

图 2.7 毛翅目阳茎

(a)那氏喜马石蛾;(b)截茎纹石蛾

毛翅目雌性外生殖器结构相对简单,无真正产卵器,但末端体节也产生特化,便于制造卵块及将卵块固定于石块或草叶。其内部具凹陷及孔洞,使雌性生殖器官复杂化并可与雄性外生殖器的突起进行特异性结合。此即“锁-钥”学说在雌性生殖器官方面的体现。理论上雌虫也具有足够鉴定种的特征，但对于多数种而言，雌虫生殖器深藏于腹内而难以观察，同一种组(species group)内不同种较雄虫更为相似，研究较少且少有较为公认的鉴别特征，故极少用于种类鉴定。

第三节 起源与进化

1. 毛翅目昆虫的起源

最早被认为是毛翅目昆虫的化石发现于二叠纪，总称为二叠毛翅亚目(Protomeropina)，尽管存在争议，但二叠毛翅亚目的化石标本的确呈现出毛翅目昆虫的一些特征。较为公认的最古老毛翅目昆虫化石发现于三叠纪地层。当前的化石证据表明毛翅目的起源中心可能位于欧亚大陆。从我国发现的化石材料来看，二叠纪末生物大灭绝之后，全变态类昆虫与水生昆虫在随后的中-晚三叠世开始发生辐射进化，即物种大爆发。二叠纪末的生物大灭绝产生了大量生态位空缺，这为毛翅目昆虫的多样化提供了条件。

资料表明，侏罗纪之后，毛翅目昆虫化石的种类与数量节节攀升。侏罗纪北半球各个大陆开始分离，各大陆的毛翅目由于地理隔离而交流减少。这时毛翅目昆虫已经发展出一些现存科，包括完须亚目基部分支的原石蛾科与螯石蛾科，前者从温带扩散至热带，后者从热带扩散至高纬度地区。白垩纪时期的化石中，毛翅目发展出更多科，如小石蛾科、毛石蛾科、枝石蛾科等均在高纬度地区诞生，然后逐渐扩散至低纬度地区，长角石蛾科则从低纬度地区起源并向高纬度地区扩散。而在新生代的化石记录中，几乎已经发现了毛翅目所有现存科，这表明毛翅目主要的科级阶元演化已基本完成，之后将进行地区区系演化。

2. 毛翅目昆虫的系统发育

现代系统分类学分析方法基本参照 Henning 的支序学方法，仅单系群有分类学意义。单系群判定依据为具有共同衍征。作为衍征的特征可从雄虫、雌虫、幼虫或蛹的形态学、行为学、生态学到分子生物学等各个领域寻找。昆虫纲内，毛翅目与姐妹群鳞翅目一起构成类脉总目，其单系性已有多方面证据支持。毛翅目新特征包括幼虫水生，体表不具气孔，行表皮式呼吸，幕骨缩小，触角缩短，第一节至第九节不具原足，第九节具背板，成虫下颚退化形成吸器、翅上具弓脉等。当前的毛翅目下分类系统雏形由 Martynov 建立，称为马氏系统，他根据成虫下颚须末节上有无环纹将毛翅目划分为两个亚目：环须亚目(Annulipalpia)与完须亚目(Integripalpia)。其中，完须亚目又可分为全幕骨下目(Plenitentoria)与短幕骨下目(Brevitentoria)及四个基部分支。除去下颚须的特征之外，两亚目幼虫巢形态也有明显区别:环须亚目多为固定巢穴,巢穴固定于泥沙中或石块下,形态多样,并有分流、辅助捕食等功能;完须亚目则为可动巢,虽材料极为多样,但形态均为管状,没有辅助捕食功能。然而这些特征对于小石蛾科、鳌石蛾科、舌石蛾科与原石蛾科的归类较为困难,这些类群或营自由生活不筑巢,或制作形态特殊的巢。不同研究者对这四个科的总称难以统一,使用较为广泛的一个总称为 Weaver 于1984 年建立的尖须亚目(Spicipalpia)。然而,近期的研究结果显示,这四个科并不属于一个单系,但与原本的完须亚目可构成单系。因此,目前这四个科的总称为"完须亚目基部分支"(basal lineages of Integripalpia),但不属于任何已有下目。图 2.8 所示的为 Morse J. C. 等人总结近期系统发育学研究结果所整理出来的毛翅目系统发育树。

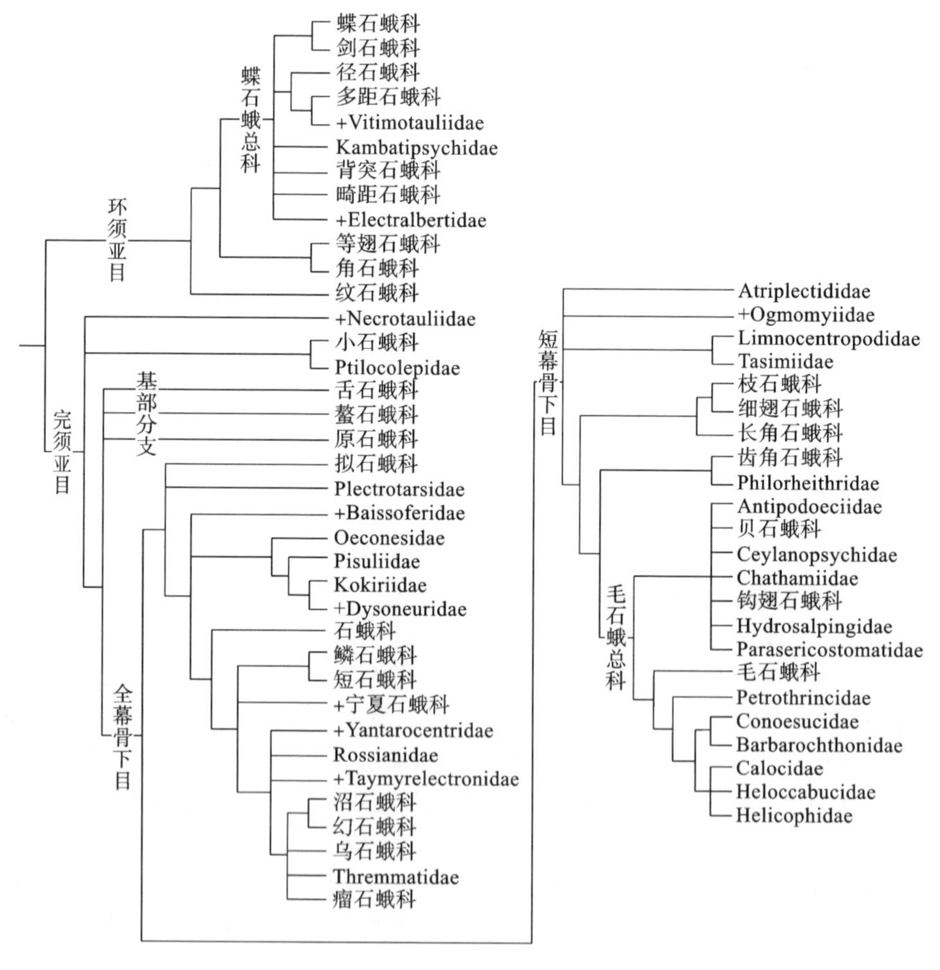

图 2.8　毛翅目系统发育树(Morse J. C. ,et al,2019)

在多年研究积累中，昆虫学家发现了许多特征，并建立了较为完善的系统树。然而，很多类群之间的分类地位与相互关系仍不明确或有争议。这些问题给分子生物学的学科交叉提供了机会。然而，尽管分子方法被视作有力工具，多数系统发育分析工作仍需要以形态学作为基础。原因之一是形态学特征明确的种比分子特征明确的种更多。标本被采集后，无论插针或酒精浸泡，只要保存得当其形态均不会丢失。随时可观察描述，并以图像与文字记录，鲜有因残缺或畸形而导致特征缺失的现象。而分子序列的提取、扩增与测序需要多种试剂与仪器，流程复杂且样品要尽量新鲜。同时，不同种类序列扩增所需引物也不同，需要尝试探索与研究。这令分子序列的获取需要投入更多时间与金钱。即使完全使用分子方法进行分析，结果也不绝对明晰。一方面，可能由于目前所有方法均仅截取部分基因序列进行分析，而不是全基因组，有以偏概全的可能性；另一方面，关键类群分子信息的缺乏使分析计算缺少数，即对基因多样性了解不足。为了弥补这些缺陷并使结果更加可靠，许多系统发育研究会结合形态学与多个片段分子数据进行综合研究。

目前属下系统发育研究难点包括：①获得的分子序列的种数量较少，尤其是种群小与罕见的种；②大部分新种发表时仅有雄性外生殖器的描述与插图，缺少身体其他部位的信息；③仅有雄虫的形态，雌虫与幼虫配对研究少，特征也少；④部分形态描述较为粗糙，难以获得有用信息；⑤一个属内不同种的模式标本保存于全世界不同地点，系统地获取与观察研究较为困难。

如前文所述，分子生物学在未来的毛翅目昆虫分类与系统发育研究中都是必不可少的工具。必须看到，不论生物学如何发展，形态学仍然在分类学中有着重要意义。首先，任何物种为新发表序列时均根据形态定种。分类学中规定种的载体是模式标本，所以从模式标本中提取基因最为理想，而目前大多数模式标本均已保存多年，难以提取完整基因，且提取过程中不可避免地会对模式标本产生一定破坏，这是经典分类学所极力避免的。因此，大多数测序标本均以与模式标本对比的方式，利用形态学定种。若形态上鉴定不够准确，可能导致序列不够可靠，一些较开放的网络分子数据库的确存在这类问题。因此，即使在分子生物学日渐热门的今天，分类学家也一直在强调形态是基础。其次，基因的提取与测序分析仅适用于现存种，而化石种只能凭借形态学进行分类学与系统发育学研究。在系统发育学中，一个完整单系必须包括一个祖先的所有后代，无论是现存种或化石种。因此，仅仅使用基因对现存种构建的系统树是不全面的，这点对演化时间较长、特征难以追踪的古老类群尤其重要。所以，要构建完整的系统树，必须结合现存种与化石种，结合形态与分子特征共同分析。

同时，从文献可以看到，任何一个配对研究都有详细的形态描述与插图，同时所有检索表都对形态上的差异进行区分，说明分类学家仍相当重视形态差异。另外，形态学本身也在不断进步与自我完善。随着显微技术的发展与应用，人们能观察到的形态特征从体长、体色，到雄性外生殖器的形态，再到鳞片与刚毛的微观结构等越来越多，能够用于分类的特征也越来越丰富。近年来诞生的几何形态学将数学公式融入形态学之中，从而使形态学研究应用更加广泛，结果更加精确而客观可信。此外，形态学研究可以更好地与生物适应性与行为相结合，从而在生理生态领域应用更加广泛。对于野外工作者而言，将所有种类都用分子方法鉴定既不够现实也不够经济，尤其是对区系研究较为完善的地区，形态学鉴定分类在可靠的基础上，有着分子序列无可比拟的便捷快速。

分子序列本质为一种编码，因此更适合数学与计算机的工作模式；而形态学基于人类的认知，更加适合人类大脑抽象概括的工作模式。对重视精准的系统发育研究与配对研究而言，分子序列是非常重要与有效的工具；而对偏向应用的生理生态研究而言，形态学则更加经济实用，也更容易普及。两者相辅相成，才能构建起分类学的完整体系。形态学奠定了分类学的基础，分子方法对其进行深化与验证，正如人类通过自己的感官去认识与理解，利用这类客观、可靠的工具进行深化与验证，是一种必然的进步与革新。

3. 大别山脉地区的毛翅目昆虫

在中国，二叠纪时期古秦岭-古大别山以南仍为海水覆盖，直到晚三叠世海水才完全退去，因此，这时毛翅目昆虫在中国的扩散与演化主要源于中国现在的北方地区。侏罗纪时期中国气候比现在的温暖，且当时中国大陆板块处于一个纬度较低的位置。因此，侏罗纪时期中国现在的北方地区也是温暖而潮湿的。刘平娟等人的古生态学研究也表明侏罗纪时期中国不仅气候温暖、潮湿，而且拥有丰富的浅水湖泊、沼泽与山间溪流，适宜淡水昆虫的生存与发展。对侏罗纪古气候区的演变研究表明，中国侏罗纪的古气候有多次变化，各种气候区的南北界移动幅度很大，这对中国东部尤甚。当时环境下南北地区的昆虫可能有多次大规模交流。并且，与现代明显不同的是，中侏罗世时期太平洋板块的活动使中国东部海拔升高，形成西低东高的地势，直到早白垩世东部地势才下降，地势的变化与温暖的环境使中国东部的昆虫发生了激烈的分化。这段时期从形成的燕辽动物群、道虎沟动物群、热河动物群与卢尚坟昆虫群中研究者都发现了包括毛翅目在内的多种昆虫化石。新生代印度洋板块与亚欧大陆板块碰撞是一个重要的地质事件，这使中国的地理地貌与水文气候都有很大改变。同时，隆起的喜马拉雅地区阻止了印度洋板块上的物种迁移到内陆地区。板块碰撞不仅使中国西南地区隆起，造成当地昆虫区系的激烈分化，并且地壳的抬升影响了大气环流，使气候发生了改变，扩大了我国各地的气候差异，并形成了如今的气候区与昆虫区系。

杨星科等人对长江三峡库区昆虫的起源与演化研究认为，晚侏罗世与白垩纪时期的中国东部成为现代生物的发展中心，发展出了现在的东亚区系。由于当时气候普遍温暖，同时各地区缺乏明显的阻隔，因此昆虫交流频繁，相似性高，对现在三峡昆虫区系的影响难以推测，而白垩纪时期的全球已开始降温，但仍比现代温暖。中国当时气候仍炎热，昆虫区系具有热带属性，并且与北方地区的交流开始受到古秦岭-古大别山的阻隔作用。现在巫山以东主要为晚白垩世形成的新云梦泽及其内陆湖泊昆虫区系。对百山祖自然保护区与天目山中段龙王山自然保护区昆虫考察研究中也有类似观点。

第四节　生态与应用

1. 毛翅目昆虫的生态特征

毛翅目昆虫共有 51 个现存科与超过 16266 个现存种，除南极洲外，各大洲均有分布。毛翅目幼虫水生，于水下筑巢、觅食并化蛹。多数种生存于清洁冷凉流水（见插图 1），不同种根据食性对水的深度、流速、温度、光照、基质类型等做出选择（见插图 2），因此各个类群之间生态位少有重叠。部分种适应了静水、温暖地带，甚至有少量适应了岩壁湿生、陆生或潮汐带生活。毛翅目昆虫为水生态系统食物链中的重要环节，它们分布广且食性极为多样，包括撕食者、刮食者、滤食者、捕食者、吞食者等，几乎包括所有摄食功能群，其多样性远高于生态位类似的襀翅目、蜉蝣目与蜻蜓目。其原因可能为毛翅目幼虫将自身丝的利用达到了较高水平，部分科学家认为丝的出现是毛翅目较同为水生的襀翅目、蜉蝣目与蜻蜓目有更广泛生态位最基本、最主要原因。毛翅目幼虫使用丝网的主要方式为筑巢，这种筑巢行为可能源于化蛹前作茧行为，是幼虫早熟行为。完须亚目的幼虫多筑造筒状的、可套在身上四处活动的巢（见插图 3）。环须亚目幼虫筑固定在基质中的巢穴，同时可使用丝线制作捕网帮助捕食（见插图 4）。不筑巢幼虫，如原石蛾科与鳌石蛾科，也可利用丝线在水中进行移动、固定。巢形态各异，造型精巧，同时具有伪装、呼吸、物理防御等功能。巢的功能形态与复杂的筑巢行为引起了科学家的注意。另一方面，幼虫在排水管或桥梁处聚集并筑巢可能对人工建筑产生一定影响，而成虫的大量发生也会对人类生产活动与环境卫生造成不便。

成虫多于清晨羽化，有夜行性种，也有日行性种。其飞行能力不强，仅在水边产卵地活动，远离水源处则难以发现与采集。白天成虫多藏身于草丛、树缝等阴暗潮湿处。少数种翅膀退化，不能飞行，至多能在水面上滑行。成虫寿命为数天至一个月，期间通过吸器取食树汁、花蜜或不进食。毛翅目昆虫可能为一化、两化至多化，也有冬眠、夏眠等滞育现象，根据当地环境状况与种类本身特性而定。

毛翅目幼虫使用丝线连接沙砾树枝等河底基质的行为能增强基质稳定性，调节水流，减小水流对河岸与河底的侵蚀，提高生境多样性与复杂度，增加河底生物量。可以预见，这将有益于减少水土流失，提升河流生态系统稳定性。

2. 毛翅目昆虫与生物监测技术

河流大型底栖动物群落结构与水质、水文、地貌关系密切。水生昆虫为淡水生态系统重要的次级生产者与分解者，也为食虫鸟类和鱼类的食物来源，对水生态系统的能量流动与物质循环起到承上启下的作用。因此，利用底栖动物监测水环境既合理而又高效。生物监测是系统地利用生物反应及评价环境变化，并将信息应用于环境质量控制程序中的一门学科，其目的是将有害物质尚未达到收纳系统前，在工厂或现场以最快速度监测出来，以免破坏收纳系统的生态平衡；或是侦查出潜在毒性，以免酿成更大危害。同时，监测方法需要非专业人员也能快速掌握。与理化监测法相比，生物监测在反映污染物综合效益、积累效益，对轻污染反应迅速，以及成本控制中较占优势。

目前在发达国家中，毛翅目昆虫为监测水污染、酸雨与气候变化的最重要水生生物之一，也是综合类生物探测法常用类群，其中部分类群丰度作为"快速生物评价法"等方法的指示生物类群成为政府采用指标。毛翅目幼虫与成虫均可用于水质监测。但由于同一科中不同种对污染物抗性有差异，所以单纯统计种类数量与密度可能会发现，环境因子对群落构成影响不大。此外，属级或种级分类水平比科级分类水平更有效地反映未受污染溪流的生物学状况，尤其对底栖动物多样性丰富的中上游水体。计算一个地区不同种石蛾污染耐受指数是一个有效方法。实际应用中会使用多种不同类群以进行多元化分析。从事水质快速生物评价的研究者根据底栖动物生物完整性指数（benthic-index of biotical integrity，B-IBI）推导原理，提出了多度量指数法（multimetric approach），这一方法已被美国所有州采用。生物监测法对底栖动物鉴定知识、背景资料与相关数据有较高要求。水生昆虫是底栖动物中的一个主要类群，其种类与数量在无污染或轻污染水体中均占优势。其中属毛翅目昆虫适应力强、分布广，在湖泊、河流、山间小溪等淡水水体中均可生存，这使得采集、鉴定、统计与对比更加方便、有效。因此，对毛翅目昆虫的研究在利用底栖动物进行生物监测的发展方面有很大助益。

然而，这类研究在我国较为薄弱。曾经，我国环境保护工作以"污染防治"为重点，而生物监测在这一政策指导下很难发挥其优势，因此很多监测站弱化或取消了相关工作，仅保留部分微生物分析。我国生物监测主要存在问题有：统一标准与技术规范的缺乏；各流域水环境生物监测研究较为分散，缺乏全国性监测网络；人员、资金与技术上的缺乏，以及专业生物监测人员的缺乏。随着我国环境保护工作的全面开展，用底栖动物进行生物监测研究也成了研究热点。2014 年，中华人民共和国生态环境部发布了包括《生物多样性观测技术导则：淡水底栖大型无脊椎动物》在内的 11 项国家环境保护标准，其中明确规定了利用淡水底栖大型无脊椎动物评价水质的采样、保存与数据处理标准，这是我国生物监测工作的重要发展。同时水生昆虫评价的研究也逐年增多，例如，童晓立等人利用水生昆虫评价了南昆山溪流的水质，并指出了我国某些种类耐污值的缺失，以及与美国相同类群耐污值的差异；柯欣等人分析对比了利用水生昆虫的 Shannon 多样性指数、EPT 丰富度、生物指数与科级水平生物指数对安徽丰溪河水质的评价效果。李金国等人基于水生昆虫利用指示生物法、Shannon-Weiner 多样性指数、群落相似性系数与生物指数对凉水、帽儿山低级溪流水质进行了生物评价。王备新通过计算我国大型底栖无脊椎动物主要分类单元的耐污值，初步确定了我国生物指数(biotic index, BI)及评价溪流与湖泊水质的标准；并初步建立了适用于天目山-大别山阔叶生态区的 B-IBI 及其评价标准。

第三章　技术与方法

第一节　材料与仪器

1. 常用试剂

(1) 酒精,用于采集昆虫,处理昆虫,保存标本。酒精浓度在95%以上为佳。

(2) 10%氢氧化钠溶液,用于处理标本,分解标本的非几丁质部分,使标本透明,易于观察。

(3) 80%乳酸溶液,用于处理标本,比氢氧化钠溶液温和安全。

(4) 甘油,使标本漂移减缓,便于观察和绘图。

2. 常用器材

(1) 250 W 高压汞灯,用于标本采集,需要结合白布使用。

(2) 50 W 紫外灯,需要结合酒精与白瓷盘使用。

(3) 体视显微镜。

(4) 光学显微镜。

(5) 显微镜成像系统。

第二节　标本采集方法

毛翅目昆虫可通过灯诱法采集,灯诱法采集有两种方法。一种方法是光幕法(light sheet trap,见插图5),将白色布展开并悬挂于河流附近,并将250 W 高压汞灯挂于平整白布前。当光照亮白布时,昆虫即被引诱过来并停歇于白布上。将装有酒精的小瓶从下方靠近毛翅目昆虫,昆虫即跌入瓶内。另一种方法为光盘法(shining plate trap,见插图6),在白色瓷盘中倒入酒精并将其放于河岸边,将50 W紫外灯通电并横放于白色瓷盘上,昆虫即被光吸引并于飞舞时落入盘中,其翅被酒精迅速浸润,虫体很快死亡。翌日清晨可将白色瓷盘中昆虫尽数收集。少量标本为白天搜集,毛翅目昆虫白天活动较少,多隐藏于靠近水源的草丛、树皮、石缝等阴凉湿润处，可用空网或扫网捕捉，其采集效率较灯诱法的采集效率低（见插图7）。另一方面，可利用马来氏网（Malaise trap）进行固定点的长期采集（见插图8）。

第三节 标本处理、观察与绘图

所有标本采集之后即刻放入95%的酒精中保存，并在保存容器中放入写有日期、采集地名称、采集坐标等信息的标签。

标本可在体视显微镜下直接观察单眼、毛瘤与翅脉等分科属结构。体视显微镜下可对翅脉进行绘图。

种级鉴定需要对标本进行解剖。毛翅目研究中，"种"概念建立于高度特化的雄性外生殖器，大量鉴别特征集中于第十节、下附肢、阳茎及其附属结构中。因此这些结构是进行种级鉴定与描述的重点。使用热碱处理昆虫标本可令标本非骨化部分分解，使标本变得透明，从而便于观察细节。具体操作如下：

（1）在体视显微镜下，用镊子将雄虫腹部取下，放入10%的碱（氢氧化钠或氢氧化钾）溶液中，小石蛾科等极为微小的类群可将其完整虫体放入该溶液；

（2）标本在常温碱溶液中浸泡8 h以上，或水浴加热3 min左右即可分解完成；

（3）将标本用适量清水漂洗后即可置于显微镜下观察。标本置于甘油中，可使用铁丝、玻璃碎片等细小物体固定标本以防止绘图时标本漂移。

高浓度（约85%）乳酸溶液也可用于清理标本。相较热碱法，乳酸的优点之一是具有易膨胀的特性，可使膜质突起外翻，褶皱舒展，便于进一步的观察与绘图。此外，由于乳酸性质更加温和，处理微小标本（如小石蛾科）时不易分解过度，因此乳酸不适合处理骨化较强的标本。乳酸的另一个缺点是会令膜质结构更加脆弱，而膨胀过度也会使标本破裂。乳酸与碱处理标本各有优势，可根据实际情况选择合适方法。

鉴定后的雄虫与写有采样地名称、采集坐标、鉴定人、日期、学名等信息的标签一起放入容器中进行保存。

对雄虫外生殖器形态的记录可通过拍照或绘图。手稿的绘制主要有两种方法。一种为投影法，使用投影描绘器将手部影像投入视野或将视野影像投影于纸上并直接进行描线。另一种是网格法，此方法需有网格的目镜，将视野网格化，观察者可在网格纸上逐格绘图。图像较文字可更好地体现形态特征，尽管现代照相系统快捷便利，绘图依然是许多分类学家采用的辅助方法。因为相较照片而言，绘图无须后期处理，能更好地控制光影效果，可通过观察不同标本进行总结以减小个体差异影响，也可将一个部件分离来重点描述而不用将它从标本中拆除，且除显微镜外经济投入较少。除传统手绘外,现代出版物也接受各种电子绘图,电子绘图法使生物绘图更加方便与精美。电子绘图需要将手稿扫描并以绘图软件进行电子复墨,本书所用插图使用了 Adobe Illustrator CS6、Inkscape 与 Adobe Photoshop CS6 等软件绘制。

第四节 数据分析

根据采样数据对大别山脉地区毛翅目昆虫进行分布与昆虫区系分析。我国地理区系划分参考《中国农林昆虫地理区划》,并结合近期中国主要气候区的划分调整。毛翅目昆虫分布主要参考杨莲芳等人于 2016 年发表的名录。本研究使用 Jaccard 相似性系数(Jaccard similarity coefficient)对两地区毛翅目昆虫相似性进行对比,计算公式如下:

$$\mathrm{SI} = \frac{C}{A + B - C}$$

式中:SI=Jaccard 相似性系数;A=甲地区的物种数;B=乙地区的物种数;C=甲和乙地区共有物种数。

使用多元相似性系数对比多地区的毛翅目昆虫相似性,公式如下:

$$\mathrm{SI}_n = \frac{\sum_i (S_i - T_i)}{nS}$$

式中:SI_n=多元相似性系数;S_i=第 i 个地区与其他地区共有物种数;T_i=第 i 个地区独有的物种数;n=地区数;S=所有地区总物种数。

所有表格、图表制作及部分数据处理使用 Microsoft Office Excel 2010,聚类分析等较为复杂的数据处理使用 SPSS 21。

第四章 区系分析

除本研究取得的资料与研究成果之外，本研究所用数据均为公开数据，主要来自期刊文献，少量来自网络数据库。需要说明的是，目前条件仅能进行较为粗略的动物地理学分析。这是因为我国的毛翅目昆虫研究资料较少而且其分布分散，缺乏准确而系统的研究资料，大多数地区完全没有毛翅目昆虫名录，少数地区有毛翅目昆虫名录但过于古老，参考价值不大。此外，各地采样强度不一致，部分资料没有完整地记录采样信息，如缺乏海拔、采集坐标、采集地名称等。许多国外研究者的采集次数、采集地名称与成果更是难以考证。所搜集的文献中，许多文献仅记录了采样点的行政地名，其中一些地名可能已修改或废弃；除此之外还有以方言、拼音等不规范方式记录的地名。因此，当前环境下很难取得现代动物地理学所需的有效数据，也难以使用现代动物地理学分析方法进行计算分析。因此，本研究仅使用较简单的方法进行分析。

由于完须亚目所包含的科较多且习性相差较大，故本章将完须亚目拆分为基部分支、全幕骨下目与短幕骨下目三个部分进行讨论。

第一节 物种多样性

经过鉴定与统计，本研究一共采集到 23 科 51 属 133 种，已知种 121 个种，未定种 12 个种。其中湖北省采集到 121 个种，河南省采集到 49 个种，安徽省采集到 68 个种(包括部分跨省分布种)。与 2016 年的中国毛翅目昆虫名录相比，湖北省新记录增加 75 个，河南省增加 22 个，安徽省增加 26 个，中国新记录增加 4 个。结合相关文献资料记载，目前大别山脉地区的毛翅目昆虫一共有 23 科 52 属 140 种，其名录见附录 B。

与世界已知毛翅目 51 科 618 属 16266 种相比，大别山毛翅目分别占世界已知科、属、种的 45.10%、8.41%、0.86%。作者以 2016 年发表的名录《An amended checklist of the caddisflies of China(Insecta，Trichoptera)》为基础，结合 2016—2018 年发表新种的文献，统计出中国已知毛翅目为 30 科 121 属 1418 种，大别山脉地区占中国已知毛翅目科的 76.67%、属的 42.98%、种的 9.87%，多样性较高。

毛翅目于本地区科、属与种级多样性在各亚目分布不平衡。对亚目水平的多样性分析表明,环须亚目含8科21属68种,完须亚目基部分支含4科9属24种,短幕骨下目含4科13属29种,全幕骨下目含7科9属19种。各亚目及其科属种数量对比如图4.1所示。

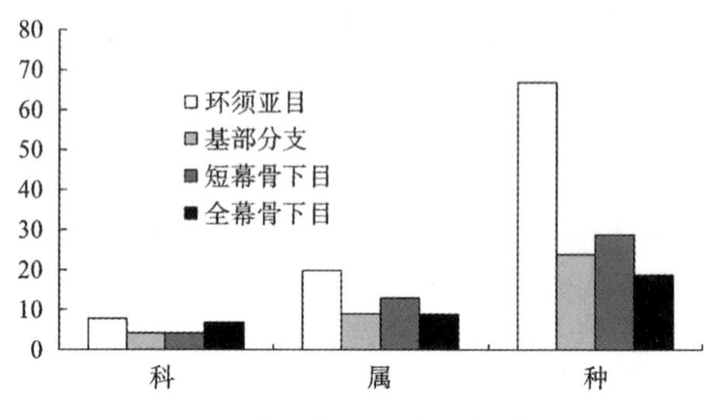

图4.1 毛翅目各亚目科属种数量对比

第二节 时空分布

1. 时间分布

毛翅目昆虫的幼虫期从一月到数月不等,部分种类甚至具有冬眠与夏眠现象,羽化后寿命则相对较短。采样过程中可发现,在不同季节采集到的种类数量差异明显。由于采样地点较多,不能同时在不同地点进行采样。故本章研究将不同月份的数据合并,并于科级水平进行分析。

将每次采样所得标本种数相加,并除以各月份采样次数以消除采样强度不同造成的误差,得到各月份平均每次采样所得种数,如表4.1所示。

表4.1 大别山地区不同月份每次采样所得石蛾种类数

亚目	科	三月	四月	五月	六月	七月	八月	九月	十月
环须亚目	弓石蛾科(Arctopsychidae)	0	0	0.25	0	0	0	0	0
	纹石蛾科(Hydropsychidae)	0	0.67	2.5	4.50	1.43	2.00	1.5	2.00
	等翅石蛾科(Philopotamidae)	1.00	0.33	1.75	4.00	1.29	2.50	1.25	2.00
	角石蛾科(Stenopsychidae)	0	0	0.25	0.50	0.29	0	0.25	0
	径石蛾科(Ecnomidae)	0	0	0	0	0.43	0.50	0.50	0

续表

亚目		科	三月	四月	五月	六月	七月	八月	九月	十月
环须亚目		多距石蛾科(Polycentropodidae)	0	0	0.50	0.50	0.57	0.25	0	0.50
		背突石蛾科(Pseudoneureclipsidae)	0	0	0.25	0.50	0.14	0	0	0
		蝶石蛾科(Psychomyiidae)	0	0.33	0.50	1.00	1.14	1.50	1.25	0.50
完须亚目	基部分支	舌石蛾科(Glossosomatidae)	2.00	0.67	0.50	1.00	0.14	0.50	0.25	1.5
		螯石蛾科(Hydrobiosidae)	0	0.33	0.25	0	0.14	0	0	0.50
		小石蛾科(Hydroptilidae)	0	0.33	0.25	0	0.71	0.50	0.50	0.50
		原石蛾科(Rhyacophilidae)	1.00	1.33	2.00	0	0.43	0	0.25	1.50
	短幕骨下目	枝石蛾科(Calamoceratidae)	0	0	0	0	0.5	0	0.25	0
		长角石蛾科(Leptoceridae)	0	0.33	1.50	4.5	2.14	1.50	1.50	0
		细翅石蛾科(Molannidae)	0	0.33	0	0	0.14	0.50	0.5	0
		齿角石蛾科(Odontoceridae)	0	0.33	0.50	0.5	0.17	0	0	0
	全幕骨下目	幻石蛾科(Apataniidae)	4.00	0	0.25	0	0	0	0.25	0
		瘤石蛾科(Goeridae)	0	0	1.00	1.00	0.43	0.75	0.75	1.00
		沼石蛾科(Limnephilidae)	0	0	0	0	0	0	0.25	0
		乌石蛾科(Uenoidae)	0	0	0.25	0	0	0	0	0
		短石蛾科(Brachycentridae)	0	0	0.75	0.50	0.14	0	0	0
		鳞石蛾科(Lepidostomatidae)	2.00	1.33	0.75	1.00	0.29	0.25	0.75	1.50
		拟石蛾科(Phryganopsychidae)	0	0.33	0	0	0	0	0	0
合计			10.00	5.67	14.00	19.50	10.52	10.75	10.00	11.50

从表4.1可归纳出，大别山毛翅目昆虫的时间分布大致为5种类型。

(1) 夏季优势科(见图4.2)：纹石蛾科、长角石蛾科、蝶石蛾科与等翅石蛾科。其种类与数量均较多，时间分布也较广。由图4.2可知，这些科在六月、七月、八月采集到的种类与数量较多，高峰期位于六月或八月。

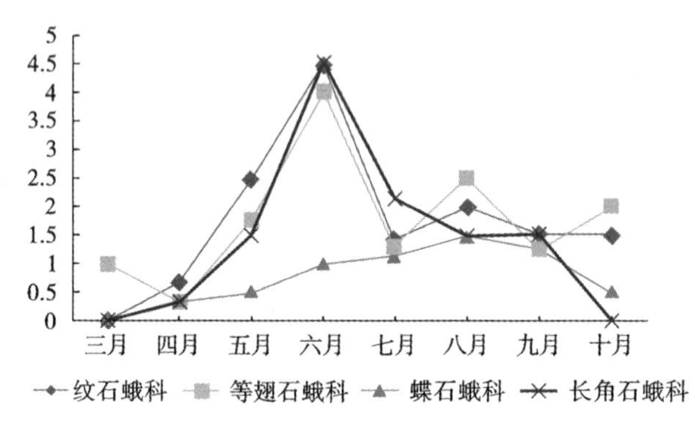

图4.2 大别山脉地区夏季优势科的时间分布折线图

(2) 春秋优势科(见图4.3)：幻石蛾科、鳞石蛾科、舌石蛾科、鳌石蛾科与原石蛾科。这些科同样在大别山山脉地区分布种类较多，且在各个月份均可采集到，但与夏季优势科不同，这些科在春秋季节采集种类更多。由图4.3可知，这些科的低谷期往往在六月、七月、八月，推测其中种类可能在夏季进行了夏眠。

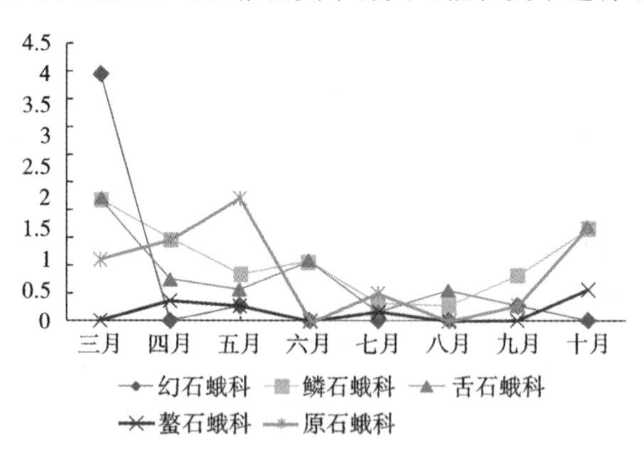

图4.3 大别山脉地区春秋优势科的时间分布折线图

(3) 春夏分布科(见图4.4)：弓石蛾科、背突石蛾科、齿角石蛾科、乌石蛾科、短石蛾科与拟石蛾科。这些科种类较少，多在春夏季节采集到，八月及八月之后均未能见到。

(4) 夏秋分布科(见图4.5)：径石蛾科、枝石蛾科与沼石蛾科。这些科种类也较少，但多在夏秋季节采集到，本研究中未能在七月之前采集到。

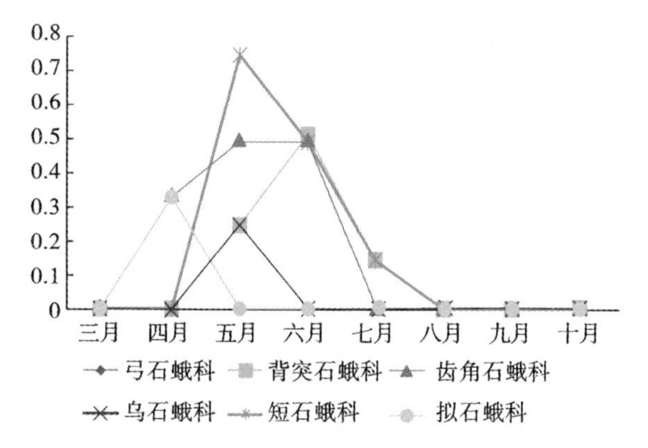

图 4.4　大别山脉地区春夏分布科的时间分布折线图

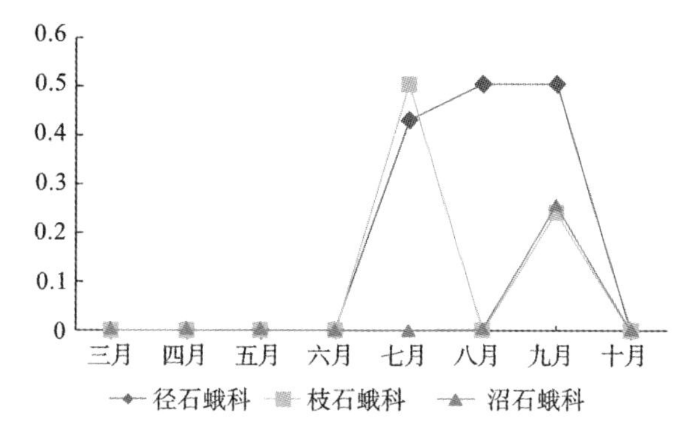

图 4.5　大别山脉地区夏秋分布科的时间分布折线图

（5）平均分布科（见图 4.6）：角石蛾科、多距石蛾科、细翅石蛾科、瘤石蛾科与小石蛾科。这些科在大别山脉地区四月至十月均可见，且种类较少，折线图中可见种类分布较为平均，高峰期不明显。

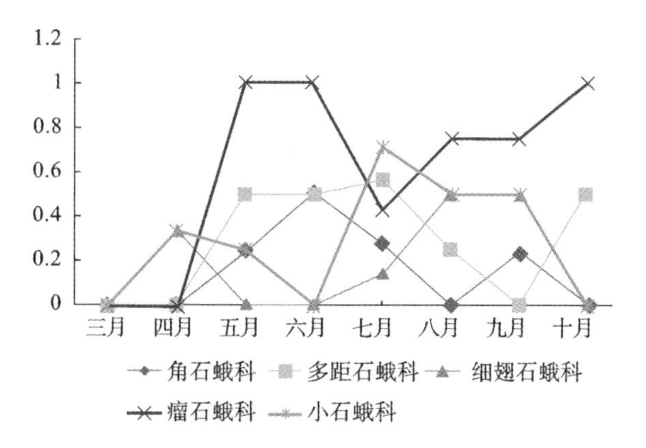

图 4.6　大别山脉地区平均分布科的时间分布折线图

本章分析仅适用于大别山脉地区，而与我国其他地区的时间分布形式可能不同。例如，本研究中武夷山弓石蛾（*A. wuyshanensis*）采集季节为五月，而该种模式标本采集季节为三月；挪氏长须沼石蛾（*N. nozakii*）在大别山脉地区九月下旬可采集到，模式标本则在十月中旬采集到；宽羽拟石蛾（*P. latipennis*）在本研究中仅在四月采集到，而通过其较为丰富的文献记录可知这一种从三月至十二月都可采集到。

2. 空间分布

本研究在大别山脉地区一共设置了17个采样点，各样点的独有种之和为71种，共布种之和为316种。根据多元相似性公式计算得到17个采样点的相似性系数为0.11，显示相似性较低。将同一地点不同时间的采样数据合并，制成17×133的采样点-物种矩阵，导入SPSS进行Ward聚类分析，结果如图4.7所示：罗田县天堂寨地区独立形成一支（C），挪步园、鹞落坪、板仓、桃花冲与狮子峰聚于一支（B），其余地区聚成一支（A）。大致为东南方与西北方的采样点聚于一起，而位于中心地带的罗田县天堂寨则独自形成一支。

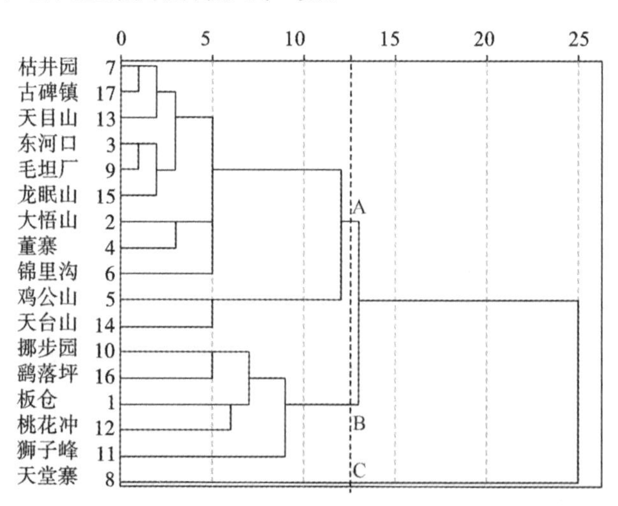

图4.7　对大别山脉地区采样点的聚类分析

3. 垂直分布

由于目前毛翅目昆虫的海拔资料精准度与完善度不高，此处仅使用检索到的数据进行粗略分析。通过查阅文献获得目前大别山脉地区可采集到的毛翅目昆虫的全国记录，并将海拔信息统计排序，以确定该物种的海拔上限与海拔下限。若仅有单一海拔信息，则视作海拔上限与海拔下限相等。将数据以海拔下限由低到高排列以便于研究，结果如图4.8所示。

据统计，大别山脉地区海拔信息单一的物种共有37种，而海拔信息达到两处

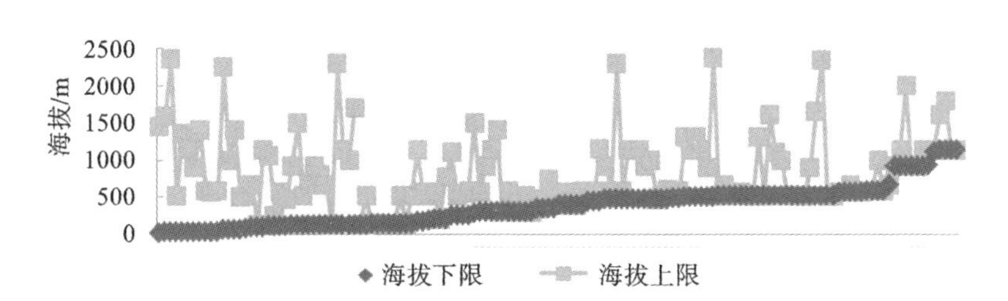

图 4.8　大别山脉地区 141 种毛翅目昆虫的垂直分布

以上的物种有 104 种，如图 4.8 所示。大别山脉地区毛翅目昆虫的分布上限可达 2375 m，而海拔上限达到 2000 m 以上的物种有 6 种，分别为长须长角石蛾(*M. elongata*)、黄纹鳞石蛾(*L. flavum*)、瓣状舌石蛾(*G. valvatum*)、星期四小石蛾(*H. thuna*)、五角原石蛾(*R. pentagona*)与槌形原石蛾(*R. claviforma*)。这 6 个种中，有 4 个种属于完须亚目基部分支。同时，省级分布显示这些种在我国的分布均较广，可能为适应性较强的毛翅目种类。

海拔下限小于 100 m 的种有 19 个，它们是纤细径石蛾(*E. tenellus*)、条尾短脉纹石蛾(*C. albofascia*)、多斑短脉纹石蛾(*C. dubitans*)、裂茎纹石蛾(*H. simulata*)、钩肢缺叉等翅石蛾(*C. hamularis*)、双齿缺叉等翅石蛾(*C. sadayu*)、普通多节蝶石蛾(*Pa. communis*)、复杂蝶石蛾(*Ps. complexa*)、拟马氏腹突幻石蛾(*Ap. paramartynovi*)、长肢并脉长角石蛾(*A. longiramosa*)、长须长角石蛾(*M. elongata*)、湖栖长角石蛾(*O. lacustris*)、黑斑栖长角石蛾(*O. nigropunctata*)、繁栖长角石蛾(*O. complex*)、方肢姬长角石蛾(*S. quadratus*)、秦岭叉长角石蛾(*T. qinglingensis*)、暗褐细翅石蛾(*M. moesta*)、奇异小石蛾(*H. extrema*)与星期四小石蛾(*H. thuna*)。其中，有 8 个种为环须亚目，11 个种为完须亚目。长须长角石蛾(*M. elongata*)与星期四小石蛾(*H. thuna*)为本研究中采集到的海拔分布最广的两个种，可能其具有较强的适应性。

由图 4.8 可知，绝大多数大别山脉地区的毛翅目种类的海拔下限在 1000 m 以下，在海拔较高地区出现的物种往往也在中低海拔有分布。海拔下限在 1000 m 以上的种有 5 个，分别为那氏喜马石蛾(*Hi. navasi*)、武夷山弓石蛾(*A. wuyshanensis*)、加氏小短石蛾(*M. gabriel*)、长枝原石蛾(*R. longiramata*)与宽阔角石蛾(*S. camor*)，与海拔上限最高的几个种并无重复。此外，这些种的记录很少，而长枝原石蛾(*R. longiramata*)与宽阔角石蛾(*S. camor*)均只有一个海拔信息，不能排除它们在较低海拔处被发现的可能性。大别山脉地区周边均为低矮丘陵与平原，历史上也未曾形成过高山，没有高海拔特有种形成的基本条件。因此，现在还不能确定这些种究竟是不是高海拔特有种。

根据目前的采集结果与资料记载，海拔超过 1000 m 处，毛翅目种类与数量开始呈明显的下降趋势。为进一步分析分布状况，将毛翅目昆虫的海拔信息分为5个范围并统计各范围数量，数据如表4.2和图4.9所示。

表4.2 大别山脉地区毛翅目昆虫的海拔分布统计

海拔/m	环须亚目/种	完须亚目			合计/种
		基部分支/种	短幕骨下目/种	全幕骨下目/种	
0～500	47	12	22	13	94
501～1000	55	20	25	18	118
1001～1500	19	7	11	7	44
1501～2000	1	4	1	3	9
2001～2500	0	4	1	1	6

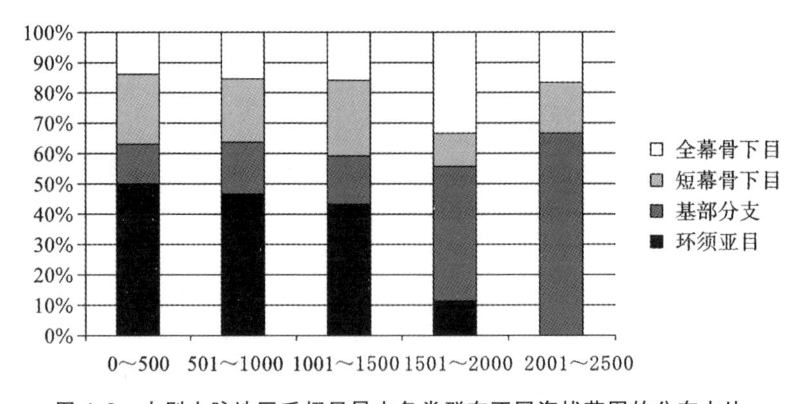

图4.9 大别山脉地区毛翅目昆虫各类群在不同海拔范围的分布占比

由表4.2可知，海拔0～500 m与501～1000 m两个梯度的物种丰富度较高，海拔1000 m以上梯度物种丰富度则明显下降。另外，从图4.9可看出，海拔小于1000 m的地区环须亚目明显更占优势，随着海拔的上升，完须亚目基部分支的种类所占比例逐渐增多，在2000 m以上的地区完须亚目基部分支的优势更加明显。这说明环须亚目对低海拔地区适应较好，而完须亚目基部分支对高海拔地区更加适应。短幕骨下目与全幕骨下目的种类所占比随海拔变化不明显。

本研究中可用的数据较少，1/3的物种海拔信息单一。因此，以目前的毛翅目海拔分布信息尚不能完全反映其垂直分布规律性，但仍可以看出，随着海拔逐渐升高，物种数量呈先上升后下降的趋势。

第三节　区 系 组 成

1. 与中国地理区系的关系

《中国经济昆虫志 第四十九册 毛翅目(一)》与我国 2016 年的毛翅目昆虫名录记载了我国目前所发现的毛翅目昆虫于各个地区的分布，并作为本研究分析的两个最重要的数据来源，然而地区分布资料并不足以确定一个种所属的中国动物地理区。因此，本书通过两种方法分析大别山脉地区毛翅目昆虫在中国的分布：一种方法是查阅各种分类学或昆虫学期刊以获得大别山脉地区各种毛翅目昆虫在其他地区的采集信息，这种分析数据原始、准确，但数据较少且较为分散；另一种方法即统计中国毛翅目昆虫名录中的分布信息并计算大别山脉地区与其他地区的相似性系数，这种分析数据较多但较为模糊。

根据查阅到的坐标，参考《中国动物地理》以确定采集地所属动物地理区，结果如图 4.10 所示。记录到的 140 种石蛾中，9 种在东北区有记录，11 种在华北区有记录，2 种在蒙新区有记录，3 种在青藏区有记录，42 种在西南区有记录，34 种在华南区有记录，112 种在华中区有记录。许多种类分布较为广泛，在多个地区均有分布。

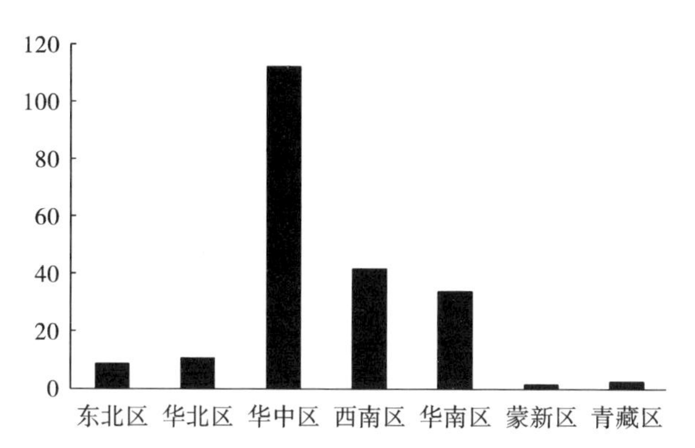

图 4.10　大别山脉地区毛翅目昆虫在中国动物地理区的分布量

将大别山脉地区视为独立的地理分布区，以其中分布的 140 种作为性状，以大别山脉地区及中国的 7 个动物地理区作为地理分类单元，有物种分布记为 1，无物种分布记为 0，以此制成 140×8 的矩阵并导入 SPSS，采用 Ward 法进行系统聚类分析，得到聚类树谱图，如图 4.11 所示。

由图 4.11 可知，大别山脉地区与华中区首先被聚到一起，而其他 6 个动物地理区亦聚于一起。这表明大别山脉地区与华中区关系最近，而与其他动物地理区关系相对较远。

统计毛翅目昆虫名录及近年来发表的文献可知我国各省、市、自治区的毛翅目昆虫数量，并根据公式计算大别山脉地区与这些地区的相似性系数，如表 4.3 所示。

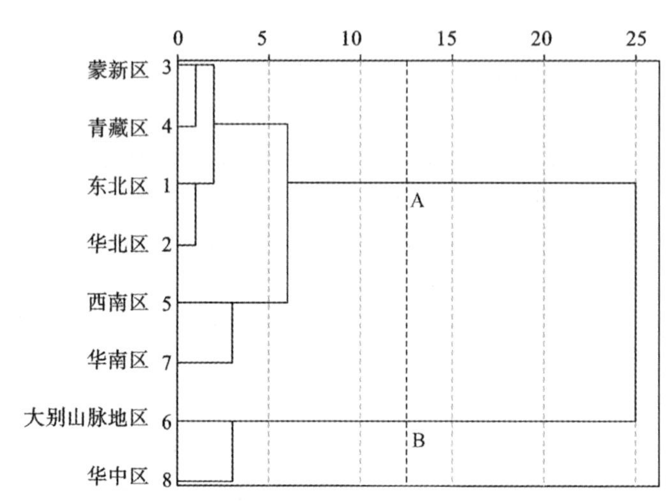

图 4.11　大别山脉地区与我国各动物地理区的毛翅目昆虫分布聚类树谱图

表 4.3　大别山脉地区与我国各地区的毛翅目区系相似性比较

地区	地区种数	共布种数	相似性系数	地区	地区种数	共布种数	相似性系数
黑龙江省	68	9	0.05	江苏省	46	13	0.07
吉林省	30	5	0.03	湖北省	159	127	0.73
辽宁省	24	4	0.02	湖南省	26	13	0.08
北京市	21	3	0.02	安徽省	158	72	0.32
天津市	2	0	0.00	上海市	13	2	0.01
山西省	9	3	0.02	河南省	95	59	0.33
河北省	11	6	0.04	浙江省	170	43	0.16
山东省	3	0	0.00	江西省	194	50	0.18
陕西省	130	19	0.08	贵州省	79	21	0.11
宁夏回族自治区	0	0	0.00	重庆市	4	1	0.01
内蒙古自治区	7	0	0.00	广西壮族自治区	105	17	0.07
甘肃省	32	2	0.01	广东省	112	20	0.09
新疆维吾尔自治区	40	1	0.01	福建省	146	33	0.13

续表

地区	地区种数	共布种数	相似性系数	地区	地区种数	共布种数	相似性系数
青海省	21	0	0.00	台湾省	168	9	0.03
西藏自治区	96	2	0.01	海南省	26	4	0.02
四川省	308	33	0.08	香港	23	2	0.01
云南省	218	20	0.06	澳门	0	0	0.00

由表4.3可知，除采样地点相关的湖北省、安徽省、河南省三省外，大别山脉地区的毛翅目昆虫与东南方的江西省、浙江省与福建省（福建省与四川省的共布种数量相同，但四川省相似性系数并不高）共布种最多，相似性系数也高，说明其区系相似性大，其生物学联系紧密。与华北区的陕西省，华中区的湖南省、江苏省，西南区的四川省及华南区的广西壮族自治区、广东省也有一定联系。而与吉林省、辽宁省、甘肃省、新疆维吾尔自治区与西藏自治区的联系很少。在天津市、山东省、内蒙古自治区与青海省都没有发现共布种。重庆市共布种较少的原因可能是该地在1997年才成为直辖市，而之前的采集均将地点记为四川省，在统计时造成偏差；天津市、山东省、内蒙古自治区、宁夏回族自治区与澳门的毛翅目昆虫记录非常少，因此与这些地区的差异可能是由于研究不足所致；同理，东北区与华北区的相似性系数普遍偏低的原因也可能是研究不足，由表4.3可以明显看出，黑龙江省与大别山脉地区相距甚远，但相似性系数反而比地理位置较接近的吉林省、辽宁省等地的高，这并不符合一般的规律性；相对而言，青海省、西藏自治区、新疆维吾尔自治区等地属于高原或干旱地区，气候极为寒冷或干旱，但仍有较多的毛翅目昆虫记录，与这些地区相似性小的原因更可能是由于气候差异造成的。

同样地，将我国各行政地区看作独立分布区，以其中分布的1418个种作为性状制成1418×34的矩阵导入SPSS，采用Ward法进行系统聚类分析，得到聚类树谱图（见图4.12）以便进一步确定大别山脉地区毛翅目昆虫在我国的地位。

在图4.12中，我国西北部（A）与中部、东南部（C）的地区大致聚集为一支，而台湾省（B）、云南省（D）与四川省（E）各自成为一支。此图进一步显示了我国东南部毛翅目昆虫的相似性。同时，聚类结果与我国七大动物地理区相差较大，这可能是因为动物地理区的划分方式与行政地区的划分方式相差过大的缘故，而云南省、四川省与台湾省各自独立形成一支的原因可能是这些地方的地理位置与气候较为特殊，并且研究较为完善。此外，聚类结果也反映了一些由于研究不足而导致的异常，例如，宁夏回族自治区、澳门、天津市等地明显是由于毛翅目昆虫记录太少而聚于一起。随着研究程度的深入与研究地域的扩展，这些地区所属位置也会发生变化。

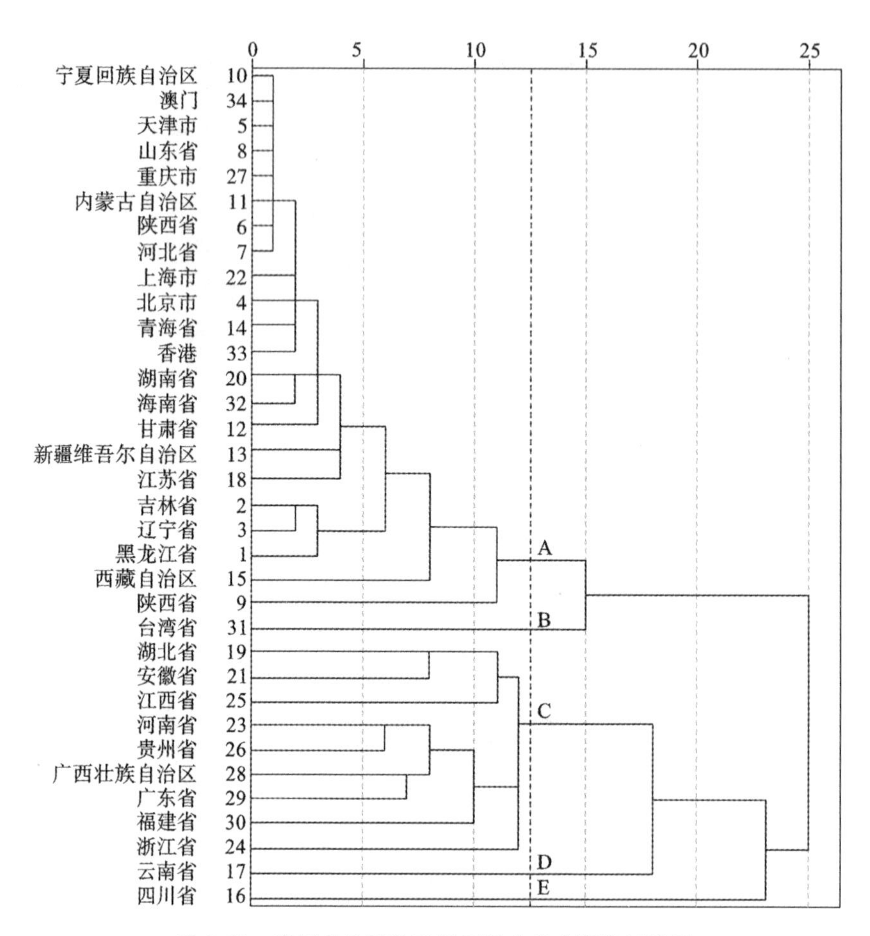

图 4.12　我国各地区的毛翅目昆虫分布聚类树谱图

2. 与世界地理区系的关系

在科级阶元，本研究采集到了我国环须亚目 80%的科与完须亚目 75%的科。此外，各科所含物种数也有较大差异，长角石蛾科种类最为丰富，8 属 20 种；纹石蛾科次之，6 属 19 种；后面依次是等翅石蛾科 4 属 15 种、原石蛾科 2 属 13 种、蝶石蛾科 3 属 12 种，其余各科均不到 10 种，而弓石蛾科、背突石蛾科、枝石蛾科、沼石蛾科、拟石蛾科、乌石蛾科与鳌石蛾科的种类最少，仅为 1 种。各亚目科属种数如表 4.4、图 4.13 及表 4.5 所示。

结合资料与文献可知，大别山脉地区的毛翅目共有 52 属。属级阶元分布较广，可在一定程度上表明该地区与其他动物地理区之间的联系。本地区的属级阶元仍以完须亚目的短幕骨下目和全幕骨下目多样性最为丰富，含有 22 属，占毛翅目大别山地区分布属的 42.31%；环须亚目的多样性略低，为 21 属，占毛翅目大别山地区分布属的 40.38%；而完须亚目仅包含 9 属，占 17.31%。虽各属所含种数差异明显，但在该地区分布的属均为多型属，最小的属为包含 6 个种的幻石蛾科腹突幻石蛾属(*Apatidelia*)。

表 4.4　大别山脉地区毛翅目属级阶元组成与区系分析

亚目	科数	属数	属级区系成分					
			O	O+P	O+P+AT	O+P+AU	O+P+NA	C
环须亚目	8	21	1	1	1		3	15
基部分支	4	9			1	1	3	4
短幕骨下目	4	13			2		4	7
全幕骨下目	7	9		5			2	2
总计	23	52	1	6	4	1	12	28

注：O—东洋界；P—古北界；AT—非洲热带界；AU—澳大利亚界；NA—新北界；C—广布。

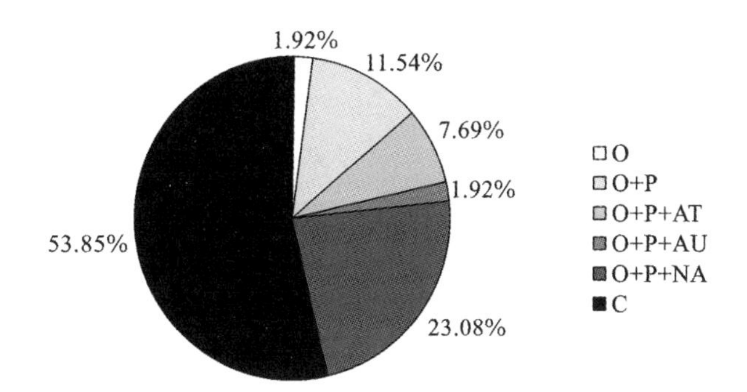

图 4.13　大别山脉地区毛翅目属级区系成分

表 4.5　大别山脉地区毛翅目各级阶元组成与种级区系分析

目	种数	种区系成分					
		O	P	O+P	O+P+AT	O+P+NA	EA
环须亚目	68	7	3	2	1		55
基部分支	24	1		1			22
短幕骨下目	29	4	4	7		1	13
全幕骨下目	19	3		1			15
总计	140	15	7	11	1	1	105

注：O—东洋界；P—古北界；AT—非洲热带界；NA—新北界；EA—东亚界。

本书的广布成分定义为同时分布于 4 个及 4 个以上动物地理区的类群，共有 28 属；另有 17 属同时分布在三个动物地理区，共占总数的 32.7%；仅合脉等翅石蛾为东洋界特有种。由表 4.4 与图 4.13 可知，在大别山脉地区毛翅目属级阶元中，广布区最高，占区系成分的 54%，其次为古北界＋东洋界＋新北界，其他区较少。

种级成分的划分主要参考杨星科的研究，将中国昆虫分为东洋界、古北界、广布区与东亚界。若某种同时分布于俄罗斯至欧洲等北方地区，则可认为该种是从北方地区扩散至我国的古北种；若该种同时分布于东南亚等地，则认为该种是从南方地区扩散的东洋种；若该种在我国北方地区与南方地区两端的周边国家都有记录，则视为东洋种＋古北种；若该种仅在中国、日本与朝鲜半岛有记录，则定为东亚种；若该种目前仅在大别山脉地区分布而在其他地区尚未记录，则记为大别山特有种，包括本研究中发现的新种与疑似新种等；若该种在其他地理区的分布，则另记。统计结果如表 4.5 和图 4.14 所示。

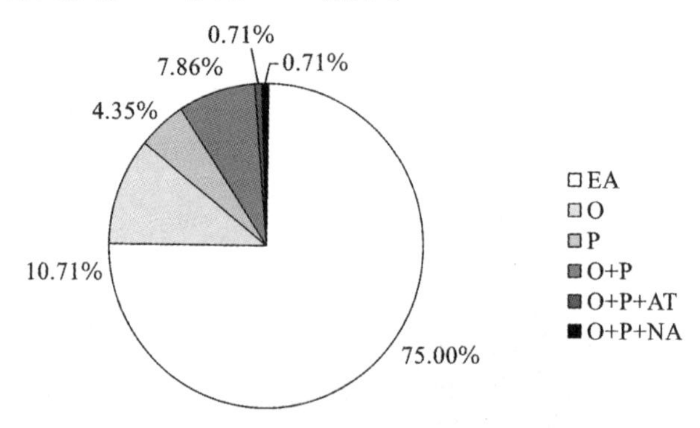

图 4.14　大别山脉地区毛翅目种级区系成分

由图 4.14 可以看出，大别山脉地区的毛翅目昆虫多样性较高，但跨大区分布种较少。大多数种都为东亚种，仅有两个种的分布涉及三个动物地理区，因此本区系的种级阶元类型相对简单，为东洋界、古北界、古北界＋东洋界、古北界＋东洋界＋非洲热带界、古北界＋东洋界＋新北界与东亚界 6 种类型。105 个东亚种中，仅有两种属于日本与朝鲜也有分布的中日种，其余均属中国特有种，而其中又有 40 个大别山地区特有种，如图 4.15 所示。

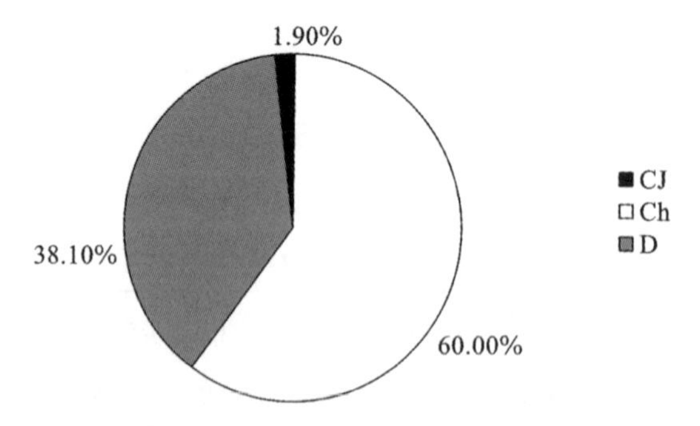

图 4.15　大别山脉地区东亚成分毛翅目昆虫的分布类型

注：CJ—中日种；Ch—中国特有种；D—大别山脉地区特有种

由图 4.15 可以看出，大别山脉地区特有种几乎占了中国特有种的一半，这一地区值得多加关注。

若仅使用世界六大动物地理区进行归类，则将中国特有种按照分布地进行归类，仅分布于秦岭-淮河以南的为东洋种，以北的为古北种，两边均有分布的为东洋-古北跨界种，由此得到表 4.6 与图 4.16。

表 4.6　大别山脉地区毛翅目各级阶元组成与种级区系分析

	E	O	P	O+P	O+P+AT	O+P+NA
环须亚目	20	33	3	11	1	
基部分支	7	12	1	4		
短幕骨下目	6	1		21		1
全幕骨下目	7	5		7		
合计	40	51	4	43	1	1

注：仅使用 Wallace 的六大动物地理区，其中 E 表示大别山脉地区，其他同表 4.5。

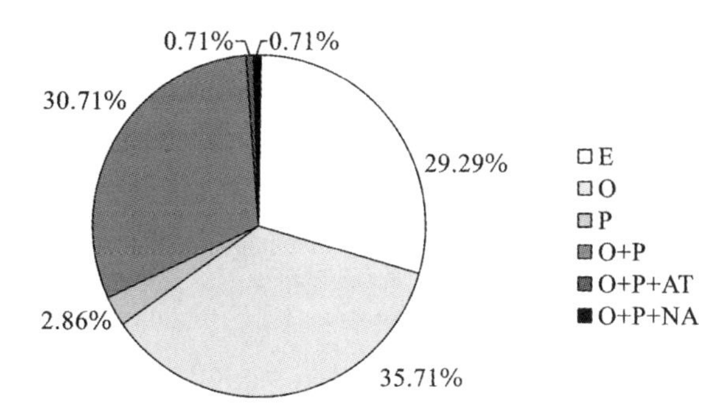

图 4.16　大别山脉地区毛翅目种级区系成分

（仅使用 Wallace 的六大动物地理区）

区系成分结果显示，大别山脉地区的毛翅目中，东亚种最多，占 75.18%；东洋种其次，占 10.64%；古北种＋东洋种再次，占 7.80%；古北种占 4.96%；另有少量古北种＋东洋种＋新北种和古北种＋东洋种＋非洲热带种。若将东亚种按分布归入东洋种或古北种，则东洋种 92 种，占 64.79%（包括 40 个大别山地区特有种），古北种 4 种，占 2.82%，古北种＋东洋种 44 种，占 30.28%。

3. 对大别山脉地区特有种的区系估计

通过查阅文献获得与大别山脉地区特有种亲缘关系最近的种类，若没有相关系统发育研究，则选择形态最为相似的种类。通过分析近似种的分布来估计大别山脉地区特有种的可能分布区。由于近似种多为我国无分布的种类，故仅给出世界地理分布区结果，如表 4.7 所示。

由表 4.7 可知，40 个种的近似种中，34 个种分布于东洋界，占 85.00%；6 个种分布于古北界，占15.00%。近似种的分布不足以说明某种类是从哪个地理区扩散的，但可以对两个种类的共同祖先分布的区域有一个估计。这一结果表明大别山脉地区大部分的特有种可能是从山区以南起源的。

表 4.7 大别山脉地区特有种的近似种及其分布区

大别山脉地区特有种	近似种	分布
Diplectrona sp. 1	*D. aligmada* Oláh,2013	O
C. yangmorseorum	*Cheumatopsyche longiclasper* Li,1988	O
H. cabarym	*Hydropsyche argos* Malicky & Chantaramongkol, 2000	O
H. cipus	*H. grahami* Malicky,2012	O
Macrostemum sp. 1	*Macrostemum bacham* Hoang, Tanida & Bae, 2005	O
C. fluctuata	*Chimarra senticosa* Sun & Malicky, 2002	O
K. eumaios	*Kisaura nozakii* Kuhara, 1999	P
Kisaura sp. 1	*K. obrussa* Ross,1956	P
Wormaldia sp. 1	*Wormaldia sarawakana* Kimmins,1955	O
S. bilobata	*Stenopsyche trilobata* Tian & Weaver, 1988	O
S. complanata	*Stenopsyche trilobata* Tian & Weaver, 1988	O
Stenopsyche sp. 1	*Stenopsyche daniel* Mailcky,2012	P
N. aliel	*Nyctiophylax archemoros* Malicky, 1999	O
N. macrorrhinus	*Nyctiophylax zadok* Malicky & Chantaramongkol, 1993	O
P. acutus	*Psychomyia acuminatus* Li & Morse, 1997	O
P. unciformis	*Psychomyia anakempat* Malicky, 1995	O
P. machengensis	*Psychomyia intorachit* Malicky & Chantaramongkol, 1993	O
T. harael	*Tinodes aravil* Terra & Gonzalez, 1992	P
T. sartael	*Tinodes tejita* Schmid, 1972	O
T. stamens	*Tinodes caolana* Johanson & Oláh, 2008	O
T. serratus	*Tricosetodes atidhanin* Schmid, 1987	O
M. arcuatus	*Molannodes epaphos* Malicky, 2000	O
M. ephialtes	*Molannodes excavatus* Wiggins, 1968	O
P. daidalos	*Psilotreta aidoneus* Malicky, 1997	O
P. furcata	*Psilotreta quinlani* Banks, 1906	O
P. brevispinosa	*Psilotreta monacantha* Yuan & Yang,2013	O

续表

大别山脉地区特有种	近似种	分布
A. protracta	*Apatania bicruris* Leng & Yang, 1998	O
G. naphtu	*Goera foliacea* Schmid, 1965	O
G. sehaliah	*Goera spinosa* Yang & Armitage, 1996	O
U. megalobata	*Uenoa lobata* Hwang, 1957	O
M. carsiel	*Micrasema philomele* Malicky, 2000	O
M. raaziel	*Micrasema haziel* Malicky, 2015	O
L. acutum	*Lepidostoma. fui* Hwang, 1957	O
Agapetus sp. 1	*Agapetus chinensis* Mosely, 1942	O
R. brevitergata	*Rhyacophila exilis* Sun & Yang,1999	O
R. eurystheus	*Rhyacophila morsei* Malicky & Sun, 2002	P
R. euterpe	*Rhyacophila thailandica* Schmid, 1970	O
R. haplostephanodes	*R. haplostephana* Sun & Yang,1998	O
R. longiramata	*Rhyacophila sibirica* McLachlan, 1879	P
Rhyacophila sp. 1	*Rhyacophila pentagona* Malicky & Sun, 2002	O

第四节　讨　　论

我国的昆虫学者对大别山脉地区的区系研究较少，且多为对某一保护区或景区进行的研究。本书将结合现有成果，探讨本地区毛翅目的区系与多样性等问题。

1. 大别山脉地区毛翅目的区系成分及成因

本研究的区系成分结果显示，大别山脉地区的毛翅目中，东亚种占主导地位，共有 106 种；东洋种其次，为 15 种；古北种＋东洋种 11 种；古北种 7 种；古北种＋东洋种＋非洲热带种与古北种＋东洋种＋新北种各 1 种。结合与大别山脉地区纬度相似的长江三峡库区及东侧的龙王山自然保护区的昆虫学研究资料，对三个地区的毛翅目昆虫区系进行对比分析。

对长江三峡库区(面积约 54000 km^2)的调查中发现了 25 种毛翅目昆虫，包括 1 个东洋种，1 个古北种，13 个中国特有种与 8 个长江三峡库区特有种，另外 2 种未鉴定到种。长江三峡库区的毛翅目中东亚种有 23 种，占 91.30%；东洋种与古北种各 1 种，各占 4.30%。与大别山脉地区(面积约 67000 km^2，138 种)相比，长江三峡库区毛翅目种类明显较少。一方面这可能是因为没有对水生昆虫进行特定环境的采集，杨星科等人估计采集到的种类仅占长江三峡库区昆虫的60%～70%；另一方面可能是大别山脉地区毛翅目多样性的确比长江三峡库区的高。而从区系成分来看，长江三峡库区的毛翅目昆虫区系成分与大别山脉地区的类似，均以东亚种为主，包括少量古北种与东洋种，并具有相当数量的特有种。长江三峡库区发现的17个属中，有15个属可以在大别山脉地区采集到。统计长江三峡库区中发现的毛翅目昆虫分布，发现除长江三峡库区特有种之外，华中区、西南区的种类大致相当，多数为跨界分布，这体现了这一地区作为华中-西南区过渡带的特征。尽管大别山脉地区的毛翅目昆虫中有41个在西南区分布的种，长江三峡库区与大别山脉地区的毛翅目昆虫相似性并不高：两个地区有8个共布种，相似性系数仅为0.05，低于与西南地区的相似性（四川省的为0.08，云南省的为0.06）。这可能是因为长江三峡库区的毛翅目昆虫由于海拔升高而与其他地区缺乏交流，这一地区特有种的确占比较高。与大别山脉地区共有的西南区种类可能属于适应性较强的种类，或为两区交界处分布的种类。

对浙江省天目山中段龙王山自然保护区（面积约12.23 km^2）的调查中发现了57种毛翅目昆虫，其中包括1个中日种、41个中国特有种与13个地方特有种，共55个东亚种，占96.49%，还有2个为东洋种，占3.51%。这一地区单位面积的毛翅目昆虫多样性比大别山脉地区的高出许多，但整个浙江省的毛翅目昆虫记录仅有170种，所以不能确定整个天目山山区单位面积多样性是否比大别山脉地区的更高。这一地区同样以东亚种为主，伴随少量东洋种，其中东亚种的比例较大别山脉地区的更高。同时，龙王山与大别山脉地区的共布种为22种，相似性系数为0.127，高于我国绝大多数地区；龙王山57种毛翅目昆虫分属28个属，均可在大别山脉地区采集到。

值得注意的是，对浙江省西南部的百山祖昆虫调查中发现了54种毛翅目昆虫，龙王山与百山祖的毛翅目昆虫共布种仅为12种，相似性系数为0.121，显示相似性较高，但低于龙王山与大别山脉地区的相似性。对于这一现象，杨星科等人认为，冰川期使北方古北种得以扩散到南方地区，而间冰期，东洋种发生北返，而北返时受到秦岭、伏牛山与大别山的影响而在此呈现东西向分布，因此在同纬度地区有许多共布种。而百山祖不仅由于冰川期降温获得了古北种，同时由于冰川期海平面下降而与日本群岛与台湾省的昆虫有过多次交流，区系成分非常复杂。换言之，大别山地区因为阻挡了龙王山地区北返的昆虫，所以获得了与龙王山地区相似的昆虫区系；而百山祖地区由于混杂了日本、台湾省等更多地区的区系成分所以与龙王山区系的相似度降低。另一方面，长江三峡库区与大别山脉地区相似性不高的原因可能是因为长江三峡海拔较大别山脉地区海拔高，因此大别山脉地区的昆虫不容易向长江三峡库区扩散，且长江三峡位于大别山西侧，受我国东南季风影响更容易向西北方扩散，因此长江三峡库区的昆虫也不容易向大别山脉地区迁移。秦岭、伏牛山等地与长江三峡库区的相似性可能较高。

大别山脉地区在晚侏罗世开始隆起，龙王山形成于早白垩世的火山喷发，百山祖形成于侏罗纪，而长江三峡地区形成于新生代的板块碰撞，在此之前我国东部气候温暖，昆虫的分化与交流均较为频繁，各地昆虫相似性强。经过分析发现，这些地区的毛翅目昆虫仍然具有一定的相似性。我们认为，这些地区的昆虫源于同一起点，即中国东部为中侏罗世到早白垩世的昆虫起源中心。

在白垩纪后，大别山脉地区强烈抬升与山体形成加强了对我国南北昆虫交流的阻隔作用，同时大别山脉地区具有热带属性的昆虫区系向亚热带山地区系演化，并保持了与平原地区的交流。由于形成大别山脉地区时海拔抬升不高，因此进化压力并不强。之后印度洋板块碰撞，使我国三大气候区差异加剧，大别山脉地区的阻隔作用与意义进一步得到加强。第三纪与第四纪冰川期和间冰期物种南下与北返时阻隔作用尤为明显，同时这一地区环境温和，冰川期可成为庇护所，使昆虫得以在此繁衍，即大别山脉地区海拔较高的毛翅目昆虫多样性可能是来源于它“截留”了许多南来北往的昆虫。另一方面，我国东南方由于温暖潮湿，相对其他地区更有利于毛翅目昆虫的演化发展；加之我国的东南季风与南季风发生在毛翅目活跃的夏季，而向南的冬季风则发生在大多数毛翅目产卵死亡或休眠后，整体更有利于东南方毛翅目昆虫向北方或西北扩散。从表 4.3 可以看出，除去大别山脉地区所在的湖北省、河南省、安徽省三省外，相似度最高的三个省均为东南方的浙江省、江西省与福建省，与推论相符合。大别山脉地区与同纬度东侧的龙王山毛翅目昆虫区系较与西侧长江三峡库区的毛翅目相似性更高也可说明这一点。

若仅使用世界六大地理区进行区系分析，则大别山脉地区的毛翅目昆虫中东洋种有 92 种，古北种有 4 种，古北种＋东洋种有 25 种。东洋种占明显优势。将这一结果与大别山脉地区其他昆虫类群的区系研究进行对比。对大别山脉地区的鹞落坪自然保护区蜻蜓目昆虫区系的调查显示，该地区蜻蜓目昆虫有 6 种属于古北种，22 种属于东洋种，25 种为广布种。对安徽省大别山及天堂寨地区的锤角亚目区系调查表明，大别山脉地区的蝶类区系成分较为简单，仅有东洋种，古北种与两界共有种由 3 种组成，各种所占比例较为平均，其中东洋种与两界共有种较多，往往占 30％～40％，古北种较少，也可达到 20％以上。对于湖北省大别山脉地区的蝗虫区系研究显示，大别山脉地区的蝗虫主要为东洋种，共有 28 种，占 65.1％；广布种为 14 种，占 32.6％；古北种 1 种，占 2.3％。

以上研究虽然昆虫类群、分类阶元与研究地区都不尽相同，但仍可总结出近似的结论，即大别山脉地区的昆虫类群以东洋种与古北种＋东洋种为主，同时包含少量古北种，这体现了大别山脉地区作为古北种-东洋种过渡带的特征。单从毛翅目昆虫的区系分析结果来看，东洋成分占绝大多数，古北种＋东洋种成分占一小部分，古北种成分则较少，说明大别山脉地区的毛翅目昆虫与东洋界关系更近。

2. 大别山脉地区毛翅目的特有性

本研究所采集到的物种中，我国特有成分占绝大多数。尽管部分科学家认为以我国为主的东亚地区可视为一个独立地理区，但目前并没有得到广泛认同。同时，由于目前研究背景与研究条件的限制，本研究仅仅根据目前的分布地点进行研究。更加确切的结论则需要了解每一个物种的详细系统发育过程，这需要更多深入研究才能够达成目标。

本研究与大别山脉地区其他昆虫的区系研究相比，特有成分明显较多，可能是由于大别山脉地区是毛翅目的一个次级起源中心，但本研究所涉及的区域较小，因此不能得出确切结论。此外，大别山脉地区多为低矮丘陵，周边地形多为平原，无明显的自然屏障，地质上没有长期孤立的时期，与周边环境的气候差别较小。从植物分布也可看出，大别山脉地区与其周边环境存在广泛的生物交流。附近地区丰富的水系也可为毛翅目幼虫的扩散提供便利条件。因而，对毛翅目昆虫而言，在大别山脉地区与周边适宜生存的地区之间进行交流并不困难。所以，这一现象也可能是我国毛翅目研究不充分所导致的结果。例如，我国新记录三叉并脉长角石蛾（*Adicella trichotoma*）最初发现于日本北海道，很明显该种极有可能分布于我国东北到华北地带，只是还没有被发现。本次研究为湖北省增加了高达92个新记录种也体现了这一点。另一方面，对云南省毛翅目的区系研究显示云南省有321个毛翅目，但统计2016年的中国毛翅目昆虫名录与2016年至2018年发表的新种文献却发现目前仅有218个种分布于云南省，这表明仅云南省将近有100个新种尚待发现。本研究列出的41个特有种中，约一半为新种与疑似新种，其余的也多为近年来发现的新种。因此，本书作者认为，随着研究的深入，本研究中发现的特有种类也可能在其他地区被发现，尤其是淮河流域、汉江流域及华中区。当然，我们也不否认一些种类确实为大别山地区所特有。

对大别山地区特有种的近似种进行区系分析发现，其中82.93％为东洋种，14.63％为古北种，2.44％为古北种＋东洋种，可进一步证明大别山地区的毛翅目昆虫与东洋界更为接近。

3. 大别山脉地区毛翅目的时空分布

众所周知，昆虫区系随时间变化较为明显。毛翅目昆虫在大别山脉地区几乎全年都可以采集到，但时间分布显示，不同季节采集到的种类有很大差别。平均一次采集所得种类最多的月份为五月、六月、七月，为春末至盛夏时期。因此可以得出，大别山脉地区夏季采集到的种类与数量较多；春秋季虽采集总量少，但更易采集到一些古北界常见科属，如沼石蛾科、幻石蛾科与原石蛾属昆虫均采集于春秋季。从图4.2可以看出，夏季优势科，如纹石蛾科和等翅石蛾科在七月出现相对的低谷，可能是因为这些科包含一年两化的类群，即这些类群在六月羽化后立刻繁殖，并于八月再次出现。同样，图 4.3 中舌石蛾科在六月出现的相对峰值与原石蛾科与鳌石蛾科在七月的峰值也可能是由于一年两化的原因。平均分布科中可能包含一些多化类群，但也可能仅是不同类群的羽化时间有差异。春夏分布科和夏秋分布科则多为一化类群。

根据多元相似性公式计算得出，各个采样点的相似性系数仅为 0.11，相似性较低。按照各样点的采集结果进行聚类分析，形成了三个分支。样点的分布显示，C 支的天堂寨处于整个研究区域的中央部分，B 支的样点多位于大别山脉地区的东南方，而 A 支的样点多为大别山脉地区的西北方。这种差异除南北坡气候作用之外，可能还与水系相关。毛翅目幼虫水生，因此河流不仅不会阻隔，反而会帮助其扩散，而成虫的飞行能力反而相当弱，不足以翻山越岭。因此，对毛翅目昆虫而言，山脊的隔断作用比河流要更强，本研究中的海拔分析也说明了这一点。从地图可以看出，大别山东南区域河流汇入长江，而西北区域河流汇入汉江或淮河，因此形成种类上的差异。同时，罗田县天堂寨独自形成一支的原因可能与采样强度及样点自身条件有关，该样点由于交通方便而在多个时间段采样，同时这一区域河流较多且视野较开阔，因此采样效率很高，能够将多个季节性种与不常见种搜集到，因此结果上与其他样点产生了明显差异。

垂直分布分析显示，大别山脉地区的毛翅目昆虫多分布于海拔 500～1000 m 的区域中，这部分的河流属于较为上游的溪流，河流宽度从一米至数米，水深不足半米，流量、流速适中，为毛翅目昆虫提供合适的栖息地。而海拔更低处河流宽度、深度与流量更大，属于中段河流。根据河流连续理论，中段河流应有更高的多样性。所以，这一结果可能是因当前的低海拔地区人口较多，人为干扰较为严重而产生的。采样时可发现，大别山脉地区地势较低、较平整处多被开发成城镇、村庄或农田，河流多被生活污水污染，并缺乏林荫覆盖而导致阳光直射，这不仅使得河水细菌含量上升、温度升高、含氧量下降，也使得河流生态系统缺乏枯枝落叶的进入而无法给毛翅目幼虫与其他底栖生物提供必要的隐蔽场所与营养。而中海拔地区人口较少，且农耕行为也较少，人类活动主要以旅游业为主，对自然环境干扰较少，因此物种数量更高。同时，随着海拔进一步升高，人类的干预进一步减少，但同时河流的数量与流量也减少，这一点直接导致毛翅目昆虫密度下降，该部分的结果与河流连续理论相符；另一方面，高海拔地区温度与湿度往往更低，风速也更大，不利于灯诱飞行能力较弱的毛翅目昆虫，因此海拔较高的样点毛翅目的种类也减少。大别山脉地区蝗虫区系研究与长江三峡库区昆虫海拔梯度格局研究中也有类似的推论。

从海拔分布图来看，大别山脉地区大多数毛翅目昆虫的海拔下限为 1000 m 以下，海拔下限在 1000 m 以上的种为那氏喜马石蛾（*Hi. navasi*）、武夷山弓石蛾

(*A. wuyshanensis*)、加氏小短石蛾(*M. gabriel*)、长枝原石蛾(*R. longiramata*)与宽阔角石蛾(*S. camor*)。同时,由于本研究中所搜集到的毛翅目昆虫海拔分布资料较少,许多种类仅有1个海拔资料,所以尚不能确定这些种是否为真正的高海拔特有种。

4. 大别山脉地区毛翅目在我国昆虫地理区划中的位置

由中国动物地理区的分析可以看出,大别山脉地区毛翅目昆虫与华中区紧密相连,而与华南区、西南区也有一定关联。与东北区、华北区关联较小,而与蒙新区、青藏区关联更小。考虑到东北区与华北部分地区寥寥无几的毛翅目昆虫记录,与这些地区的相似性可能比实际情况的更低。分析过程中,作者也发现一些物种在东北区、华中区等地有分布,却唯独没有华北区的记录,此般明显缺失说明了华北区毛翅目昆虫研究的匮乏。相对地,新疆维吾尔自治区、青海省与西藏自治区有相当高的毛翅目昆虫多样性,所以这些地区的共布种少并非研究不足的结果。根据《中国动物地理》的介绍可知,东北区、华北区、华中区、西南区与华南区均属于东部季风区,而蒙新区属于西部干旱区,青藏区则是青藏高寒区,即蒙新区与青藏区相对东部的气候而言则更加干旱。毛翅目幼虫完全水生,即使陆生种也需要相对潮湿的环境,因此湿度与降水对毛翅目昆虫的生存至关重要。所以,作者认为,这种干旱气候造成了毛翅目区系上的差异。蒙新区与青藏区的毛翅目昆虫可能产生了应对当地特殊气候的适应性。

大别山脉地区的绝大部分种可在湖北省境内采集到,这可能与本研究在湖北省境内的样点设置较多有关。同时,多个样点靠近省界,因此其中部分物种可能在河南省与安徽省大别山脉地区也有分布。我国地界多使用山脉、河流划分,常常使一座山或一个水系被不同行政地区分开,因此以行政地区为单位的记录方法虽简便而使用范围广,但对于动物地理分析的利用价值非常有限。相对地,若按《中国昆虫地理》中根据自然景观划分基础地理单元,则能使数据的利用更加方便与高效。

申效诚在《中国昆虫地理》中对我国的毛翅目昆虫进行了简单的地理分布分析。然而,由于地理数据的缺乏,很难看出各地理单元之间的联系,因此当时仅将我国的毛翅目昆虫分成了四个单元群,分别为华东单元群、江西单元群、西南单元群与广西单元群。本研究中涉及的区域属于大别山脉地区,是《中国昆虫地理》中划定的基础地理单元之一。该书中,大别山脉地区仅有27个种,且分析中没有发现与其他地理单元的联系。本书采集到的信息与《中国昆虫地理》的信息相比有了较大的提高,除大别山脉地区的种类数翻了数倍外,我国的毛翅目科级分布水平也有了明显提升。科的数量由26个提升到30个,分布在20个以上行政地区的科也由4个增加到10个。我们相信,随着研究的深入,我国毛翅目昆虫的区系分布及特点会越来越明晰。

第二篇 各 论

本部分共记录大别山脉地区毛翅目140种，隶属于23科51属，现将名录详细列于附录B。

附录B中由作者采集的种类为133种，均配以详细描述与插图，所有插图均根据作者所采标本绘制，并标注了采集地点。本研究中作者已发表了7个新种，另有12个未定种。对于前人发表而作者未见的7种则只列出完整种名、分布地与插图。

雄性外生殖器术语参考《A comparative study of the genital segments and their appendages in male Trichoptera》，翅脉术语参考《The insects and arachnids of Canada, part 7, Genera of the Trichoptera of Canada and Adjoining or Adjacent United States》。术语中文翻译参考《中国经济昆虫志　第四十九册毛翅目(一)》，某些种类特殊结构术语另标。分论中关于我国种类的数据统计、分类分布与排列顺序参考杨莲芳等人(2016)编写的名录；关于其他国家与地区的数据统计、分类，以及在各个世界地理区系分布资料主要来自Morse J. C. 编写的毛翅目世界名录。

大别山脉地区毛翅目分科检索表(成虫)

1	体小型，体长通常5 mm以下；前足具0～1距；中胸盾片缺毛瘤，中胸小盾片两毛瘤横形，于中线处汇合形成钝角；前后翅均窄，端尖，常披密毛，后缘缘毛长可达后翅的宽度 ……………………………… 小石蛾科 Hydroptilidae，小石蛾亚科，Hydroptilinae
1’	体中至大型，长于5 mm；前足具0～3距；中胸盾片具毛瘤或缺毛瘤，中胸小盾片毛瘤圆形或长条形；前后翅比上述宽，端部钝圆，毛不如上述密，后缘缘毛无或相对短 ……………… 2
2(1’)	头顶具单眼 ……………… 3
2’	头顶无单眼 ……………… 11
3(2)	下颚须5节，末节柔软多环纹，长度至少为第四节长度的2倍 …… ……………… 等翅石蛾科 Philopotamidae
3’	下颚须3～6节，末节形态与前几节的相同，长度与第四节的相当 … 4
4(3’)	下颚须5节，第二节呈球形，约与第一节的等长 ……………… 5
4’	下颚须2～6节，第二节呈圆柱形，长于第一节 ……………… 8
5(4)	下颚须第二节呈圆球形 ……………… 6
5’	下颚须第二节呈圆柱形 ……………… 螯石蛾科 Hydrobiosidae
6(5)	下颚须末节端部尖，前后翅DC均开放，前足具端前距……………… ……………… 原石蛾科 Rhyacophilidae
6’	下颚须末节端部钝圆，前翅DC封闭，前足不具端前距 ……………… 7

7(6') 前胸背板内缘的一对毛瘤分离 ………… 舌石蛾科 Glossosomatidae
7' 前胸背板内缘的一对毛瘤不分离 ……………………………………………… 小石蛾科 Hydroptilidae(部分)
8(4') 中足具两个端前距 ………………………… 石蛾科 Phryganeidae
8' 中足具 0～1 个端前距 …………………………………………………… 9
9(8') 后翅前缘具一排粗短钩状毛,或 M 脉不分叉或基部分两叉,或 DC 开放 ……………………………………………………… 乌石蛾科 Uenoidae
9' 后翅前缘不具毛或具少量纤细直毛,M 脉分叉,DC 封闭或开放 ………………………………………………………………………… 10
10(9') 前翅 Sc 终止于 c-r 横脉,翅痣明显,后翅 DC 开放;雌虫中阴叶半膜质,表面常粗糙或起皱………………………… 幻石蛾科 Apataniidae
10' 前翅 Sc 终止于翅的边缘,翅痣不明显,后翅 DC 封闭;雌虫中阴叶骨化,形态多样………………………………… 沼石蛾科 Limnephilidae
11(2') 下颚须 5～6 节 ……………………………………………………………… 12
11' 下颚须少于 5 节 ………………………………………………………… 20
12(11) 下颚须末节柔软多环纹,长度至少为第四节长度的 2 倍,不具毛簇 ………………………………………………………………………… 13
12' 下颚须末节结构与前几节的相同,长度与第四节的相当,可能具毛簇 ………………………………………………………………………… 20
13(12) 触角远比前翅长,中足无端前距 ………… 长角石蛾科 Leptoceridae
13' 触角短于或略长于前翅,中足具端前距 …………………………… 14
14(13') 中胸盾片具毛瘤或毛 …………………………………………… 18
14' 中胸盾片不具毛瘤或毛 ………………………………………… 16
15(14) 中胸盾片毛瘤呈卵圆形,两毛瘤接触面小,其大小远比小盾片小 … 17
15' 中胸盾片毛瘤呈方形,两毛瘤相互紧贴,约与小盾片等大 ………… ……………………………………………… 剑石蛾科 Xiphocentronidae
16(14') 触角粗,下颚须第二节较第三节短,前后翅为形状相似的椭圆形,前翅 PC 较粗短 ………………………… 弓石蛾科 Arctopsychidae
16' 触角细,下颚须第二节较第三节长,后翅较前翅宽且形状不相似,前翅 PC 较长 ………………………… 纹石蛾科 Hydropsychidae
17(15) 前足常具端前距,如缺,则前足跗节基节短于较长端距的两倍 … 18
17' 前足常缺端前距,前足跗节基节等于或长于较长端距的两倍 ……… …………………………………………… 蝶石蛾科 Psychomyiidae
18(17) 前翅 R_1 分叉 ……………………………… 径石蛾科 Ecnomidae
18' 前翅 R_1 不分叉 …………………………………………………… 19

19(18)　前翅 R_2 与 R_3 于 r 横脉附近分叉，雄虫后胫节内距粗大，端部分叉或扭曲 …………………………………… 畸距石蛾科 Dipseudopsidae

19'　前翅 R_2 与 R_3 愈合或于翅端部附近分叉，雄虫后足胫节距均为正常锥形 …………………………………… 多距石蛾科 Polycentropodidae

20(11'12')　中胸背板无毛瘤或毛；跗节 2～5 节仅于端部具刺；体型较小，颜色偏暗 …………………………………………………… 贝石蛾科 Beraeidae

20'　中胸背板具毛瘤或毛；跗节 2～5 节散布小刺；体型小到中型或色浅 ………………………………………………………………………… 21

21(20')　中胸背板上的毛散布于整个毛瘤的长度 …………………………… 22

21'　中胸背板上的毛局限于一对毛瘤中 ……………………………………… 24

22(21)　触角基节长度为梗节的两倍，触角远长于前翅；头背侧后缘常具后中嵴；前翅 MC 封闭 …………………………… 枝石蛾科 Calamoceratidae

22'　触角基节长度为梗节的三倍，触角短于或远长于前翅；头背侧后缘不具后中嵴；前翅 MC 封闭或不封闭 ………………………………………… 23

23(22')　触角远长于前翅；下颚须纤细披密毛；前胸背板常为中胸背板所覆盖；中足不具端前距；停歇时身体与停歇面平行 ………………………
………………………………………… 长角石蛾科 Leptoceridae(部分)

23'　触角短或略长于前翅；下颚须较粗，毛较少；前胸背板背面观清晰可见；中足具端前距；停歇时身体后端上翘，与停歇面形成一定角度 ………
…………………………………………………… 细翅石蛾科 Molannidae

24(21')　头顶后毛瘤较大，向内自复眼内缘至背中线，向前达头顶中央；触角不比前翅长；后翅前缘基半部具一排钩状毛，前缘中部具一钝突 …
……………………………………………… 钩翅石蛾科 Helicopsychidae

24'　头顶后毛瘤小于上述，触角长为前翅的 1.5 倍；后翅前缘不具钩状毛，前缘中部不具钝突 ……………………………………………………… 25

25(24')　中胸小盾片中央具一个毛瘤，长度几乎跨越整个小盾片 ………… 26

25'　中胸小盾片中央具一对毛瘤，可能互相接触，长度仅为小盾片的一半 ………………………………………………………………………… 27

26(25)　雌雄虫下颚须均为五节；中胸小盾片几乎完全被毛瘤覆盖，毛瘤整体披毛；前翅臀脉三根互相愈合形成 2～3 个臀室 ………………………
…………………………………………… 齿角石蛾科 Odontoceridae

26'　雌虫下颚须五节，雄虫下颚须三节；中胸小盾片毛瘤较窄，毛瘤仅边缘披毛；前翅臀脉具单根或具不愈合的三根 …… 瘤石蛾科 Goeridae

27(25')　前胸背板两对毛瘤于中缝两侧分别愈合，形成一对横形毛瘤，中胸盾片中缝深；前翅具 R_1-R_2 横脉，DC 与第一叉重叠边长，Cu_2 终止于

Cu_{1b} …………………………………… 毛石蛾科 Sericostomatidae

27' 前胸背板两对毛瘤不愈合，中胸盾片中缝不如上述深，前翅缺 R_1-R_{2+3} 横脉，DC 与第一叉重叠边短，Cu_2 与 Cu_{1b} 以横脉相连 ……… 28

28(27') 中足具 0～2 个端前距，后足具 1～2 个端前距，距无毛；中足端前距位于胫节端部 1/3 处，胫节具小黑刺；第五节腹板两侧具骨化的腺体开口 …………………………………… 短石蛾科 Brachycentridae

28' 中足与后足胫节各具两个端前距，距披毛；中足端前距位于胫节中部，胫节不具小刺；腹部腺体开口不明显 …………………………………………………………………… 鳞石蛾科 Lepidostomatidae

注：检索表参考《An Introduction to the Aquatic Insects of North America》，《The insects and arachnids of Canada, part 7, Genera of the Trichoptera of Canada and Adjoining or Adjacent United States》以及《中国经济昆虫志 第四十九册 毛翅目(一)》。

分属检索表见各科种类描述部分。

第五章　环须亚目 Annulipalpia Martynov，1924

第一节　弓石蛾科

弓石蛾科 Arctopsychidae Martynov，1924 为环须亚目中一小科，分为 3 属共 65 种（弓石蛾属 *Arctopsyche* McLanchlan，1868，33 种；绒弓石蛾属 *Parapsyche* Banks，1934，27 种；美赛弓石蛾属 *Maesaipsyche* Malicky，1997，5 种），在新热带界、东古北界与东洋界均有分布。弓石蛾科无单眼，下颚须五节，最后一节长且柔软易弯曲，胫距式 2，4，4；前翅具第Ⅰ至Ⅴ叉，后翅缺第Ⅳ叉。该科与纹石蛾科的区别包括触角较粗，下颚须第二节较第三节短，前翅后缘室（postcostal cell）较为粗短，且后翅与前翅形状相似。原本许多研究者将其当作独立科来看待，仅有少数研究者认为它是纹石蛾科下的一个亚科。2007 年，Holzenthal 等人在系统演化研究中认为弓石蛾为纹石蛾科最早的分支，之后发表的大多数研究均认同这一结果，但仍有一部分研究者认为该科脉相及外生殖器形态差异足以使该科被当作独立科。从系统演化的角度来看，两种方式下弓石蛾的分类地位并没有什么不同，仅在于是否将该类群称为独立科。

弓石蛾属 *Arctopsyche* McLachlan，1868。

模式种：*Aphelocheira ladogensis* Kolenati，1859。

复眼光滑无毛，下颚须第三节长为直径的两倍，与第四节近等长。雌虫中足强烈扁平化并具密实的纤毛。腹部具簇状鳃，每节具 2～4 簇，每簇具 8～40 根气管，气管长度略大于其直径。

本研究中采集到弓石蛾属一种。

武夷山弓石蛾 *Arctopsyche wuyshanensis* Mey，2009，如图 5.1 所示。

正模：雄性，江西省，武夷山，鹰潭市东北方 50 km，海拔 1600 m，2002 年 3 月 15 日，采集人为 V. Siniaev，保存于柏林自然博物馆。

副模：1 雄性，2 雌性（针插标本），资料同正模。

材料：2 雄性，样点 6。

描述：前翅 13.5～14.0 mm（$n=2$），具斑点状浅色花纹；后翅呈卵圆形，色浅

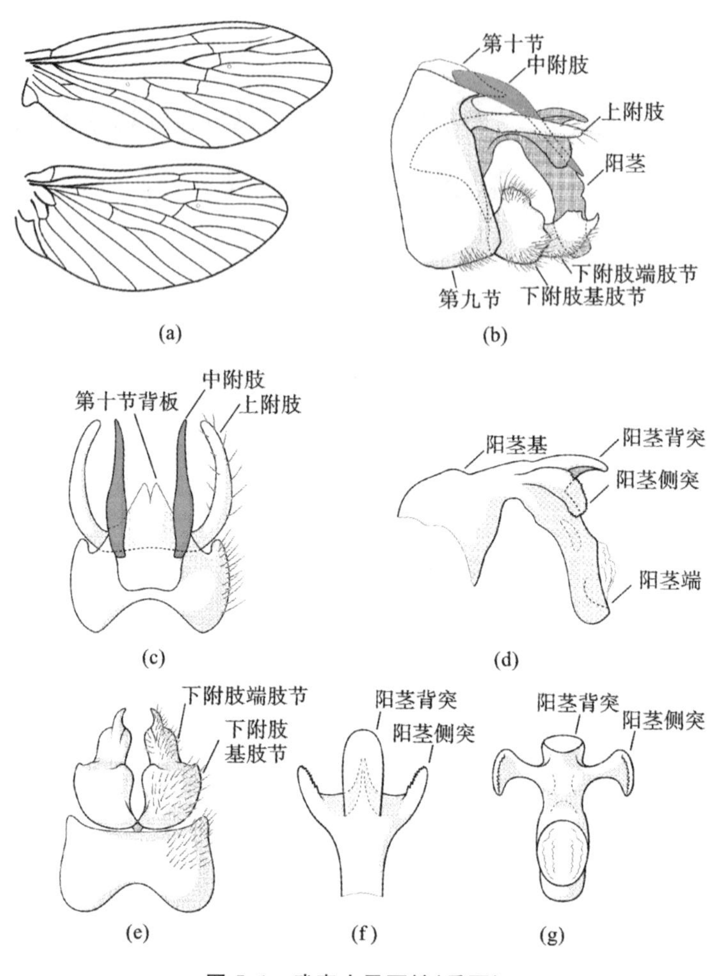

图 5.1 武夷山弓石蛾(岳西)

(a)前后翅脉相;(b)雄性外生殖器,左侧面观;(c)背面观;(d)阳茎,左侧面观;
(e)腹面观;(f)阳茎,背面观;(g)阳茎,后面观

无花纹,眼黑色,体褐色。

雄性外生殖器:第九节侧面观宽,背面观中部强烈收窄,腹面观中部略为收窄,腹侧具毛。第十节膜质,背面观末端分裂为两叶。上附肢侧面观直,呈指状,背面观向中部弯曲;中附肢强烈骨化,末端尖,侧面观向腹侧弯曲。下附肢基肢节较粗,形状不规则,腹侧与背侧披密毛;端肢节与基肢节近等长并较基肢节细,末端具一向背侧小钩,腹侧披毛。阳茎整体骨化,阳茎基侧面观宽,阳茎端向腹侧弯曲,具一舌状背突与一对侧突,侧突边缘锯齿状,阳茎端尾部开口内具大量膜质结构。

分布:该种原分布于江西省,现增加安徽省的采集记录。

命名:中文名根据种名意译新拟。

第二节 纹石蛾科

纹石蛾科 Hydropsychidae Curtis，1835 为环须亚目中的第一大科，同时为毛翅目第三大科。该科可分为四亚科：腺纹石蛾亚科(Diplectroninae)、纹石蛾亚科(Hydropsychinae)、长角纹石蛾亚科(Macronematinae)与 Smicrideinae。该科中，36%的种属于纹石蛾亚科-纹石蛾属(*Hydropsyche*)与短脉纹石蛾属(*Cheumatopsyche*)。由于科下种类太多，一般研究仅限于修订部分属或部分种组，而少有整科修订。

腺纹石蛾亚科的特征包括：后翅 Sc 与 R_1 在端部分离，并在翅边缘向前弯曲，并且雄虫第五节腹面两侧具一细长丝状突起，这一突起基部略微膨大并具腹部腺体开口，黄其林曾对这一结构做详细描述。腺纹石蛾亚科可分为腺纹石蛾属 *Diplectrona* Westwood，1840；*Austropsyche* Banks，1939；*Homoplectra* Ross，1938；*Oropsyche* Ross，1941 与 *Sciadorus* Barnard，1934 五个属，但除腺纹石蛾属有 125 种之外，其他均为仅有几种至十几种的小属。本研究中采集到腺纹石蛾亚科腺纹石蛾属 4 种。

纹石蛾亚科为纹石蛾科下种类最多的亚科，各个属之间的主要区别在翅脉、下颚须、第十节侧突与足上端前距。本书对纹石蛾亚科下的分种组方法参考 Oláh 和 Johanson 的研究，短脉纹石蛾属分种组参考 Oláh 等人在 2008 年的研究。本研究中采集到了短脉纹石蛾(*Cheumatopsyche*)、离脉纹石蛾(*Hydromanicus*)、纹石蛾(*Hydropsyche*)与缺距纹石蛾(*Potamyia*)四个属的种。

长角纹石蛾亚科的主要特征：触角长超过前翅长的 1.5 倍。本亚科石蛾常常在翅上生有相对大块、明显的黑色斑点或条纹，是进行属级或种级分类的依据之一。本研究中采集到长角纹石蛾亚科 *Macrostemum* 属一种。这一属大多数种曾被当作 *Macronema* 来描述，直到 1982 年 Flint 与 Bueno 将这一属分为 *Macronema* 与 *Macrostemum* 两支。目前 *Macrostemum* 属广泛分布于南美、北美、非洲与亚洲，而 *Macronema* 则仅分布于新热带界。

Smicrideinae 的种大多分布于澳大利亚界与新热带界，我国无记录。

大别山脉地区纹石蛾科分属检索表

1　触角长超过前翅长的 1.5 倍；前翅 Cu_{1b} 与 Cu_2 在近端部处愈合或为一横脉相连，后翅 DC 常开放，径室 RC 明显宽大 ……………………………………… 长角纹石蛾亚科 Macronematinae，长角纹石蛾属 *Macrostemum*

1'　触角约与前翅等长；前翅 Cu_{1b} 与 Cu_2 在近端部处不愈合或为横脉相连；后

翅 DC 常闭合，径室较窄 …………………………………………………… 2

2(1') 后翅 Sc 与 R_1 在端部分离，并向前缘弯曲；雄虫第 5 腹节侧面具长线形腺体 ……………… 腺纹石蛾亚科 Diplectroninae，腺纹石蛾属 *Diplectrona*

2' 后翅 Sc 与 R_1 在端部愈合，并不向前缘弯曲直；雄虫第 5 腹节侧面无长线形腺体 ………………………………… 纹石蛾亚科 Hydropsychinae 3

3(2') 前翅 m-cu 横脉与 cu 横脉的距离不小于 cu 横脉长度的 2 倍 ………… 4

3' 前翅 m-cu 横脉与 cu 横脉的距离小于 cu 横脉长度的 2 倍 ………… 5

4(3) 第十节具肛上突 ……………………… 离脉纹石蛾属 *Hydromanicus*

4' 第十节不具肛上突 ……………………………… 纹石蛾属 *Hydropsyche*

5(3') 后翅缺第一叉，M 与 Cu 主干不接近，胫距式 2，4，4 ……………………… ………………………………………… 短脉纹石蛾属 *Cheumatopsyche*

5' 后翅具第一叉，M 与 Cu 主干极接近，胫距式 0—2，4，4 ……………… ……………………………………………………… 缺距纹石蛾属 *Potamyia*

1. 腺纹石蛾亚科 Diplectroninae Ulmer，1951

腺纹石蛾属 *Diplectrona* Westwood，1839。

模式种：*Aphelocheira flavomaculata* Stephens，1836（＝*Diplectrona felix* McLachlan，1878）。

触角与前翅近等长，较细；鞭节长大于直径，中部稍膨大，使触角似念珠状。下颚须第二节明显较第一节长，第三节与第四节长度递减。头部具四个较大毛瘤。雌性中足不扁平化。第五节腺体开口处特化延长，形成基部稍膨大的细长管状突起，雄虫突起比雌虫的长，腺体也较雌虫的大。腹部气管鳃结构为球状的基部与二叉树状的端部结合。

本研究采集到腺纹石蛾属 4 种。

腺纹石蛾属分种检索表

1 第十节侧叶长度约为第十节内叶的 1.5 倍，侧面观第十节侧叶分两叉 …… ……………………………………… 叉突腺纹石蛾 *Dipletrona furcata*

1' 第十节侧叶短于或略长于第十节内叶，侧面观第十节侧叶不分叉 …… 2

2(1') 第十节基部背侧膨大；第十节侧叶端部背面观不向侧面突起 …………… ……………………………………… 腺纹石蛾 1 *Diplectrona* sp. 1

2' 第十节基部背侧不膨大；第十节侧叶端部背面观向侧面突起 ………… 3

3(2') 第十节侧叶侧面观端部背侧形成钩状突起 ……… 欧式腺纹石蛾 *D. obal*

3' 第十节侧叶侧面观端部圆润，无钩状突起 ………………………………… ………………………………………… 浅带腺纹石蛾 *D. albofascia*

（1）浅带腺纹石蛾 *Diplectrona albofasciata*（Ulmer，1913）如图 5.2 和图5.3 所示。

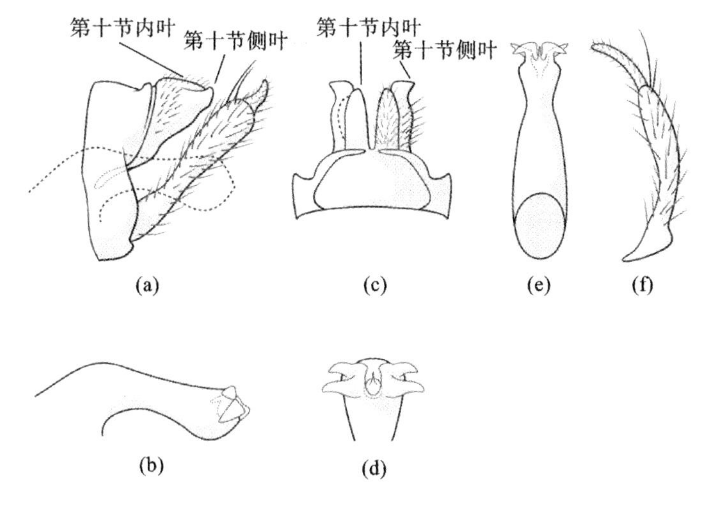

图 5.2　浅带腺纹石蛾(黄陂)

(a)左侧面观;(b)阳茎,左侧面观;(c)背面观;(d)阳茎端部,背面观;
(e)阳茎,腹面观;(f)下附肢,腹面观

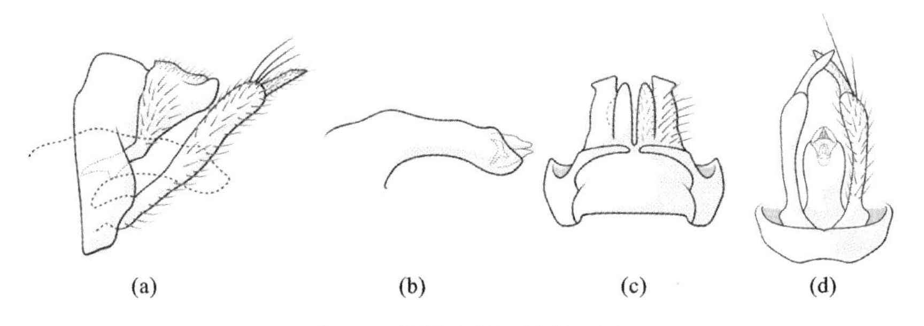

图 5.3　浅带腺纹石蛾(红安)

(a)左侧面观;(b)阳茎,左侧面观;(c)背面观;(d)腹面观

Hydromanicus albofasciata Ulmer, 1913: 49-50, fig. 1。

Diplectrona albofasciata Malicky, 2002: 1204, plate 9; Malicky 2014: 1628。

正模:雄性,台湾省。

材料:1雄性,样点,13(2014-5-8);1雄性,样点16;1雄性,样点17。

描述:前翅6.5～6.9 mm(n=2),翅浅褐色,体黄色,腹部第五节两侧各具一长形腺体。

雄性外生殖器:第九节侧面观前缘较直,后缘下侧略微突起;第十节侧面观呈三角形,内叶与侧叶紧密相连,背面观两内叶完全分开,侧叶外缘呈波浪状,端部外凸呈小三角形。下附肢基肢节中间近基部收细,端部略膨大;端肢节腹面观长度约为基肢节的 1/3，粗细均匀，向内弯曲。阳茎呈筒状，侧面观基部开口较大，中部收细，腹面观近端部较细，端部具两对膜质裂叶与一尖细突起。

说明：该种种内差异较大，因此尽管在黄陂区采集到的标本与红安县采集到的有细微不同，作者仍认为它们是同一种。两个标本阳茎端部的不同之处则是由于红安县的阳茎没有完全伸展开。

分布：该种原分布于安徽省与台湾省，现增加湖北省的采集记录。

命名：中文名根据种名意译新拟。

(2) 叉突腺纹石蛾 *Diplectrona furcata* Hwang，1958 如图 5.4 所示。

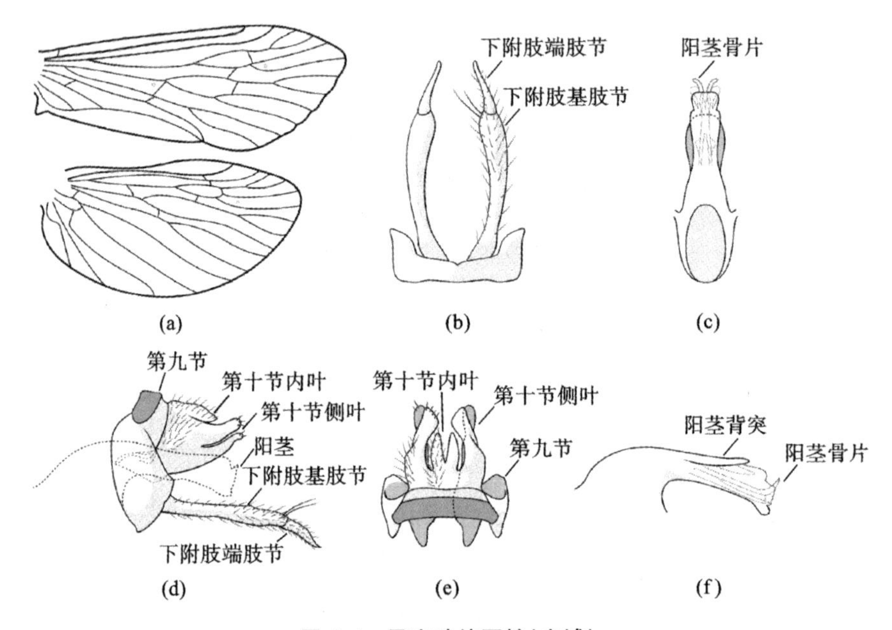

图 5.4　叉突腺纹石蛾(麻城)

(a)前后翅脉相；(b)雄性外生殖器，腹面观；(c)阳茎，腹面观；
(d)左侧面观；(e)背面观；(f)阳茎，左侧面观

Diplectrona furcata Hwang，1958：280，figs. 5-8.；Li，et al，1999：441，figs. 14-56 a-d。

Diplectra bilobata Hwang，1958：288。

正模：雄性，福建省，邵武市，1943 年 5 月 14 日，采集人为赵修复，保存于南京农业大学昆虫标本馆。

材料：13 雄性，样点 14。

描述：前翅 6.4～7.1 mm(n=2)，翅浅褐色，体黄色，腹部第五节两侧各具一长形腺体。

雄性外生殖器：第九节侧面观前缘圆润突起，后缘下侧有一宽三角形突起，背

侧有一长条形骨化较强区域。第十节侧面观较宽,超过第九节宽度一半,腹侧向前方延伸;第十节侧叶较内叶长,且侧叶略向上弯曲并裂为长度相等的两叶,腹叶延伸至阳茎两侧;背面观第十节内叶较小,侧叶向内弯曲围绕内叶。下附肢侧面观直,腹面观略向内弯、披毛,下附肢基肢节末端具数根较长刚毛;下附肢端肢节腹面观较细,末端圆润。阳茎基部呈喇叭状,中部呈 90°弯曲,具一舌状背突,端部骨化减弱并具多层膜质结构,阳茎内具一对细长骨片,侧面观向上弯,腹面观对向弯曲。

说明:该种发表人黄其林教授的描述中提到该种阳茎有一对紧包于外侧的阳茎附器,但该属石蛾的阳茎没有类似结构,作者认为是发表人将延伸至阳茎两侧的第十节背板当成了阳茎附器。

分布:该种目前在福建省与广东省有采集记录,现增加湖北省的采集记录。

命名:中文名根据种名意译新拟。

(3) 欧式腺纹石蛾 *Diplectrona obal* Malicky, 2010 (new record)如图 5.5 所示。

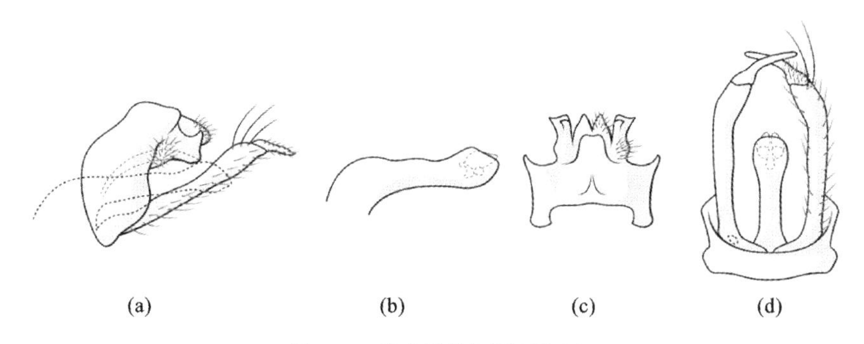

图 5.5　欧式腺纹石蛾(罗田)

(a)左侧面观;(b)阳茎,左侧面观;(c)背面观;(d)腹面观

Diplectrona obal Malicky, 2010: 44, 47。

正模:雄性,印度尼西亚,苏拉威西岛,马马沙以西 5 km,2009 年 8 月 15—27 日,采集人为 Kluge N,保存于圣彼得堡动物学研究所。

材料:1 雄性,样点 13(2013-7-13);1 雄性,样点 13(2015-6-10)。

描述:前翅 6.5 mm(n=1),翅浅褐色,体黄色,腹部第五节两侧各具一长形腺体。

雄性外生殖器:第九节侧面观前缘中部具半圆形突起,后缘下侧有弧形突起;第十节侧面观内叶呈椭圆形,高于侧叶,侧叶基部膨大,披毛,端部背侧向上勾起,背面观内叶呈三角形,侧叶基部略微膨大,端部外侧尖,背侧向外勾起。下附肢基肢节侧面观中部略微收细,端肢节腹面观基部宽,端部呈指状。阳茎侧面观呈筒状,背缘呈波浪状,端部呈杯状,内有三角形膜质裂叶。

分布：该种原分布于印度尼西亚的苏拉威西岛，现在增加湖北省的采集记录。

说明：发表文献中显示该种前翅有少量白色花斑，但在中国采集到的标本前翅未见明显斑纹。

命名：中文名根据种名意译新拟。

(4) 腺纹石蛾 *Diplectrona* sp. 1 如图 5.6 所示。

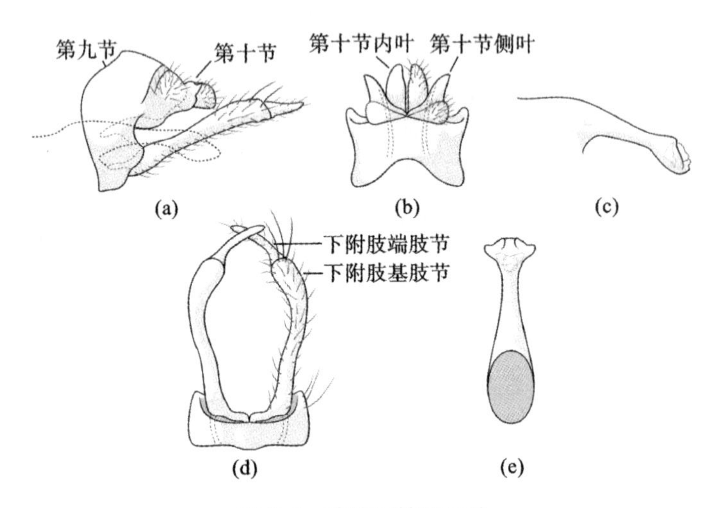

图 5.6　腺纹石蛾(罗田)

(a)左侧面观；(b)背面观；(c)阳茎，左侧面观；(d)腹面观；(e)阳茎，腹面观

材料：1 雄性，样点 13(2015-6-10)。

描述：前翅 6.4 mm($n=1$)，翅浅褐色，体黄色，腹部第五节两侧各具一长形腺体。

雄性外生殖器：第九节侧面观前缘上部具半圆形突起，后缘下侧有三角形突起。第十节侧面观较第九节长，内叶长于侧叶，末端平截，侧叶基部背侧膨大，披毛，端部尖；背面观内叶呈椭圆形，末端稍窄并略向内弯，侧叶末端向外弯曲。下附肢细长，腹面观端肢节长度约为基肢节的 1/3。阳茎基部侧面观呈喇叭状，往端部渐细，至阳茎端又膨大，两侧各具一瓣状突起，中部凹陷并具多层膜质结构。

鉴别：该种与 *Diplectrona aligmada* Oláh，2013 相似，区别在于：①该种侧面观第十节较长，而 *D. aligmada* 侧面观第十节较短；②该种第十节内叶不愈合，而 *D. aligmada* 第十节内叶基部互相愈合；③该种第十节外叶内侧无突起，而 *D. aligmada* 第十节外叶内侧具一小突起；④该种阳茎端部两侧具圆润突起，而 *D. aligmada* 阳茎端部不具突起。

分布：该种模式产地为罗田县。

2. 纹石蛾亚科 Hydropsychinae Curtis, 1835

1) 短脉纹石蛾属 *Cheumatopsyche* Wallengren, 1891

模式种：*Hydropsyche lepida* Pictet, 1834。

该属与纹石蛾属非常相似，但体型相对更小也更纤细。足上爪仅于部分种内有变形，第五节腺体大小与开口于雌雄虫之间差异不大。前翅 m-cu 横脉与 cu 横脉间隔小于 cu 横脉长度的两倍，后翅 M 与 Cu 主干远离。

本研究采集到短脉纹石蛾属三种。

短脉纹石蛾属分种检索表

1	侧面观第十节背缘具一尖锐突起 ………	德永短脉纹石蛾 *C. tokunagai*
1'	侧面观第十节背缘不具尖锐突起 ……………………………………	2
2(1')	翅上具花斑 ………………………………	多斑短脉纹石蛾 *C. dubitans*
2'	翅上不具花斑 …………………………………………………	3
3(2')	尾突侧面观末端尖锐 ………………………	中华短脉纹石蛾 *C. chinenses*
3'	尾突侧面观末端圆润 …………………………………………	4
4(3')	尾突上具一小刺 ……………………	杨莫短脉纹石蛾 *C. yangmorseorum*
4'	尾突上不具小刺 ………………………	条尾短脉纹石蛾 *C. albofascia*

(1) 条尾短脉纹石蛾 *Cheumatopsyche albofascia* (McLachlan, 1872)如图5.7所示。

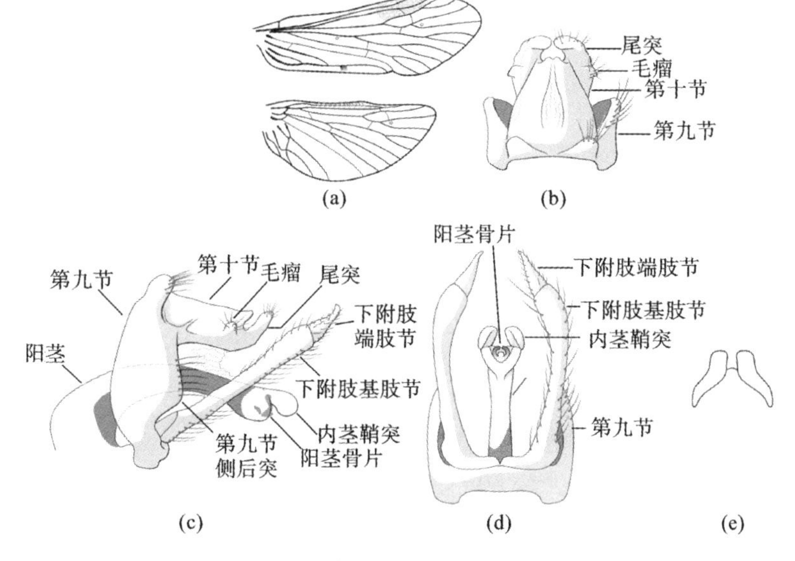

图 5.7　条尾短脉纹石蛾(信阳)

(a)前后翅脉相；(b)背面观；(c)左侧面观；(d)腹面观；(e)尾突，后面观

Hydropsyche albofascia McLachlan，1872：68，figs. 6a-b。

Cheumatopsyche albofascia Martynov，1934：283-284，figs. 206a-b；Tian，et al,1996：132-133，figs. 209a-e;Ivanov 2011：193。

正模：雄性，俄罗斯，西伯利亚东南部。

材料：95 雄性，样点 2；12 雄性，样点 5；1 雄性，样点 6；99 雄性，样点 9（2015-7-11）；15 雄性，样点 10；32 雄性，样点 13（2013-7-13）；1 雄性，样点 13（2015-6-10）；2 雄性，样点 13（2015-7-18）；18 雄性，样点 13（2019-7-7）；1 雄性，样点 15；6 雄性，样点 16；4 雄性，样点 14；122 雄性，样点 17。

描述：前翅 6.0～7.4 mm（n=10），翅褐色至浅褐色，体黄色。

雄性外生殖器：第九节侧后叶较短而不明显。第十节背板侧面观长度约为宽度的两倍，背缘平直，背面观中部具少量褶皱；尾突呈指状，上举约与第十节背缘平齐，背面观尾突向内弯；尾须较大，覆刚毛，背面观两尾突几乎接触；毛瘤约与尾突等大，背面观突出于侧缘之外。下附肢基肢节长，腹面观略向内弯，端肢节长度约为基肢节的 1/5，基部粗，端部渐细，略呈三角形，末端向内上方轻微弯曲。阳茎基部开口较宽，往端部渐细并弯曲，阳茎端膨大，内茎鞘突呈勺状，侧面观较阳茎端小，阳茎端内有一对相向弯曲的阳茎骨片。

分布：该种原分布于俄罗斯西伯利亚，分布极广，黑龙江省、吉林省、河北省、湖北省、安徽省、江苏省、浙江省与香港均有采集记录，现增加河南省的采集记录。

命名：中文名见《中国经济昆虫志　第四十九册　毛翅目(一)》。

(2) 中华短脉纹石蛾 *Cheumatipsyche chinensis*（Martynov，1930）如图 5.8 所示。

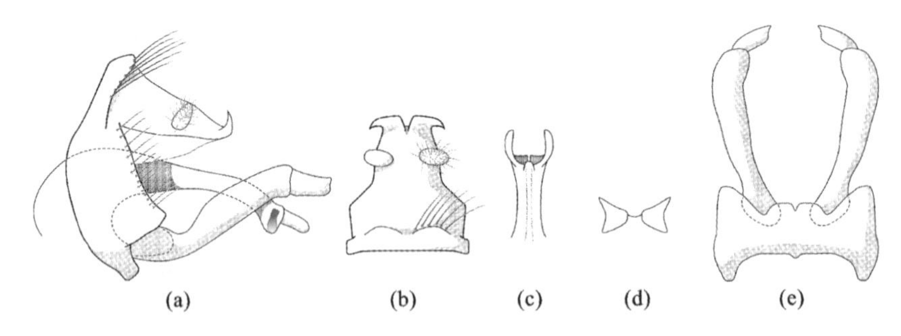

图 5.8　中华短脉纹石蛾(罗田)

(a)左侧面观；(b)背面观；(c)阳茎端部，腹面观；(d)尾突，后面观；(e)腹面观

Cheumatopsyche chinensis（Martynov，1930）：80-81，figs. 24，25a-c；Oláh Johanson & Barnard，2008：147，150，figs. 357-360. *Cheumatopsyche amurensis* Martynov，1934：245-246，fig. 178；Tian，Yang & Li，1996：131，figs. 207a-d. *Cheumatopsyche uenoi* Tsuda，1941：160-161，figs. 2a-c.

Cheumatopsyche banksi Mosely，1942：351-352，figs. 26-28。

正模：雄性，四川省。

材料：1 雄性，样点 13(2019-7-7)。

描述：前翅长 8.1 mm(n=1)，前翅浅棕色，体棕黄色。

雄性外生殖器：第九节背面窄而腹面较宽，侧后叶呈三角形。第十节侧面观呈长三角形，尾突尖锐，向背侧弯曲，背面观基部宽，近中部收窄至基部的一半，毛瘤呈卵圆形，尾突相对弯曲，末端尖锐；后面观尾突近梯形，外缘稍凹陷。下附肢基肢节侧面观近基部背侧稍缢缩，下附肢端肢节端部末端略凹陷。阳茎近端部略向腹侧弯曲，内茎鞘突侧面观较窄，呈指状。

分布：该种为广布种，安徽省、重庆市、福建省、贵州省、海南省、湖北省、湖南省、江苏省、四川省、云南省、浙江省和东北三省均有采集记录，西伯利亚和老挝也有采集记录。

(3) 多斑短脉纹石蛾 *Cheumatopsyche dubitans* Mosely，1942 如图 5.9 所示。

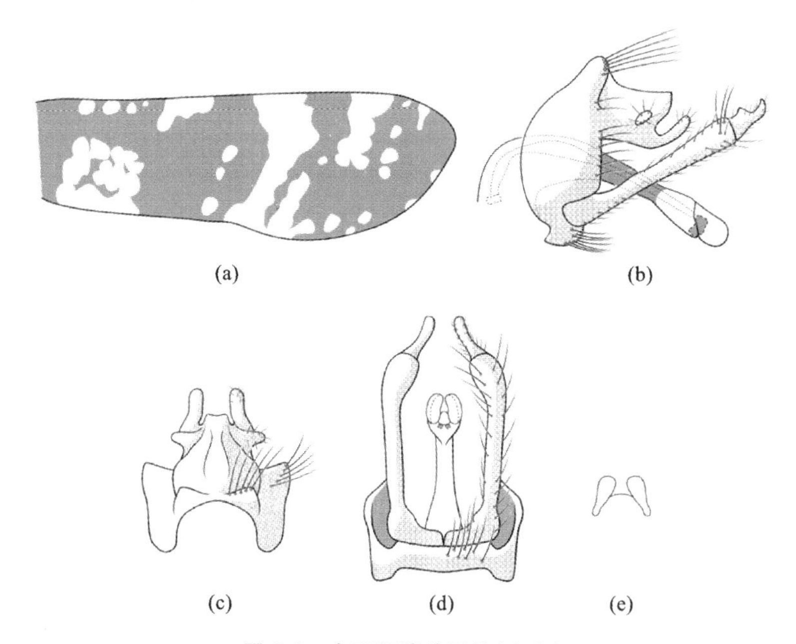

图 5.9　多斑短脉纹石蛾(六安)

(a)前翅斑纹；(b)左侧面观；(c)背面观；(d)腹面观；(e)尾突，后面观

Cheumatopsyche dubitans Mosely，1942：352-354，figs. 29-31；Tian & Li，1985：51；Yang，et al，1995：290；Tian，et al，1996：129-130，figs. 204a-e；Malicky，1997：1025，plate 1，4；Leng，et al，2000：12-13；Oláh，et al，2008：52-53，fig. 103。

正模：雄性，福建省，福州市，1935—1937年，采集人为杨莲芳，保存于不列颠博物馆。

材料：3雄性，样点2；4雄性，样点5。

描述：前翅6.5～7.2 mm(n=3)，前翅褐色并伴有大量不规则浅色斑纹，腹部背侧褐色，腹侧黄色。

雄性外生殖器：第九节侧面观前缘圆润，侧后叶较短而不明显。第十节背板侧面观近矩形，背缘末端略向上举；尾突较为突出，向背侧弯曲，末端不及第十节背板背缘，背面观两尾须基部相向，后半部分平行；尾须小，与尾突等宽；毛瘤背面观较大，突出于背板侧缘。下附肢基肢节长，端肢节长度约为基肢节的1/5，基部背侧具一角状突起，端部向背侧弯曲，末端尖。阳茎侧面观基部宽，端部渐细，至阳茎端又略加宽，内茎鞘突呈勺状，侧面观约与阳茎端等大，阳茎骨片侧面观较大，腹面观小。

分布：该种为广布种，除我国外，在泰国与老挝也有分布，福建省、广东省、广西壮族自治区、陕西省、湖北省、安徽省、江西省与湖南省有采集记录，现增加河南省的采集记录。

命名：中文名见《中国经济昆虫志　第四十九册　毛翅目(一)》。

(4) 德永短脉纹石蛾 *Cheumatopsyche tokunagai* (Tsuda，1940)如图5.10所示。

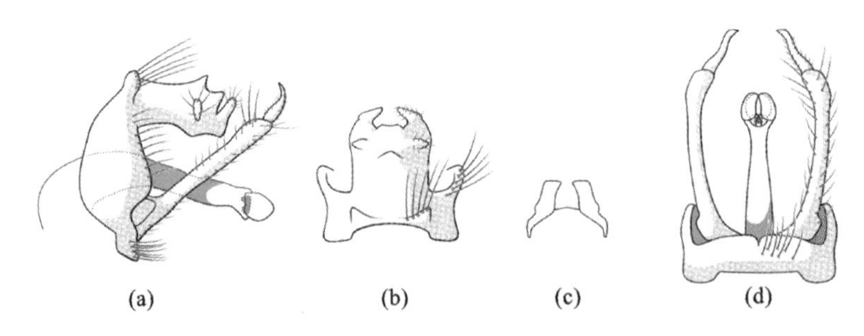

图5.10　德永短脉纹石蛾(罗田)

(a)左侧面观；(b)背面观；(c)尾突，后面观；(d)腹面观

Hydropsychodes tokunagai (Tsuda，1940)：30-31，figs. 8a-c。

Cheumatopsyche davisi Oláh & Johanson，2008：190-192，figs. 315-319。

Cheumatopsyche tokunagai Malicky，2014：1618。

正模：雄性，台湾省，高雄市，Chiashien东北10～11 km处，森林地带，海拔300 m，1980年6月3—8日，采集人为Davis博士，保存于美国国家自然历史博物馆。

材料：1雄性，样点13(2013-7-13)。

描述：前翅6.8 mm(n=1)，翅浅褐色，体灰褐色。

雄性外生殖器:第九节侧后叶较宽短。第十节背板侧面观长度约为宽度的两倍,背缘近中部具一突起;尾突侧面观末端略低于第十节背板背缘,背面观对向弯曲,两尾突不接触;尾须小,两尾须之间距离较宽;毛瘤较小,背面观不突出于背板侧缘。下附肢基肢节长,端肢节长度约为基肢节的 1/4,基部约为基肢节的宽度的一半,端部侧面观向背侧弯曲,腹面观相向弯曲,末端尖锐。阳茎侧面观基部宽,中后部宽度均匀,内茎鞘突呈卵圆形。

分布:该种多分布于台湾省,现增加湖北省的采集记录。

命名:中文名根据种名意译新拟。

(5) 杨莫短脉纹石蛾 *Cheumatopsyche yangmorseorum* Oláh & Johanson, 2008 如图 5.11 所示。

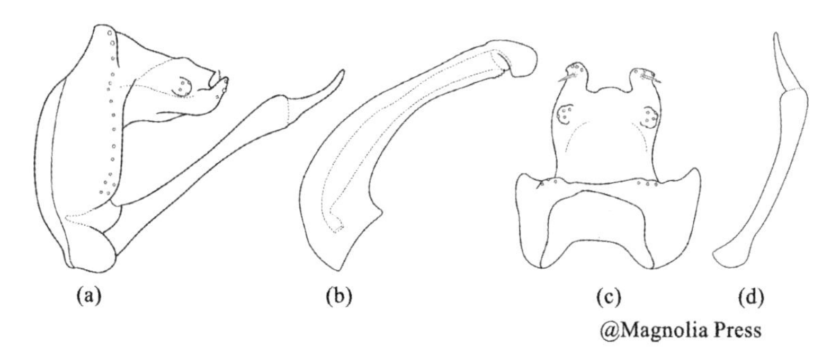

图 5.11　杨莫短脉纹石蛾(根据 Oláh & Johanson 2008 年的研究进行重绘,经版权方 Zootaxa www.mapress.com/j/zt 同意复制)

(a)左侧面观;(b)阳茎,左侧面观;(c)背面观;(d)右下附肢,腹面观

Cheumatopsyche yangmorseorum Oláh & Johanson, 2008: 197-198, figs. 329-332。

正模:雄性,湖北省,麻城市,麻城北 27 km 处,桐枧冲河,海拔 150 m,1990 年 7 月 12 日,采集人为 Morse J. C.,杨莲芳,保存于美国国家自然历史博物馆。

分布:Oláh 与 Johanson 于 2008 年在麻城市报道过此种,本研究中未采集到。

命名:中文名根据种名意译新拟。

2) 离脉纹石蛾属 *Hydromanicus* Brauer, 1865

模式种:*Hydromanicus irroratus* Brauer, 1865。

触角与前翅近等长,前翅 m-cu 横脉与 cu 横脉间隔大于 cu 横脉长度的两倍,后翅 M 与 Cu 主干远离。胫距式 2,4,4。雄虫各足爪对称,雌虫中足胫节不扁平化。

本研究采集到离脉纹石蛾属 1 种。

(1) 具沟离脉纹石蛾 *Hydromanicus canaliculatus* Li, Tian & Dudgeon, 1990 如图 5.12 所示。

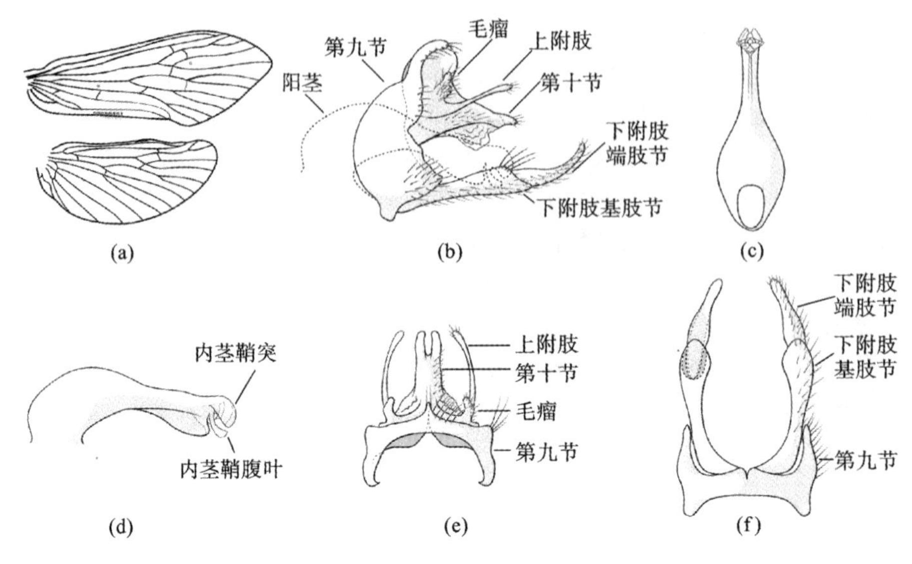

图 5.12　具沟离脉纹石蛾(岳西)

(a)前后翅脉相;(b)左侧面观;(c)阳茎,腹面观;(d)阳茎,左侧面观;(e)背面观;(f)腹面观

Hydromanicus canaliculatus Li, Tian & Dudgeon, 1990: 37-39, figs 5-9; Tian, et al, 1996: 122-123, figs. 196a-e; Li, et al, 1999: 434-435, figs. 14-47a-e。

正模:雄性,福建省,武夷山,1983 年 8 月 1 日,采集人为李佑文。

副模:14 雄性,资料同正模,保存于南京农业大学昆虫标本馆。

材料:32 雄性,样点 6;2 雄性,样点 12(2015-6-24);1 雄性,样点 15。

描述:前翅 13.8～14.9 mm(n=10),翅褐色,体灰褐色。

雄性外生殖器:第九节侧面观后缘中部具一小缺刻,侧后叶呈三角形。第十节背板侧面观呈三角形,背元基部圆润,端部平,背面观端部 2/3 粗细均匀,末端凹陷约为第十节长度的 1/4;肛上突细长,约与第十节背板等长,背面观相向弯曲,基部毛瘤呈指状,具小型不规则突起。下附肢基肢节基部窄,往端部渐宽,末端凹陷;端肢节着生于凹陷中,基部宽而端部窄,背侧具一凹槽,侧面观向背侧弯曲,腹面观呈长梨形。阳茎基半部膨大呈瓶状,端部半部呈筒状,腹面具一刀状突起,腹面观该突起于尾端分叉;内茎鞘突呈瓢状,腹面观腹缘有一小突起,内茎鞘腹叶呈勺状,阳茎骨片向外形成一对向后弯曲的突起。

分布:该种模式产地为福建省,后又在陕西省、山西省、江西省、四川省与湖北省有采集记录,本次研究为该种增加安徽省的采集记录。

命名:中文名见《中国经济昆虫志　第四十九册　毛翅目(一)》。

3) 纹石蛾属 *Hydropsyche* Pictet, 1834

模式种:*Hydropsyche cinerea* Pictet, 1834 (= *Hydropsyche instabilis* Curtis, 1834)。

胫距式 2,4,4,三对足的爪大小相近,但可能扭曲或隐藏于一簇黑毛中。第五节腺体的开口可能具突起,雄虫开口较明显,而雌虫开口较小。前翅 m-cu 横脉与 cu 横脉间隔大于 cu 横脉长度的两倍,后翅 M 与 Cu 主干靠近。

本研究采集到纹石蛾属 7 种。

纹石蛾属分种检索表

1　　内茎鞘突指状,指向前方,末端常具一骨片 …………………………… 2

1'　　内茎鞘突不指向前方,末端不具骨片 ……………………………… 5

2(1)　　阳茎末端凹陷呈杯状,内具少量刚毛 ……… 截茎纹石蛾 *H. penicillata*

2'　　阳茎末端不凹陷,腹面观分叉 ……………………………………… 3

3(2)　　阳茎末端分叉短,呈 2～3 个圆润突起 ………… 瓦尔纹石蛾 *H. valvata*

3'　　阳茎末端分叉长,呈明显的二叉状 ………………………………… 4

4(3')　　阳茎末端分叉彼此远离 ……………………… 柯隆纹石蛾 *H. columnata*

4　　阳茎末端分叉彼此靠近 ……………………… 裂茎纹石蛾 *H. simulata*

5(1')　　第十节背面观端部凹陷宽 ………………………………………… 6

5'　　第十节背面观端部凹陷窄 ……………………… 格氏纹石蛾 *H. graham*

6(5)　　第十节背面形成的嵴呈"V"形 ………………… 卡巴纹石蛾 *H. cabarym*

6'　　第十节背面形成的嵴呈圆弧形 ……………………… 奇氏纹石蛾 *H. cipus*

(1) 卡巴纹石蛾 *Hydropsyche cabarym* Malicky, 2012 如图 5.13 所示。

Hydropsyche cabarym Malicky, 2012: 1278, plate 12。

正模:雄性,安徽省,九华山,2000 年 7 月 26 日,采集人为 Kyselak, C M。

副模:1 雄性,资料同正模,由 Hans Malicky 私人收藏。

材料:9 雄性,样点 14。

描述:前翅 6.0～6.8 mm(n=9),翅褐黄色,体浅黄色。

雄性外生殖器:第九节前缘较为突出,侧后叶近梯形。第十节背板上举,背缘中部具一突起,侧面具一簇短刚毛;尾突侧面观基部较细,端部渐宽并平截,背面观略向内弯曲,尾突内侧凹陷,两尾突之间形成一"V"形浅槽。下附肢基肢节长,侧面观向尾端弯曲,腹面观对向弯曲,端肢节长度约为基肢节的 1/4,较细,侧面观向背侧弯曲。研究基部开口大,端部强烈斜切,侧面观开口中间具一突起,腹面观该突起对向弯曲;内茎鞘突小,侧面观呈半圆形;阳茎孔片大,侧面观呈角状,腹面观呈螯状;内茎鞘腹叶侧面观较小,腹面观呈叶状。

分布:该模式种产地为安徽省,现增加湖北省麻城市的采集记录。

命名:中文名根据种名音译新拟。

(2) 奇氏纹石蛾 *Hydropsyche cipus* Malicky & Chantaramongkol, 2000 如图 5.14 所示。

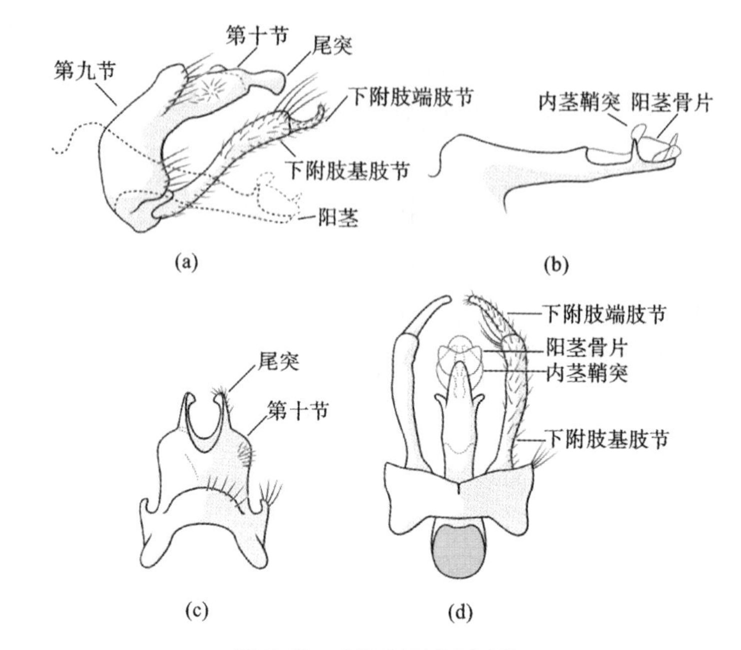

图 5.13　卡巴纹石蛾(麻城)

(a)左侧面观;(b)阳茎,左侧面观;(c)背面观;(d)腹面观

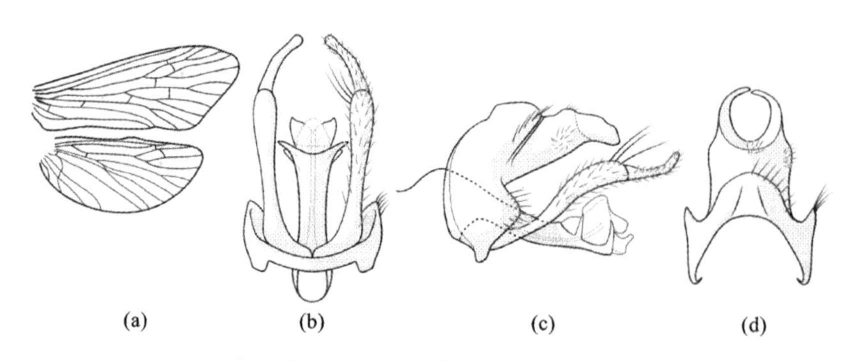

图 5.14　奇氏纹石蛾(罗田)

(a)前后翅脉相;(b)腹面观;(c)左侧面观;(d)背面观

Hydropsyche cipus Malicky & Chantaramongkol, 2000: 801, plate 7。

正模:雄性,河南省,罗山县,灵山,31°54′N,114°13′E,海拔 300 m,1989 年 5 月 27 日,采集人为 Kyselak,由 Malicky 私人收藏。

材料:1 雄性,样点 13(2015-6-10);1 雄性,样点 17。

描述:前翅 6.2～6.5 mm(n=2),翅褐黄色,体浅黄色。

雄性外生殖器:第九节背侧较宽,侧面观前缘圆润,侧后叶呈三角形,第十节背缘中部具一突起;尾突侧面观宽,略向下指,腹面观向内弯曲,尾突内侧凹陷,两尾突间形成一圆形凹陷。下附肢基肢节细长,基部细而端部较粗,端肢节长度约为基肢节的 1/3,侧面观向背侧弯曲,腹面观相向弯曲。阳茎基部开口大,呈喇叭状,端部斜切,腹面观端部后缘向两侧延伸,中部略为凹陷;阳茎孔片骨化部分小,腹面观呈叶状;内茎鞘腹叶膜质,腹面观略呈半椭圆形。

分布:Malicky 与 Chantaramongkol 于 2000 年在罗山县报道此种,本研究中的该种采集于湖北省罗田县与红安县。

命名:中文名根据种名音译新拟。

(3) 柯隆纹石蛾 *Hydropsyche columnata* Martynov, 1931 如图 5.15 所示。

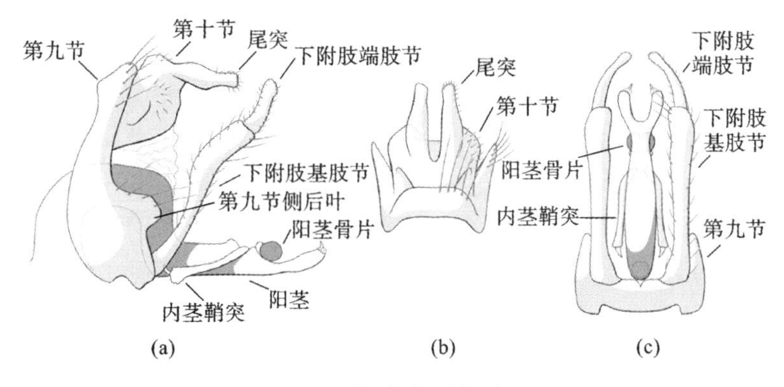

图 5.15　柯隆纹石蛾(岳西)

(a)左侧面观;(b)背面观;(c)腹面观

Hydropsyche columnata Martynov, 1931: 9, plate 2, figs. 22-24; Tian, et al, 1996: 94, figs. 160a-e。

正模:1 雄性,四川省,峨眉山,1922 年 7 月 1—17 日,采集人为 Dr. D. O. Graham,保存于美国国家博物馆。

材料:1 雄性,样点 6;1 雄性,样点 13(2014-7-12);1 雄性,样点 15。

描述:前翅 8.2～10.3 mm(n=3),翅褐黄色,体浅黄色,前翅具少量不明显浅色斑点。

雄性外生殖器:第九节侧后突较小,末端平截。第十节侧面观高度大于长度,背缘近基部具一突起,侧面具浅凹;尾突侧面观中部膨大,端部平截,背面观基部较宽,末端平截,中间具浅凹。下附肢基肢节基部较细,端部较粗,腹面观较直;端肢节腹面观相向弯曲,末端钝圆。阳茎基部弯曲呈框形,内茎鞘突细长,向前延伸,末端膜质凹陷,内具一骨刺;阳茎孔片侧面观和腹面观呈圆形;阳茎端腹面观裂为相互远离的两支,腹面观钝圆,末端背侧膜质化并于顶端着生一小刺。

分布:该种在我国分布较广,包括贵州省、河南省、四川省、云南省、江西省和北京市,本次研究增加湖北省与安徽省的采集记录。

命名:中文名见《中国经济昆虫志　第四十九册　毛翅目(一)》。

(4) 格氏纹石蛾 *Hydropsyche grahami* Banks，1940 如图 5.16 所示。

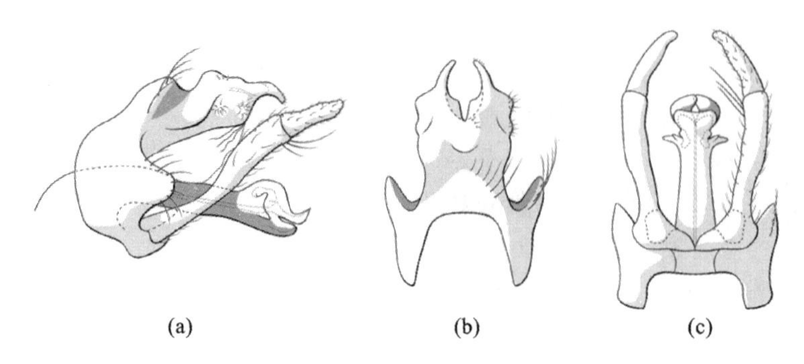

图 5.16　格氏纹石蛾(岳西)

(a)左侧面观；(b)背面观；(c)腹面观

Hydropsyche grahami Banks，1940：208，plate 20，fig. 69；Yang，et al，1995：290；Tian，et al，1996：113-114，figs. 185a-d；Li，et al，1999：437，figs. 14-51a-d。

Hdropsyche hoenei Schmid，1959：324-325，plate 3，figs. 7-9。

正模：雄性，四川省，保存于美国国家博物馆。

材料：2 雄性，样点 4(2015-10-3)；5 雄性，样点 6；4 雄性，样点 7；2 雄性，样点 9(2014-9-20)；3 雄性，样点 11；3 雄性，样点 12(2015-6-24)；1 雄性，样点 13(2013-7-13)；2 雄性，样点 13(2014-4-3)；1 雄性，样点 13(2014-5-28)；3 雄性，样点 13(2015-6-10)；1 雄性，样点 13(2015-7-18)；2 雄性，样点 14；1 雄性，样点 15；19 雄性，样点 17。

描述：前翅 9.5～11.5 mm(n=10)，翅褐黄色，体浅黄色。

雄性外生殖器：第九节前缘中下部突起，侧后叶较大，近梯形；第十节背缘基部凹陷，中部突起，侧面具一浅凹陷；尾突细，指向内下方，背面观两尾突中间具一狭长凹陷。下附肢基肢节长，距基部 2/3 处最细，后逐渐加粗；端肢节长度约为基肢节的 1/3，整体较粗，末端钝圆。阳茎基部开口大，内茎鞘突分叉，阳茎孔片侧面观呈镰刀形，腹面观呈螯状。

分布：该种在我国较为常见，在安徽省、湖北省、陕西省、四川省、浙江省、云南省、广东省与江西省有采集记录，现增加河南省的采集记录。

命名：中文名见《中国经济昆虫志　第四十九册　毛翅目(一)》。

(5) 截茎纹石蛾 *Hydropsyche penicillata* Martynov，1931 如图 5.17 所示。

Hydropsyche penicillata Martynov，1931：8，plate 2，figs. 19-21；Tian & Li，1985：51；Tian，et al，1996：100，figs. 168a-d；Li，et al，1999：438，figs. 14-53a-d。

正模：1 雄性，四川省，峨眉山，1922 年 7 月至 8 月，采集人为 Dr. D. O.

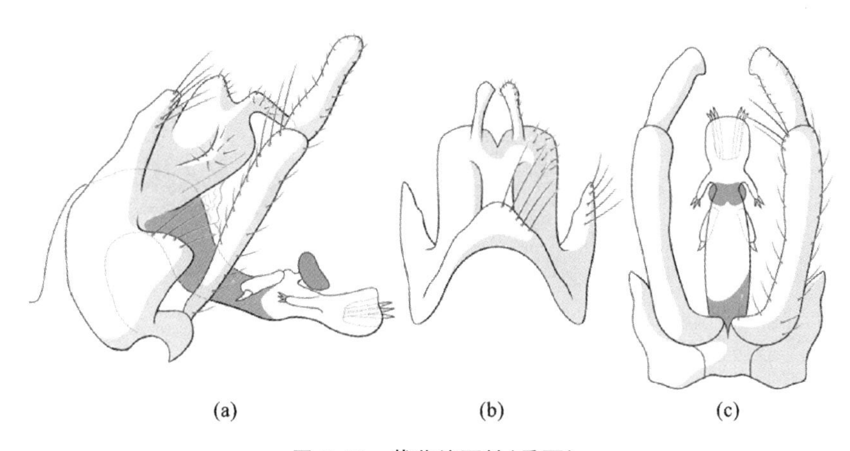

图 5.17　截茎纹石蛾(岳西)

(a)左侧面观;(b)背面观;(c)腹面观

Graham,保存于美国国家博物馆。

材料:1 雄性,样点 4(2015-10-3);2 雄性,样点 6;1 雄性,样点 12(2015-6-24);1 雄性,样点 13(2014-7-12);1 雄性,样点 14。

描述:前翅 6.8～8.2 mm(n=3),翅褐黄色,体浅黄色,前翅具少量不明显浅色斑点。

雄性外生殖器:第九节侧后突呈三角形。第十节侧面观近矩形,背缘近基部具一角状突起,两侧具浅凹陷;尾突侧面观向腹侧弯曲,背面观相向倾斜,末端钝圆。下附肢基肢节基部较细,端部较粗,腹面观粗细较均匀;端肢节长度约为基肢节的 1/3,比基肢节稍细,腹面观末端平截。阳茎基部弯曲呈框形,内茎鞘突较短,向前延伸,末端膜质凹陷,内具一骨刺;阳茎孔片侧面观呈肾形,腹面观呈圆形;阳茎孔片后方的阳茎端两侧各具一膜质小突起,长度比内茎鞘突的稍短,末端着生数根骨刺;阳茎端部凹陷呈杯状,内有两簇小刺着生于两侧。

分布:根据现有记录,该种分布于我国中部至南部,包括福建省、陕西省、四川省与云南省,现增加湖北省与安徽省的采集记录。

命名:中文名见《中国经济昆虫志　第四十九册　毛翅目(一)》。

(6) 裂茎纹石蛾 *Hydropsyche simulata* Mosely, 1942 如图 5.18 所示。

Hydropsyche simulata Mosely, 1942: 350-351, 361, figs. 22-25; Tian & Li, 1985: 51; Tian, et al, 1996: 93, figs. 158a-d; Li, et al, 1999: 439, figs. 14-55a-d。

Hydropsyche chekiangana Schmid, 1965: 138, 139, 141-142, plate 5, figs. 7-10。

正模:雄性,福建省,福州市,1935—1937 年,采集人为杨莲芳,保存于不列颠博物馆。

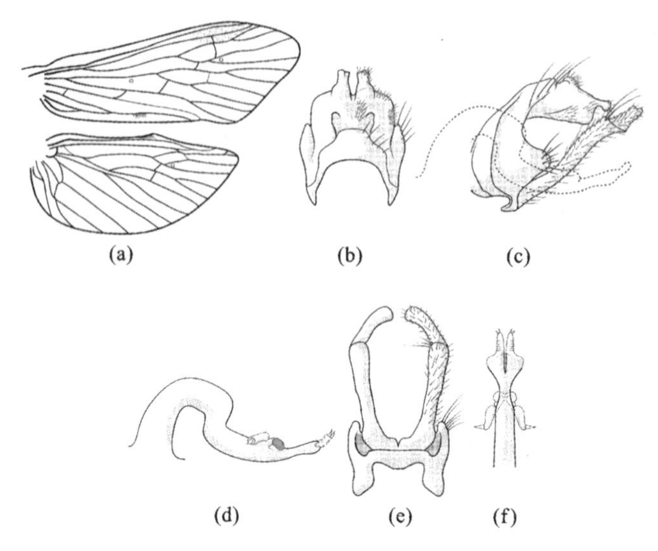

图 5.18　裂茎纹石蛾(罗田)

(a)前后翅脉相;(b)背面观;(c)左侧面观;(d)阳茎,左侧面观;(e)腹面观;(f)阳茎,腹面观

材料:1 雄性,样点 2;1 雄性,样点 4(2015-10-3);3 雄性,样点 5;1 雄性,样点 6;10 雄性,样点 9(2015-7-11);3 雄性,样点 10;1 雄性,样点 12(2015-6-24);3 雄性,样点 13(2013-7-13);1 雄性,样点 13(2014-5-28);20 雄性,样点 13(2015-6-10);1 雄性,样点 13(2015-7-18);2 雄性,样点 13(2017-7-17);3 雄性,样点 13(2019-7-7);5 雄性,样点 14;5 雄性,样点 15。

描述:前翅 7.8～10.1 mm(n=10),翅褐黄色,体浅黄色。

雄性外生殖器:第九节侧后突长度约为第十节的一半,末端钝圆。第十节侧面观近方形,背缘近基部上突,侧面具浅凹陷;尾突侧面观基部窄而端部膨大,背面观末端平截,中间具凹槽。下附肢基肢节粗细均匀,腹面观较直,端肢节相向弯曲,末端平截。阳茎基部弯曲呈框形,内茎鞘突向前延伸,末端具一向外小刺;阳茎孔片侧面观呈椭圆形,腹面观呈圆形;阳茎端腹面观裂为非常靠近的两支,末端外侧收细并膜质化,顶部着生两根小刺。

分布:该种分布广,从朝鲜半岛至越南均有分布,我国有采集记录的地区有浙江省、广东省、广西壮族自治区、福建省、江西省与安徽省,现增加湖北省与河南省的采集记录。

命名:中文名见《中国经济昆虫志　第四十九册　毛翅目(一)》。

(7) 瓦尔纹石蛾 *Hydropsyche valvata* Martynov, 1927 如图 5.19 所示。

Hydropsyche valvata Martynov, 1927: 192, plate 11, figs. 54-56; Botosaneanu, 1970: 296, 338, figs. 1-3; Kumanski, 1992: 66; Tian, et al, 1996: 92-93, figs. 157a-c; Ivanov, 2011: 193。

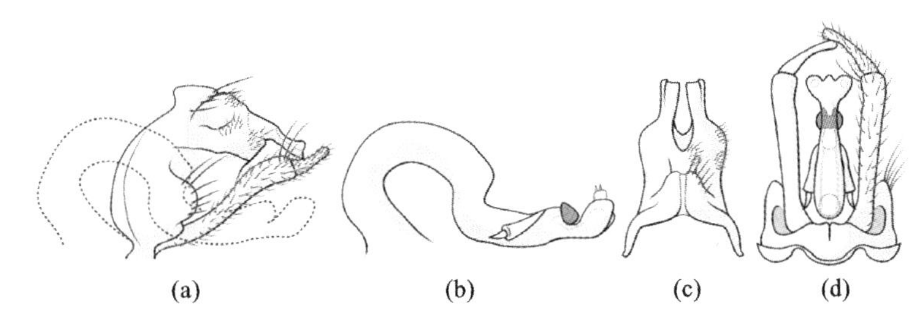

图 5.19 瓦尔纹石蛾(罗田)

(a)左侧面观;(b)阳茎,左侧面观;(c)背面观;(d)腹面观

Hydropsyche homuvulus Schmid, 1965: 138, 141, plate 5, figs. 1-3。

正模:雄性,哈萨克斯坦,塞米巴拉金斯克州,Baty 村,1908 年 6 月 29 日,采集人为 Karavajev。

材料:3 雄性,样点 13(2013-7-13);1 雄性,样点 13(2014-4-3);1 雄性,样点 13(2014-5-28);1 雄性,样点 13(2015-6-10);1 雄性,样点 13(2015-7-18);10 雄性,样点 13(2019-7-7)。

描述:前翅 6.5~7.8 mm(n=3),翅褐黄色,体浅黄色。

雄性外生殖器:第九节侧后突呈半圆形。第十节侧面观近矩形,两侧具浅凹陷;尾突侧面观平,背面观较宽,背侧具凹槽,末端平截。下附肢基肢节粗细较均匀;端肢节长度约为基肢节的 1/3,较细,末端钝圆。阳茎基部弯曲呈圆框形,内茎鞘突呈圆锥形,向前延伸,末端膜质凹陷,内具一骨刺;阳茎孔片侧面观呈三角形,腹面观呈圆形;阳茎端向背侧弯曲,分为三个球状突起,两侧的突起背侧各有一膜质凹陷,内具数根骨刺。

分布:该种分布较广,南至中另湖北省一带,北至俄罗斯东部,东至朝鲜半岛,西至哈萨克斯坦均有分布,我国有采集记录地区有黑龙江省、陕西省、云南省、浙江省、湖北省、安徽省。

命名:中文名见《中国经济昆虫志 第四十九册 毛翅目(一)》。

4) 缺距纹石蛾属 *Potamyia* Banks, 1900

模式种:*Macronema flavum* Hagen, 1861。

胫距式雄虫 0,4,4,雌虫 1,4,4,雄虫跗节具较多的刺;前翅不具 $Sc\text{-}R_1$ 横脉及 r 横脉,m-cu 横脉与 cu 横脉间隔小于 cu 横脉长度的两倍,后翅 M 与 Cu 主干靠近。

本研究采集到缺距纹石蛾属 1 种。

(1) 中华缺距纹石蛾 *Potamyia chinensis* (Ulmer, 1915)如图 5.20 所示。

Hydropsyche chinensis Ulmer, 1915: plate 47-48, figs. 14-15。

Synatopsyche chinensis Ulmer, 1951: 251。

Hydropsyche echigoensis Tsuda, 1949: 21-22, figs. 2a-c。

Cheumatopsyche tienmuiaca Schmid, 1965: 145, plate Ⅵ figs. 5-7。

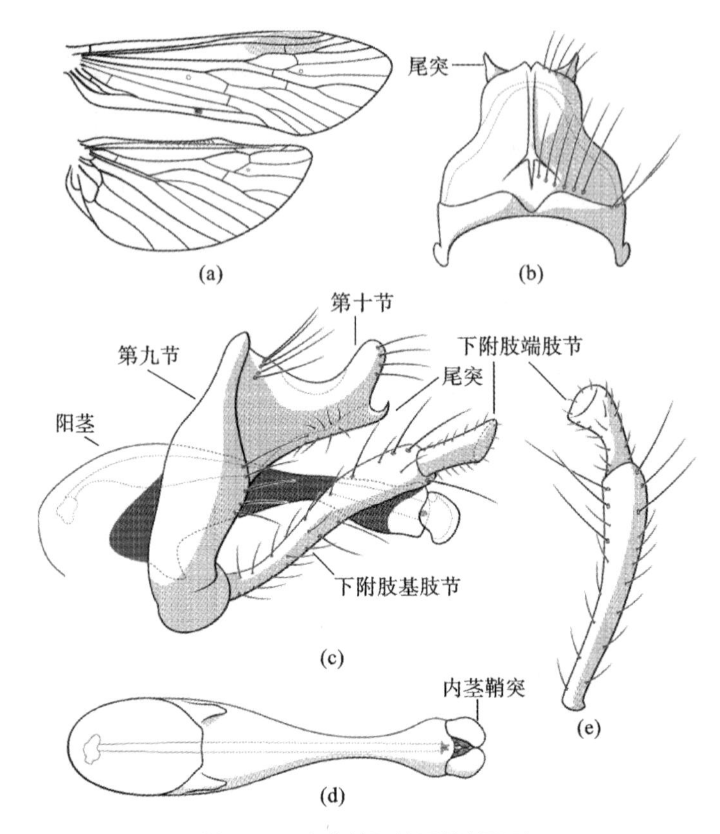

图 5.20 中华缺距纹石蛾(罗田)

(a)前后翅脉相;(b)背面观;(c)左侧面观;(d)阳茎,腹面观;(e)右下附肢,腹面观

Potamyia chinensis Tian, et al, 1996: 138, figs. 215a-e; Li, et al, 1999: 433-434, figs. 14-46a-e; Ivanov, 2011: 193。

正模:雄性,北京市,Honanfu,保存于圣彼得堡动物学博物馆。

材料:1 雄性,样点 13(2013-7-13);1 雄性,样点 13(2014-5-28);2 雄性,样点 13(2019-7-7)。

描述:6.9 mm(n=1),翅棕灰色,体浅棕色。

雄性外生殖器:第九节背侧窄而中部至腹侧较宽,背面观背侧后缘具一缺刻。第十节侧面观背侧基部具一排刚毛,后部背侧强烈隆起形成嵴,尾突短小,呈钩状,弯向背侧;背面观基部宽,中部收缩约为基部的一半宽,中央具愈合线,末端具小缺刻,尾须呈三角形突起。下附肢基肢节细长,基部窄而端部宽,端肢节长度约为基肢节的 1/3,端部平截。阳茎基部膨大,侧面观与腹面观呈椭圆形,中部缢缩,端部又膨大,内具一对骨片,侧面观骨片呈圆形,腹面观骨片呈“L”形,内茎鞘突呈一对瓣状。

分布:该种在俄罗斯东部与日本均有分布,我国有采集记录的地区有黑龙江省、河北省、山西省、陕西省、浙江省、安徽省、江西省、福建省、湖南省、湖北省、广东省、北京市、广西壮族自治区、海南省、河南省、四川省与云南省。

命名：中文名见《中国经济昆虫志 第四十九册 毛翅目(一)》。

3. 长角纹石蛾亚科 Macronematinae Ulmer, 1907

长角纹石蛾属 *Macrostemum* Kolenati, 1859。

模式种：*Hydropsyche hyalina* Pictet, 1836。

头部球状，脸部突出，颊区较大。触角细，长度为前翅的 1.3 倍以上；雄虫头前毛瘤大，但较雌虫的小。下颚须第一、二节短小。雌虫中足扁平。第五节腺体处具突起，雄虫突起呈指状，雌虫突起极小。腹部具少量单根分布的气管。

本研究采集到长角纹石蛾属 1 种。

长角纹石蛾 *Macrostemum* sp. 1 如图 5.21 所示。

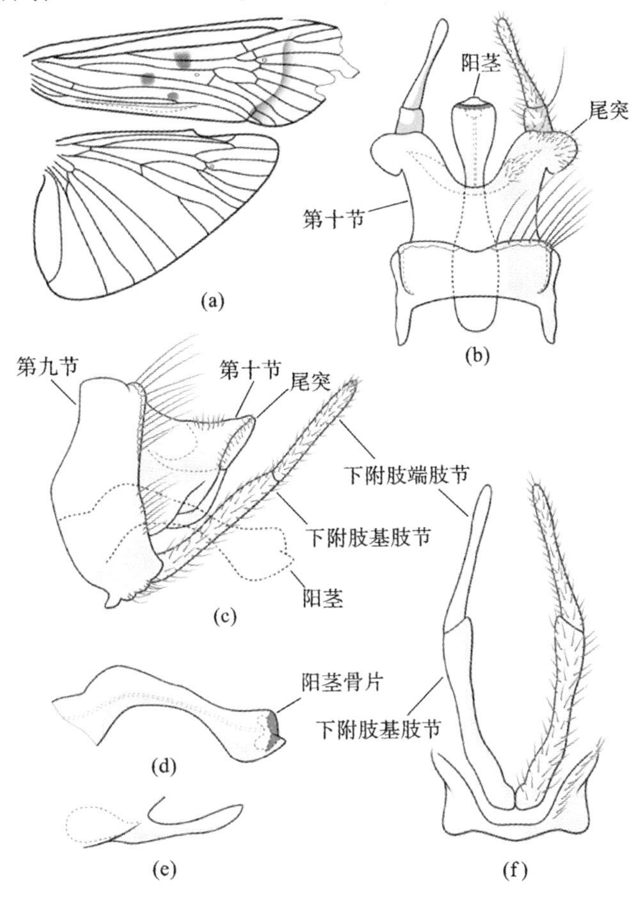

图 5.21 长角纹石蛾 sp. 1(信阳)

(a)前后翅脉相及花纹(前翅有破损)；(b)背面观；(c)左侧面观；(d)阳茎，左侧面观；(e)腹部第五节突起；(f)腹面观

材料:1 雄性,样点 10;1 雄性,样点 13(2019-7-7)。

描述:前翅 15 mm(n=1),翅黄色,体浅黄色,前翅中部具三个黑色斑点,后部具一条黑色横条带,腹部第五节两侧各具一短突起,内有腺体。

雄性外生殖器:第九节侧面观粗细较均匀,前缘具三角形突起,第十节背板侧面观呈倒梯形,背缘中间略微向下凹陷;尾突侧面观扁平,背面观横向突出至第九节之外,尾突之间的凹陷宽度为第十节背板的 1/3,深为第十节背板的一半,两尾突侧缘基部具小缺刻。下附肢基肢节侧面观较端肢节略粗长。阳茎基部开口呈喇叭状,中部收细,末端膨大,阳茎端中部裂叶侧面观呈三角形,腹面观圆润。

鉴别:该种与 *Macrostemum bacham* Hoang, Tanida & Bae, 2005 相似,区别在于:①该种前翅后半部具一横向黑色条纹,而 *M. bacham* 前翅后半部不具黑色条纹;②该种侧面观尾须达到第十节背缘,而 *M. bacham* 侧面观尾须不及第十节背缘;③该种背面观第十节中部凹陷宽,而 *M. bacham* 背面观第十节中部凹陷窄。

分布:该种目前仅在信阳董寨有采集记录。

第三节　等翅石蛾科

等翅石蛾科 Philopotamidae Stephens, 1829 分为缺叉等翅石蛾亚科和等翅石蛾亚科,科下分类主要依靠翅脉与雄性外生殖器。Ross 对该科的系统发育进行了分析,其中部分种组名称仍为现代分类所用。

缺叉等翅石蛾亚科有三个现存属,其中缺叉等翅石蛾属 *Chimarra* Stephens, 1829 尤其种类多,分布广。该亚科前翅分径室前顶点常加粗,甚至发生强烈膨大,形成结节。该属目前有超过 800 个种,囊括了等翅石蛾科约 61%的种,并广泛分布于除南极外的所有动物地理区系,其多样性仅次于原石蛾属(*Rhyacophila*)。相对于其他属而言,这一属雌性与幼虫的研究也较多,但在极高的多样性下,大部分地区缺叉等翅石蛾属雌性与幼虫仍不能进行有效的形态学分类。缺叉等翅石蛾属分四亚属,但除缺叉等翅石蛾亚属外,其他属仅分布于新热带界。我国记录有 22 种缺叉等翅石蛾。

等翅石蛾科包含 16 个现存属,这一部分的分类曾经较为混乱,例如,短室等翅石蛾属 *Dolophilodes* Ulmer, 1909 有两个异名,并且与梳等翅石蛾属 *Kisaura* Ross, 1956 一起被当成 *Sortora* Navas, 1918 的亚属。孙长海与 Malicky 对我国种类进行了修订,明确了以上两属的独立性,同时将蠕形等翅石蛾属 *Wormaldia* McLachlan, 1865 的亚属 *Doloclanes* Banks,1937 与蠕形等翅石蛾属合并。目前我国记录属包括短室等翅石蛾属 *Dolophilodes* Ulmer, 1913、合脉等翅石蛾属 *Gunungiella* Ulmer, 1913、梳等翅石蛾属 *Kisaura* Ross, 1956 与蠕形等翅石蛾属

Wormaldia McLachlan,1865。

大别山脉地区等翅石蛾科分属检索表

1 胫距式 2,4,4,前翅 DC 窄长,前顶点不加厚,第Ⅳ叉存在 ……………………………………………………………… 等翅石蛾亚科 Philopotaminae 2

1' 胫距式 1,4,4,前翅 DC 宽短,前顶点加厚或不加厚,第Ⅳ叉缺如 ……………………… 缺叉等翅石蛾亚科 Chimarrinae,缺叉等翅石蛾属 *Chimarra*

2(1) 前后翅中脉分两支 ……………………… 合脉等翅石蛾属 *Gunungiella*

2' 前后翅中脉分三支或四支 ……………………………………………… 3

3(2) 后翅有两根臀脉到达翅的边缘 …………… 蠕形等翅石蛾属 *Wormaldia*

3' 后翅有三根臀脉到达翅的边缘 ……………………………………… 4

4(3') 第十节两侧具一对长指状硬化突起,下附肢端肢节内侧具一列栉毛 …………………………………………………………… 梳等翅石蛾属 *Kisaura*

4' 第十节两侧不具长指状骨化突起,下附肢端肢节内侧不具成列栉毛 ………………………………………………………… 短室等翅石蛾属 *Dolophilodes*

1. 缺叉等翅石蛾亚科 Chimarrinae Stephens, 1829

缺叉等翅石蛾属 *Chimarra* Stephens, 1829

模式种:*Phryganea marginata* Linnaeus, 1767。

胫距式 1,4,4。翅脉变化较丰富,常加粗或具不规则的斑纹;前翅 DC 粗短,前顶点加宽,s 横脉轻微弯曲,MC 与 TC 小,第四叉缺;后翅 DC 小,Sc 脉强烈加粗,臀脉三根,互相愈合形成 2～3 个臀室。

本研究采集到缺叉等翅石蛾属 5 种。

缺叉等翅石蛾属分种检索表

1 下附肢腹面观近橄榄型,内缘具突起 …… 方须缺叉等翅石蛾 *C. cachina*

1' 下附肢腹面观不如上述 …………………………………………… 2

2(1') 第十节侧面观分两叶,腹叶扁,膜质,外缘具一骨化小齿 …………………………………………………… 双齿缺叉等翅石蛾 *C. sadayu*

2' 第十节形态不如上述 ……………………………………………… 3

3(2') 阳茎端具条形骨片 ………………………………………………… 4

3' 阳茎端不具条形骨片 ……………………… 波缘缺叉等翅石蛾 *C. fluctuate*

4 阳茎端具一根条形骨片 ………… 瑶山缺叉等翅石蛾 *C. yaoshanensis*

4' 阳茎端具三根条形骨片 …………… 钩肢缺叉等翅石蛾 *C. hamularis*

(1) 方须缺叉等翅石蛾 *Chimarra cachina* (Mosely, 1942)如图 5.22 所示。

Chimarrha cachina Mosely, 1942: 357, figs. 47-50。

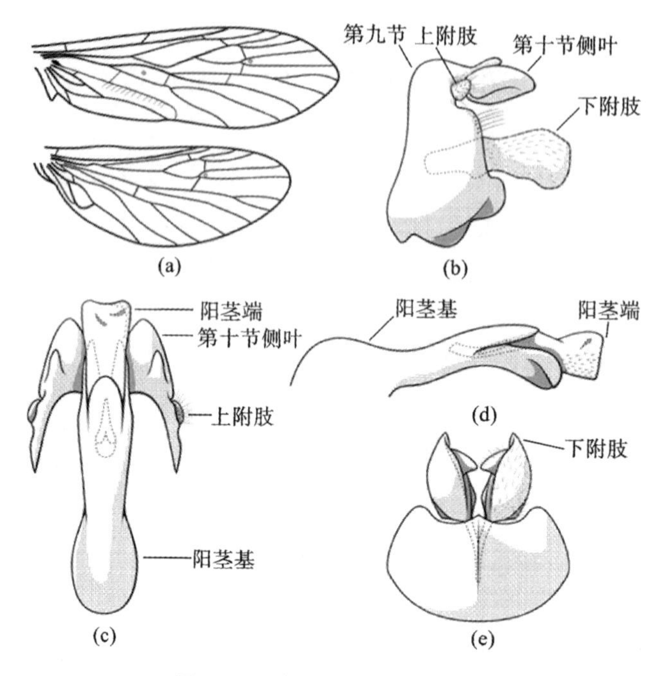

图 5.22　方须缺叉等翅石蛾(黄梅)

(a)前后翅脉相;(b)左侧面观;(c)背面观;(d)阳茎,左侧面观;(e)腹面观

Chimarra cachina Tian & Li，1985：51；Li，et al. 1999：420，figs. 14-27a-d。

正模:雄性,福建省,福州市,1935—1937 年,采集人为杨莲芳,保存于不列颠博物馆。

材料:1 雄性,样点 12(2015-6-24);1 雄性,样点 13(2013-7-13);3 雄性,样点 13(2015-7-18);1 雄性,样点 13(2019-7-7);2 雄性,样点 16。

描述:前翅长 4.8～5.6 mm(n=5),翅浅褐色,体黑褐色。

雄性外生殖器:第九节侧面观近梯形,后缘中部呈直角状向后加宽,背面膜质,腹面具一中部凹陷的纵脊。第十节背板裂为两叶,侧面观与背面观呈卵圆形,背侧具一紧靠主体的指状突起,腹侧略凹陷。上附肢小,呈卵圆形,披毛。下附肢侧面观基部呈指状,端部加宽且末端平截,腹面观呈半圆形,内侧具一短的角状突起。阳茎主体骨化较强,背面观背侧具一舌状突起,腹侧具一对三角形突起,侧面观腹侧突起的外缘向外翻;阳茎中央具一较大骨片,背面观呈水滴形,侧面观呈指状略弯曲;阳茎端膜质,披细小毛发,末端平截,内有两根小刺。

分布:该种原分布于江苏省与福建省,现增加湖北省的采集记录。

命名:沿用李佑文等人在 2000 年所拟中文名。

(2) 波缘缺叉等翅石蛾 *Chimarra fluctuate* Sun，2007 如图 5.23 所示。

Chimarra fluctuate Sun，2007：72，fig. 1。

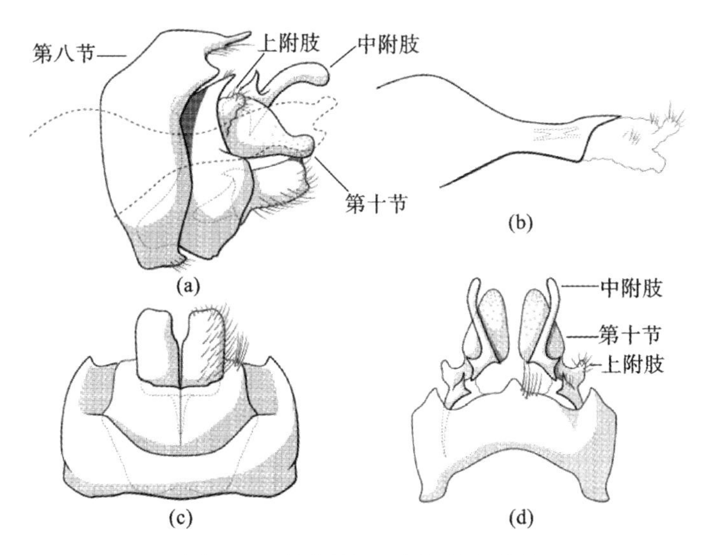

图 5.23　波缘缺叉等翅石蛾(罗田)

(a)左侧面观;(b)阳茎,左侧面观;(c)腹面观;(d)背面观

正模:雄性,河南省,内乡县,宝天曼自然保护区,山上水沟(111°53′E, 22°25.2′N),海拔 1500 m,1998 年 7 月 15 日,采集人为王备新,保存于南京农业大学。

材料:1 雄性,样点 5;1 雄性,样点 11;1 雄性,样点 13(2013-7-13);12 雄性,样点 13(2014-7-12);3 雄性,样点 13(2015-6-10);1 雄性,样点 13(2015-7-18);2 雄性,样点 13(2019-7-7);6 雄性,样点 14;1 雄性,样点 16。

描述:前翅长 5.0～5.8 mm(n=6),翅棕色,体棕色。

雄性外生殖器:第八节背面观后缘呈波浪状。第九节侧面观背侧半部分较窄,腹侧半部分较宽。第十节侧面观基部膨大,端部收窄至基部的一半宽,末端圆润,背面观近三角形,末端圆润。上附肢短小,呈指状;中附肢呈二叉状,背支短,末端尖,背面观靠外侧;腹支较第十节长,略向腹侧弯曲,末端圆润。下附肢侧面观与腹面观近矩形,背侧后角骨化加强。阳茎基部宽大,中部收窄,侧面观中央具一"H"形骨片;阳茎端膜质,具一对膜质突起,两突起末端、阳茎端侧面与背缘各具一簇小刺。

分布:该种原分布于河南省,现增加安徽省与湖北省的采集记录。

命名:沿用孙长海在 2007 年所拟中文名。

(3) 钩肢缺叉等翅石蛾 *Chimarra hamularis* Sun, 1997 如图 5.24 所示。

Chimarra hamularis Sun, 1997: 297, fig. 6。

正模:雄性,河南省,嵩县,白云山,海拔 1400 m,1996 年 7 月 15—18 日,采集人为王备新。

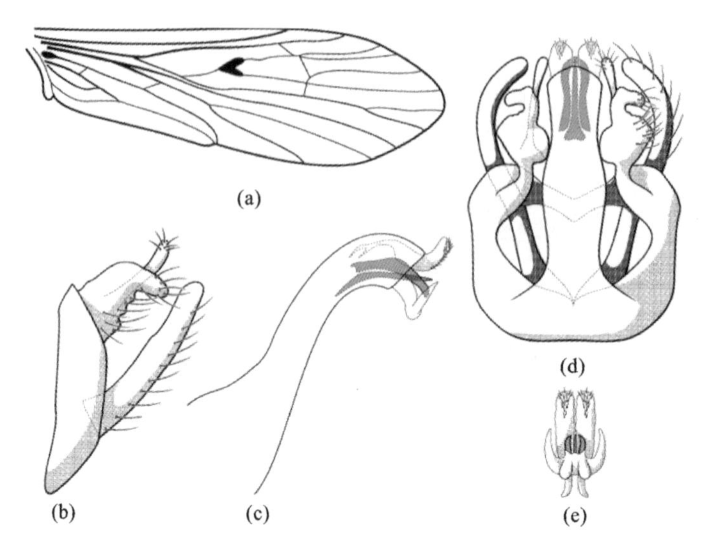

图 5.24　钩肢缺叉等翅石蛾(罗田)

(a)前后翅脉相;(b)左侧面观;(c)阳茎,左侧面观;(d)背面观;(e)阳茎端,后面观

副模:1 雄性,1 雌性,资料同正模;50 雄性,河南省,栾川县,龙峪湾林场,海拔 1000 m,1996 年 7 月 10—14 日,采集人为王备新。

材料:60 雄性,样点 3;10 雄性,样点 9(2015-7-11);1 雄性,样点 12(2015-6-24);44 雄性,样点 5;10 雄性,样点 13(2013-7-13);1 雄性,样点 13(2014-4-3);10 雄性,样点 13(2014-5-28);234 雄性,样点 13(2015-6-10);136 雄性,样点 13(2015-7-18);282 雄性,样点 13(2019-7-7);35 雄性,样点 14;13 雄性,样点 16;44 雄性,样点 17。

描述:前翅长 6.6～7.2 mm(n=10),翅棕色,体棕色。

雄性外生殖器:第九节侧面观较窄。上附肢侧面观近梯形,侧后角延伸呈指状,内侧具一指状突起;背面观基部膨大呈圆形,末端延伸呈指状并相对弯曲达 90°以上。下附肢呈指状,侧面观长度约为宽度的八倍,指向背侧,轻微弯曲,背面观相向弯曲,末端圆润。阳茎具复杂的结构,背侧具一对膜质指状突起,后缘具一簇扇形分布的小刺;中间具三根骨刺,其中一对末端相向弯曲,中间一根较细,基部较宽而端部尖细;腹侧具一膜质突起,两侧与腹侧具角状突起,中间具一对卵圆形突起。

分布:该种在河南省、山西省、湖北省、浙江省均有采集记录,现增加安徽省的采集记录。

命名:沿用孙长海在 1997 年所拟中文名。

(4) 双齿缺叉等翅石蛾 *Chimarra sadayu* Malicky, 1993 如图 5.25 所示。

Chimarra sadayu Malicky, 1993: 1106, plate 1, figs.。

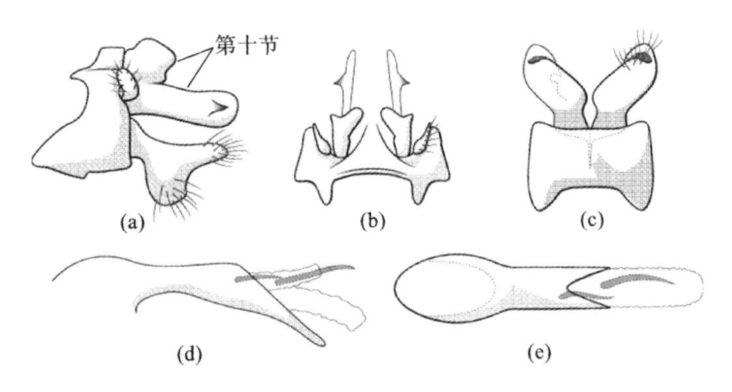

图 5.25　双齿缺叉等翅石蛾(六安)

(a)左侧面观;(b)背面观;(c)腹面观;(d)阳茎,左侧面观;(e)阳茎,背面观

Chimarra bicuspidalis Wang, et al, 1998: 155, figs. 11-14。

正模:雄性,福建省,武夷山,1983 年 8 月 8 日。

材料:5 雄性,样点 2;10 雄性,样点 3;1 雄性,样点 4(2015-10-3)。

描述:前翅长 5.2～5.8 mm(n=5),翅棕色,体棕色。

雄性外生殖器:第九节背侧极窄,腹侧较宽,侧面观前缘深凹陷而后缘较平。第十节中叶呈三角形,膜质,侧叶侧面观分为两叉,背支宽扁,背面观呈二叉状;腹支长度约为背支的两倍,侧面观近矩形,背面观较窄,外侧各具一骨化小刺。上附肢小,侧面观呈椭圆形,背面观呈水滴形。下附肢侧面观呈二叉状,背支较附肢窄,腹面观近矩形,背缘具一小钩状突起。阳茎基部开口呈喇叭状,中部收窄,端部斜切,阳茎端膜质,侧面观具两叉,背支较细,内具两根条状骨片。

分布:该种原分布于浙江省与福建省,现增加安徽省的采集记录。

命名:沿用王备新等人在 1998 年所拟中文名。

(5) 瑶山缺叉等翅石蛾 *Chimarra yaoshanensis* (Hwang, 1957) 如图 5.26 所示。

Chimarrha yaoshanensis (Hwang, 1957): 377-378, figs. 20-23。

正模:雄性,广西壮族自治区,瑶山,1938 年 4 月 19 日,采集人为陈世骧,保存于中国科学院昆虫研究所。

材料:1 雄性,样点 9(2015-7-11);6 雄性,样点 13(2014-7-12);1 雄性,样点 16;5 雄性,样点 17。

描述:前翅长 5.0～6.0 mm(n=6),翅棕黄色,体褐色。

雄性外生殖器:第九节腹侧较宽而背侧很窄,腹面观中央后部具一脊突,侧面观呈三角形。上附肢短小,呈卵圆形。中附肢侧面观近三角形,背侧与腹侧后角各具一向后延伸的指状突起,背面观背侧突起略相向弯曲而腹侧后角突起相对弯曲。下附肢基部较宽,端部较窄,侧面观向后突起,腹面观相对弯曲。阳茎基部膨

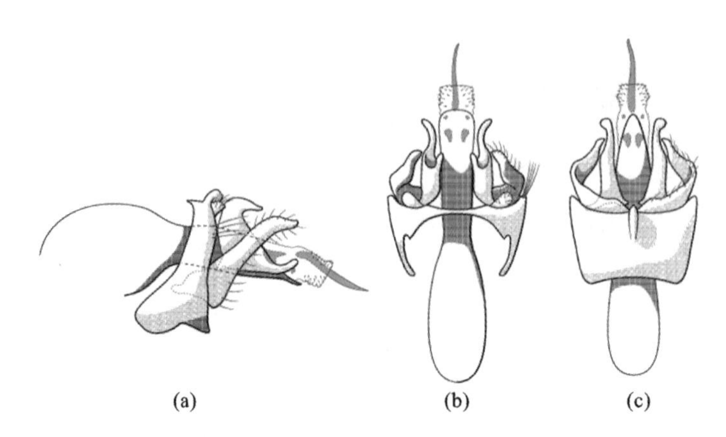

图 5.26 瑶山缺叉等翅石蛾(罗田)

(a)左侧面观;(b)背面观;(c)腹面观

大,中部呈圆柱形,端部斜切,内具一对肾形骨片与一对细小圆形骨片;阳茎端膜质并具小刺,中间具一粗长骨片。

分布:该种原分布于广东省与广西壮族自治区,现增加河南省与湖北省的采集记录。

命名:沿用王备新等人在 1998 年所拟中文名。所观察的标本除去形态上与瑶山缺叉等翅石蛾相似外,阳茎的部分细节与 *Chimarra gether* Malicky, 2009 相似,而这些细节在我国对瑶山缺叉等翅石蛾的描述与绘图中没有体现出来。最后考虑地理位置,本书作者倾向于认为采集到的是瑶山缺叉等翅石蛾。

2. 等翅石蛾亚科 Philopotaminae Stephens, 1829

1) 短室等翅石蛾属 *Dolophilodes* Ulmer, 1909

模式种:*Dolophilodes ornatus* Ulmer, 1909。

胫距式 2,4,4,前后翅第一叉柄长度多样,后翅三根臀脉不互相愈合,雄虫的第七、八节腹板不具突起。

本研究采集到短室等翅石蛾属 3 种。

短室等翅石蛾属分种检索表

1　　阳茎内可见两块骨片 ………………………………………………… 2

1'　　阳茎内可见六块骨片 ………………… 埃律短室等翅石蛾 *D. erysichthon*

2(1)　　阳茎内两块骨片均为条形 ………………… 双色短室等翅石蛾 *D. bicolor*

2'　　阳茎内仅有一块骨片为条形 ……………… 艳丽短室等翅石蛾 *D. ornata*

(1) 双色短室等翅石蛾 *Dolophilodes bicolor* Kimmins, 1955(new record)如图 5.27 所示。

Dolophilodes bicolor Kimmins, 1955: 75, 76, 83-84, figs. 12b, 13b; Wityi,

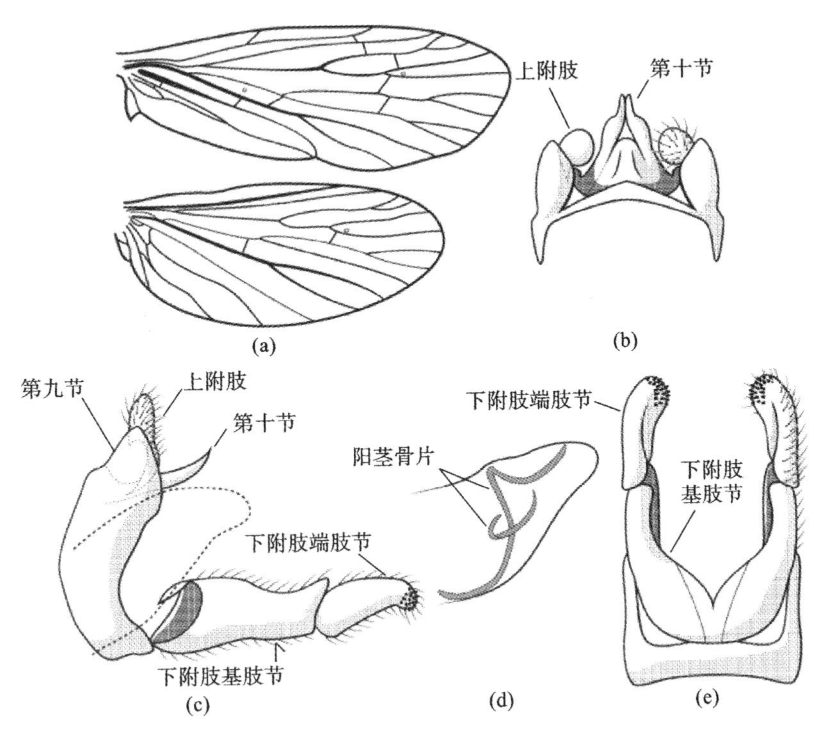

图 5.27　双色短室等翅石蛾(黄梅)

(a)前后翅脉相;(b)背面观;(c)雄性外生殖器,左侧面观;(d)阳茎,左侧面观;(e)腹面观

et al,2015: 50。

正模:缅甸,甘拜地,6000～7000 英尺(1 英尺≈0.3 m),1934 年 6 月 11 日,保存于斯德哥尔摩。

副模:17 雄性,4 月 30 日—7 月 12 日,其他资料同正模,保存于英国自然历史博物馆。

配模:雌性,资料同副模,保存于英国自然历史博物馆。

材料:1 雄性,样点 12(2015-6-24)。

描述:前翅长 5.3 mm(n=1),翅黄色,体浅黄色。

雄性外生殖器:第九节背面极窄,侧面观弯曲呈弧形,较宽。第十节中叶呈三角形,末端圆钝,两侧形成一对相互靠拢的指状突起,外缘略膨大,侧面观呈角状。上附肢侧面观呈指状,背面观呈圆形。下附肢基肢节长于端肢节,侧面观近矩形,末端互相愈合;端肢节侧面观近肾形,端部内侧披粗短小刺。阳茎膜质,内具一根较长的螺旋形骨刺与一根较短的弯曲骨刺。

分布:该种原分布于缅甸,现增加湖北省的采集记录。

命名:中文名根据种名意译新拟。

(2) 埃律短室等翅石蛾 *Dolophilodes erysichthon* Sun & Malicky, 2002 如图5.28所示。

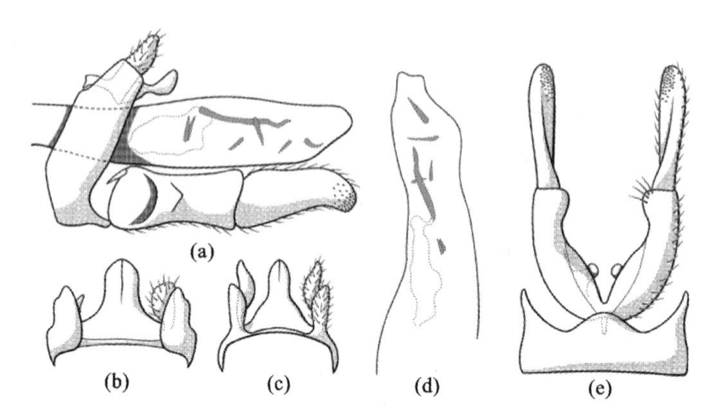

图 5.28 埃律短室等翅石蛾(罗田)

(a)左侧面观;(b)背面观;(c)麻城标本,背面观;(d)阳茎,腹面观;(e)腹面观

Dolophilodes erysichthon Sun & Malicky, 2002: 526, plate 2; Wang, 2015: 20, figs. 2-1-6a-d。

正模:雄性,浙江省,开化县,古田山,26°21′N, 119°26′E,海拔 450 m,1989 年 6 月 9 日,采集人为 Kyselak,由 Malicky 私人收藏。

副模:2 雄性,资料同正模;1 雄性,1989 年 6 月 7 日,其他资料同正模。

材料:1 雄性,样点 4(2015-10-3);1 雄性,样点 13(2015-3-24);1 雄性,样点 14。

描述:前翅长 5.0~5.6 mm(n=3),翅黄色,体棕黄色。

雄性外生殖器:第九节侧面观近倾斜的矩形,背面观极窄,腹面观中部后缘具一半圆形突起。第十节侧面观向背侧弯曲,末端膨大,背面观呈近三角形,中部略收窄。上附肢侧面观呈指状,背面观呈叶状并相对弯曲。下附肢两节,长度相近,基肢节侧面观近矩形,基部互相集合,腹面观近愈合处具一指状突起;端肢节侧面观近梯形,末端向腹侧弯曲并于内侧布满小刺。阳茎膜质,内具一根长骨刺,四根短骨刺与一团簇状骨刺。

分布:该种原分布于浙江省,现增加湖北省与安徽省的采集记录。

命名:沿用王子微等人在 2015 年所拟中文名。

(3) 艳丽短室等翅石蛾 *Dolophilodes ornata* Ulmer, 1909 如图 5.29 所示。

Dolophilodes ornata Ulmer, 1909: 126-127, figs. 1-2; Ross 1956: 59, figs. 57a-c; Hwang, Zhang & Wang 2005: 470; Wang 2015: 26-27, figs. 2-1-12a-d。

Philopotamus sinensis Banks, 1940: 209-210, plate 29, figs. 44, 46。

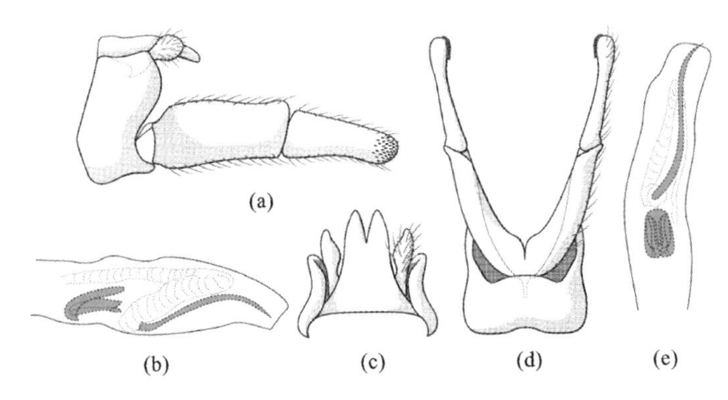

图 5.29　艳丽短室等翅石蛾(岳西)

(a)左侧面观;(b)阳茎,左侧面观;(c)背面观;(d)腹面观;(e)阳茎,腹面观

Dolophilodes dharmakala Schmid 1960: 102, plate 9, figs. 1-3。

正模:雄性,新疆维吾尔自治区,库尔勒市。

材料:1 雄性,样点 6。

描述:前翅长 5.4 mm(n=1),翅黄色,体棕黄色。

雄性外生殖器:第九节背面观极细,侧面观与腹面观较宽。第十节背面观呈三角形,末端裂为两叶。上附肢侧面观呈卵圆形,背面观呈指状,内缘略膨大。下附肢基肢节呈矩形,侧面观长于端肢节,基部互相愈合;端肢节呈指状,末端内侧披小刺。阳茎骨化弱,近基部具一较大骨片,腹面观呈卵圆形,端半部具一细长骨片,末端连接一条膜质结构,侧面观这一结构呈"Z"形。

分布:该种原分布于巴基斯坦和俄罗斯,以及中国的新疆维吾尔自治区、云南省、四川省和西藏自治区,现增加安徽省的采集记录。

命名:沿用王子微等人在 2015 年所拟中文名。

2) 合脉等翅石蛾属 *Gunungiella* Ulmer, 1913

模式种:*Gunungiella reducta* Ulmer, 1913。

胫距式 2,4,4,前后中脉分两支,即没有第三叉和第四叉。成虫体长较其他属小,虫体稍显扁平。

本研究采集到合脉等翅石蛾属 1 种。

萨氏合脉等翅石蛾 *Gunungiella saptadachi* Schmid, 1968 如图 5.30 所示。

Gunungiella saptadachi Schmid, 1968: 932, figs. 40,41。

正模:浙江省,西天目山,1932 年 6 月 6 日,采集人为 H. Hoene。

材料:1 雄性,样点 13(2019-7-7)。

描述:前翅长 3.8 mm(n=1),体与翅棕色。

雄性外生殖器:第八节背面观后缘具三个突起,中央突起较大,扁平,背面观呈舌状,两侧突起较小。第九节侧面观呈窄长条形,腹面观较宽。第十节具两对

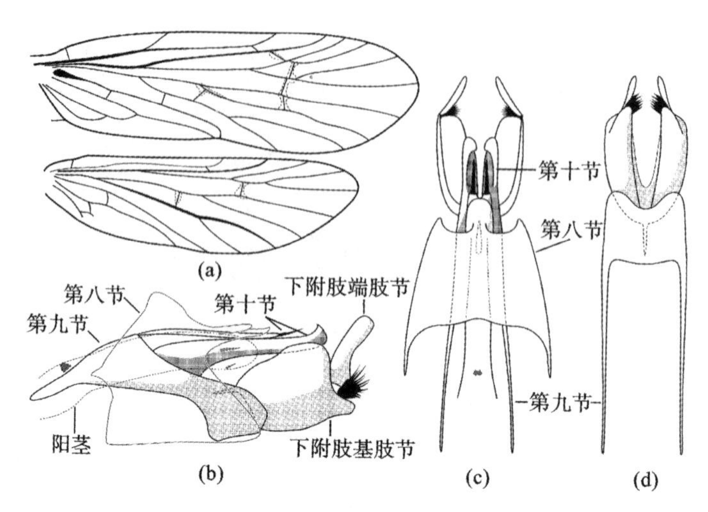

图 5.30　萨氏合脉等翅石蛾(罗田)

(a)前后翅脉相;(b)左侧面观;(c)背面观;(d)腹面观

突起,背侧突起呈指状,末端具刺;腹侧突起宽扁,侧面观末端背侧尖锐,背面观末端相向弯曲。下附肢基肢节侧面观大,长度稍大于宽度,端部腹侧具一突起,腹面观呈三角形;端肢节狭长,基部腹侧具毛簇。阳茎膜质,侧面观端部具一大一小两根刺状骨片,基部具一形状不规则的小骨片。

分布:该种原分布于浙江省,现增加湖北省的采集记录。

命名:中文名沿用王子微等人在 2015 年所拟中文名。

3) 梳等翅石蛾属 *Kisaura* Ross, 1956

模式种:*Sortosa obrussa* Ross, 1956。

胫距式 2,4,4。雄虫外生殖器特化,第十节两侧具一对细长突起,下附肢端肢节内侧具一列梳状栉毛。

本研究采集到梳等翅石蛾属 3 种。

梳等翅石蛾属分种检索表

1　　第十节末端形成一对突起 ………………………………………………… 2

1'　　第十节末端不形成一对突起 ……………… 欧妙梳等翅石蛾 *K. eumaios*

2(1)　第十节背面观两侧突起尖端指向两侧 …… 欧安梳等翅石蛾 *K. euandros*

2'　　第十节背面观两侧突起尖端指向后侧 ……… 梳等翅石蛾 *Kisaura* sp.1

(1) 欧安梳等翅石蛾 *Kisaura euandros* Sun & Malicky, 2002 如图 5.31 所示。

Kisaura euandros Sun & Malicky, 2002: 531, plate 5; Wang, 2015: 48, figs. 2-3-5a-c。

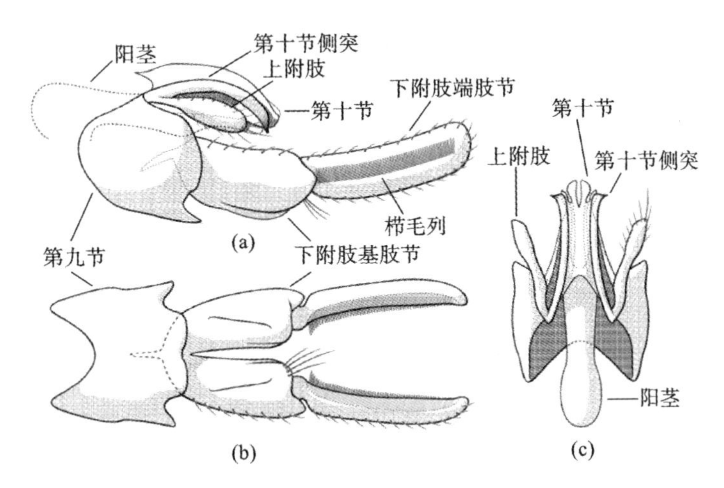

图 5.31　欧安梳等翅石蛾(岳西)

(a)左侧面观;(b)腹面观;(c)背面观

正模:雄性,河南省,龙峪湾南 1 km 处,33°38′N,111°46′E,1989 年 5 月 23 日,采集人为 Kyselak,由 Malicky 私人收藏。

副模:8 雄性,资料同正模。

材料:7 雄性,样点 4(2015-10-3);20 雄性,样点 6;39 雄性,样点 13(2015-6-10);55 雄性,样点 13(2014-7-12);8 雄性,样点 13(2019-7-7)。

描述:前翅长 5.3～6.5 mm(n=10),翅棕黄色,体棕黄色。

雄性外生殖器:第九节侧面观近卵圆形,腹侧后缘具一对扁平突起。第十节侧面观膨大,背面观末端裂为两对叶,外侧叶较小,呈水滴形,内侧叶较大,呈瓣状。刺突较短,略长于上附肢而略短于第十节,侧面观向腹侧弯曲,背面观略相对弯曲,末端骨化部分明显指向两侧。下附肢基肢节比端肢节略粗,腹面观腹侧内角近直角,具数根刚毛;端肢节比基肢节略长,栉毛列较直,自基部直达端部。

分布:该种在河南省及越南均有采集记录,现增加安徽省与湖北省的采集记录。

命名:沿用王子微等人在 2015 年所拟中文名。

(2) 欧妙梳等翅石蛾 *Kisaura eumaios* Sun & Malicky, 2002 如图 5.32 所示。

Kisaura eumaios Sun & Malicky, 2002: 530-531, plate 4; Wang, 2015: 48-49, figs. 2-3-6a-c。

正模:雄性,河南省,罗山县,灵山,31°54′N, 114°13′E,海拔 300～500 m,1989 年 5 月 25 日,采集人为 Kyselak。

副模:4 雄性,资料同正模;4 雄性,河南省,龙峪湾南 1 km 处,33°38′N,

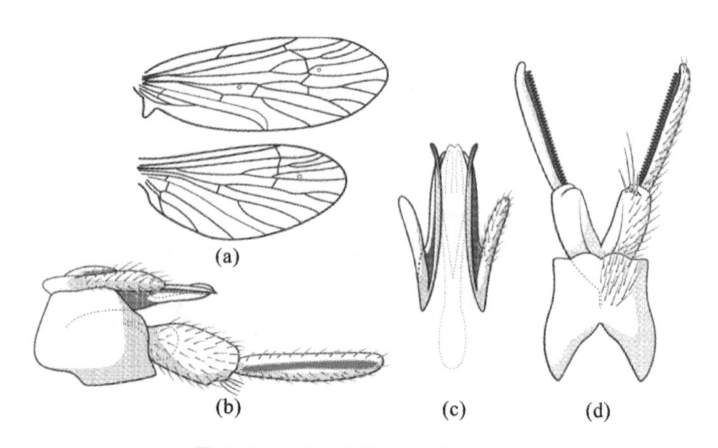

图 5.32 欧妙梳等翅石蛾(红安)

(a)前后翅脉相;(b)左侧面观;(c)背面观;(d)腹面观

111°46′E,1989 年 5 月 23 日,采集人为 Kyselak。

材料:1 雄性,样点 15。

描述:前翅长 7.1 mm(n=1),翅黄色,体棕黄色。

雄性外生殖器:第九节侧面观近梯形。第十节背面观呈指状,末端分裂成一对瓣状突起;刺突针状,侧面观向下弯曲,背面观相对弯曲,末端骨化,侧面观与第十节近等长。上附肢呈指状。下附肢基肢节侧面观呈梨形,腹面观端部腹侧内角近三角形,端部具数根刚毛。端肢节较基肢节细,长度约为基肢节的两倍,栉毛列从基部延伸至端部。

分布:该种原分布于河南省,现增加湖北省的采集记录。

命名:沿用王子微等人在 2015 年所拟中文名。

(3) 梳等翅石蛾 *Kisaura* sp. 1 如图 5.33 所示。

材料:1 雄性,样点 12(2015-6-24);1 雄性,样点 14;1 雄性,样点 15;1 雄性,样点 16;1 雄性,样点 17。

描述:前翅长 6.5~7.1 mm(n=5),翅黄色,体棕黄色。

雄性外生殖器:第九节侧面观长度略大于高度。第十节背面观呈指状,外侧轻微骨化,末端膜质并具一浅凹陷,内具一对长形骨片,刺突侧面观直,背面观略相对弯曲,末端骨化并背缘向外翻折,与第十节等长。上附肢呈指状,长度约为第十节的 2/3。下附肢基肢节近矩形,端肢节细长,长度约为基肢节的两倍,栉毛列从下附肢端肢节基部延伸到端部。

鉴别:该种与 *Kisaura eumaios* Sun & Malicky 2002 相似,区别在于:①该种第十节侧突侧面观向腹侧弯曲,而 *K. eumaios* 第十节侧突侧面观直;②该种第十节端部突起较长且略相向弯曲,而 *K. eumaios* 第十节端部突起较短且不弯曲;③该种下附肢第一节呈梨形,而 *K. eumaios* 下附肢第一节近矩形。

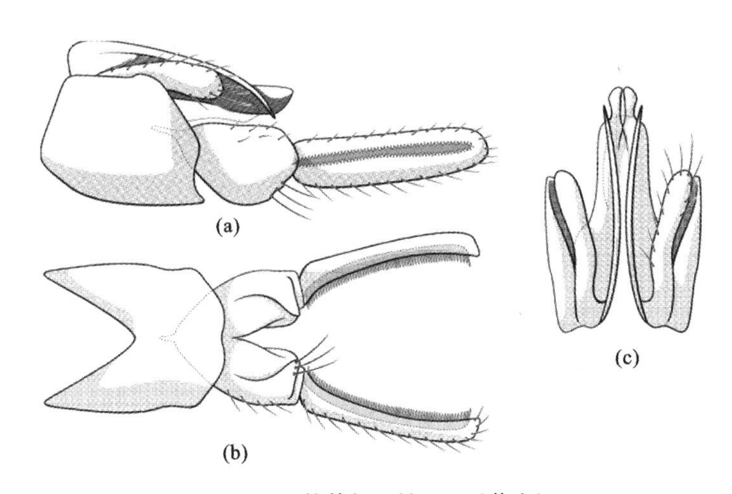

图 5.33　梳等翅石蛾 sp. 1(英山)

(a)前后翅脉相;(b)左侧面观;(c)背面观;(d)腹面观

分布:该种目前仅在湖北省有采集记录。

4) 蠕形等翅石蛾属 *Wormaldia* McLachlan, 1865

模式种:*Hydropsyche occipitalis* Pictet, 1834。

胫距式 2,4,4,后足腿节具纤细长毛。前后翅翅脉不仅具第一叉,或第一叉无柄;后翅具三根臀脉,A_1 与 A_2 于基部愈合。第七、八、九腹板可能具突起。

本研究采集到蠕形等翅石蛾属 3 种。

蠕形等翅石蛾属分种检索表

1　　第八节背板背面观后缘突起 …………………………………………… 2

1'　　第八节背板背面观后缘凹陷……… 浙江蠕形等翅石蛾 *W. zhejiangensis*

2(1)　第八节背板背面观后缘突起不分叉…… 蠕形等翅石蛾 *Wormaldia* sp. 1

2'　　第八节背板背面观后缘突起分四叉 ………………………………………
……………………………………… 四刺蠕形等翅石蛾 *W. quadriphylla*

(1) 四刺蠕形等翅石蛾 *Wormaldia quadriphylla* Sun, 1997 如图 5.34 所示。

Wormaldia quadriphylla Sun, 1997: 981-982, figs. 10a-d。

正模:雄性,湖北省,兴山县,龙门河,海拔 1400 m,1994 年 5 月 6 日,采集人为章有为。

副模:1 雄性,资料同正模。

材料:1 雄性,样点 4(2015-10-3);1 雄性,样点 6;2 雄性,样点 11;6 雄性,样点 13(2015-6-10);1 雄性,样点 13(2019-7-7);2 雄性,样点 15;1 雄性,样点 16;5 雄性,样点 17。

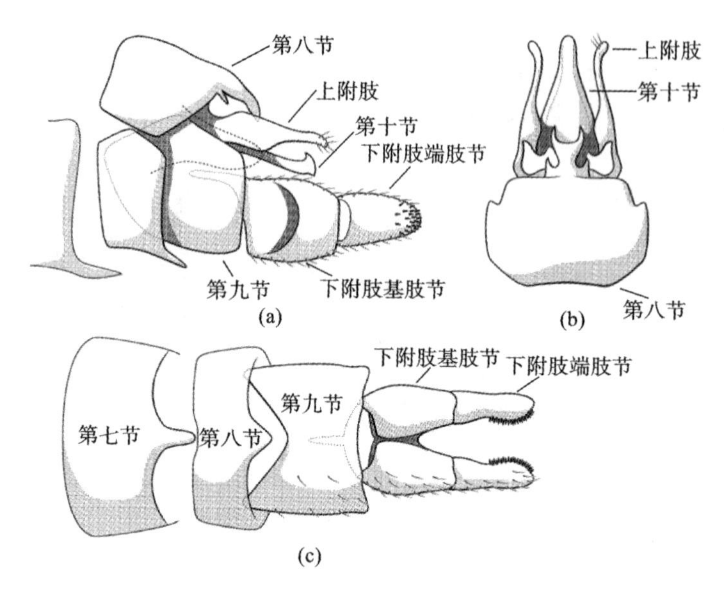

图 5.34 四刺蠕形等翅石蛾(大悟)

(a)左侧面观,左下附肢略去;(b)背面观;(c)腹面观

描述:前翅长 7.1～7.5 mm(n=5),翅灰褐色,体褐色。

雄性外生殖器:第八节背板后缘延伸形成两对角状刺突,外侧刺突较短,内侧刺突较长,基部 2/3 互相愈合,侧面观向腹部弯曲。第九节侧面观近五边形。第十节侧面观扁平,末端呈扇形膨大,背面观呈三角形,末端圆润。上附肢基部较宽,侧面观近平行四边形,端半部渐细,末端稍膨大并生有细毛,背面观末端略相对弯曲。下附肢基肢节近矩形;端肢节与基肢节近等长,呈指状,端半部内侧散布小刺。

分布:该种原分布于湖北省与浙江省,现增加安徽省的采集记录。

命名:沿用孙长海在 1997 年所拟中文名。

(2) 浙江蠕形等翅石蛾 *Wormaldia zhejiangensis* Sun & Malicky, 2002 如图 5.35 所示。

Wormaldia zhejiangensis Sun & Malicky, 2002: 529, plate 6。

正模:雄性,浙江省,天目山,开山老殿,海拔 1100～1200 m,1998 年 5 月 30 日,灯诱,采集人为吴鸿,保存于南京农业大学。

副模:2 雄性,浙江省,古田山,海拔 450 m,26°21′N,119°26′E,1989 年 6 月 9 日,采集人为 Kyselak,保存于克莱姆森大学。

材料:1 雄性,样点 13(2014-7-12);11 雄性,样点 13(2015-6-10);1 雄性,样点 14。

描述:前翅长 4.2～5.0 mm(n=10),翅灰褐色,体褐色。

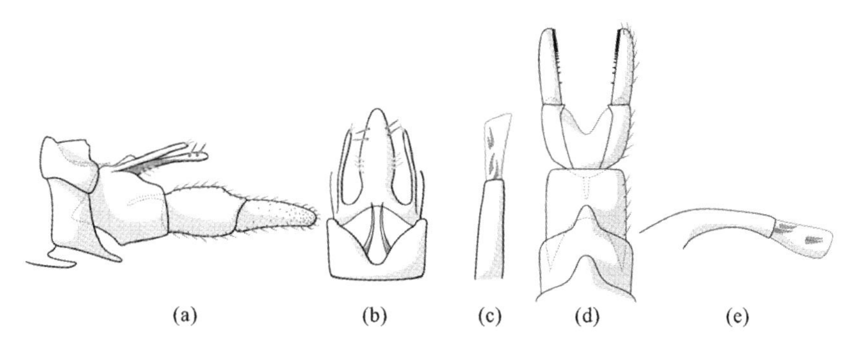

图 5.35　浙江蠕形等翅石蛾(罗田)

(a)左侧面观;(b)背面观;(c)阳茎,腹面观;(d)腹面观;(e)阳茎,侧面观

雄性外生殖器:第八节背板后缘凹陷,凹陷内着生一对细针状突起。第九节侧面观前缘向前突起呈三角形。第十节侧面观平直,基部背侧具一小突起,背面观呈卵圆形,两侧排列 5～6 根小刺。上附肢细长,比第十节稍短。下附肢基肢节侧面观近矩形,背缘稍膨大;端肢节呈指状,基部稍宽,内缘散布小刺,越往端部小刺排列越密集。阳茎呈筒状,末端膜质,内有四根短小骨刺。

分布:该种原分布于浙江省,现增加湖北省的采集记录。

命名:中文名根据种名意译新拟。

(3) 蠕形等翅石蛾 *Wormaldia* sp. 1 如图 5.36 所示。

材料:1 雄性,样点 13(2014-7-12)。

描述:前翅长 4.1 mm(n=1),翅灰褐色,体灰褐色。

雄性外生殖器:第八节背板后缘突起,侧面观端部圆润,背面观端部平截,突起两侧于内缘凹陷呈口袋状。第九节侧面观前缘中部向前突起呈梯形,后缘呈波浪状;上附肢呈指状,侧面观与背面观基部稍宽。第十节侧面观呈指状,末端上翘,背面观末端膨大,左右不对称。下附肢基肢节侧面观背侧略膨大;端肢节侧面观呈指状,背面观中部内缘向内突起,端部密生小刺。阳茎基部宽大,端部呈筒状,内具两根条形骨片。

分布:该种目前仅在湖北省有采集记录。

鉴别:该种的外形结构与 *Wormaldia sarawakana* Kimmins, 1955 相似,区别在于:①该种第八节后缘突起背面观平截,而 *W. sarawakana* 第八节后缘突起背面观尖锐;②该种第十节侧面观不向前弯折,而 *W. sarawakana* 第十节末端向前弯折;③该种阳茎内具两根长条形骨片,而 *W. sarawakana* 阳茎内具一长条形骨片与一短骨片。

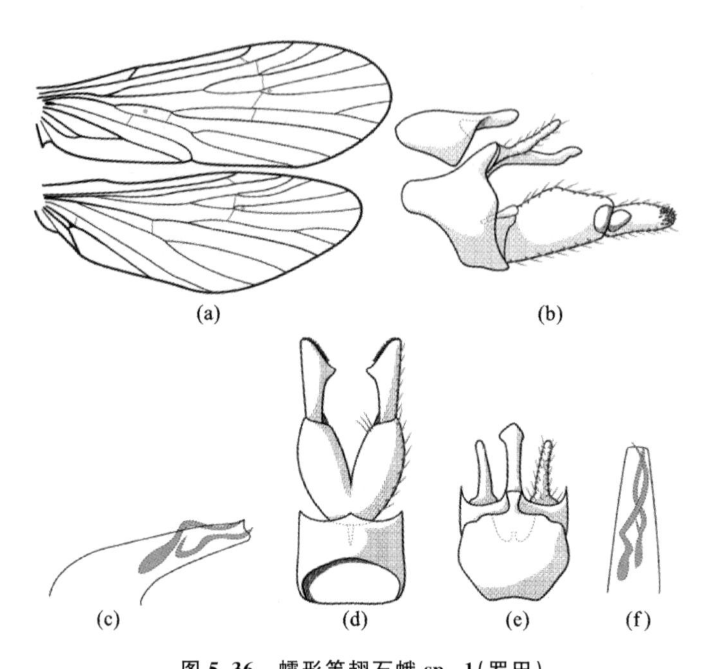

图 5.36 蠕形等翅石蛾 sp. 1(罗田)

(a)前后翅脉相;(b)左侧面观,左下附肢略去;(c)阳茎,左侧面观;
(d)腹面观;(e)背面观;(f)阳茎,背面观

第四节 角石蛾科

角石蛾科 Stenopsychidae Martynov, 1924 包括角石蛾属 *Stenopsyche* McLachlan, 1866、伪角石蛾属 *Pseudostenopsyche* Doehler ,1915 与拟角石蛾属 *Stenopsychodes* Ulmer ,1916,其中伪角石蛾属分布于新热带界,拟角石蛾属分布于澳大利亚界,角石蛾属则分布于东洋界、古北界东南部及热带界。我国仅有角石蛾属分布。Schmid 对角石蛾科昆虫进行了详细观察与描绘,将当时的准角石蛾属(*Parastenopsyche*)与角石蛾属合并。Schmid 根据雄性外生殖器形态给角石蛾属划分了 6 种组,同时描述了雌虫的基本形态与鉴别特征。Weaver 在此基础上对种组划分特征进行了完善,并将更多的种归纳到种组中。黄其林教授在 1963 年对我国角石蛾科昆虫进行了一次修订,将我国当时记录的 31 种角石蛾属进行了描述与区分,并制作了检索表。徐继华对我国的角石蛾科成幼虫配对研究及新种的发现做出了重要贡献,本书所用术语即基于徐继华的研究。截至 2016 年,我国已记录角石蛾属 62 种。该种雌性与幼期形态资料较少,目前主要靠 DNA 序列

进行配对研究。与其他环须亚目一样，角石蛾幼虫于水流湍急处的河底圆石下筑巢，并用丝网进行捕猎。角石蛾幼虫的捕猎丝网为开口朝向水流方向漏斗形，幼虫栖息于漏斗底部搜集碎屑。

角石蛾属 *Stenopsyche* McLachlan, 1866。

模式种：*Stenopsyche griseipennis* McLachlan, 1866。

复眼大，具单眼，触角略长于前翅。胫距式 3,4,4，雌虫中足胫节扁平化。前翅常具大量不规则深色斑点，具五叉；后翅颜色浅，Sc 与 R_1 于端部愈合，R_1 与 R_{2+3} 愈合，具第Ⅱ、Ⅲ、Ⅴ叉。

本研究一共采集到角石蛾属 5 种。

角石蛾属分种检索表

1	第十节末端具凹陷，裂为两叶 …………………………………………	2
1'	第十节末端无凹陷，不裂为两叶 ………………………………………	5
2(1)	第十节两侧具一对短指状中附肢 ……………………………………	3
2'	第十节两侧不具中附肢 …………………………………………………	4
3(2)	第十节内侧具小裂叶，下附肢腹面观较宽 …………	宽阔角石蛾 *S. camor*
3'	第十节内侧不具小裂叶，下附肢腹面观较窄 …	狭窄角石蛾 *S. angustata*
4(2')	第十节背侧的突起呈指状 ……………………	阔茎角石蛾 *S. complanata*
4'	第十节背侧的突起呈三角形 ……………………	双叶角石蛾 *S. bilobata*
5(1')	中附肢较第十节长，分叉 …………………	天目山角石蛾 *S. tianmushanensis*
5'	中附肢较第十节短，不分叉 …………………………	角石蛾 *Stenopsyche sp.* 1

(1) 狭窄角石蛾 *Stenopsyche angustata* Martynov, 1930 如图 5.37 所示。

Stenopsyche griseipennis Ulmer, 1926: 31, figs. 15-16(Misidentification, Hwang, 1963)。

Stenopsyche angustata Martynov, 1930: 74-75, figs. 15-16; Mosely, 1942: 362; Hwang, 1963: 479; Tian, et al, 1996: 73, fig. 117; Leng, et al, 2000: 14; Mey, 2005: 281。

正模：雄性，中国，保存于英国自然历史博物馆。

副模：1 雌性，资料同正模，保存于英国自然历史博物馆。

材料：5 雄性，样点 17。

描述：前翅长 18～21 mm(n=5)，翅黄色，带大量黑色斑纹，体棕色。

雄性外生殖器：第九节背侧狭窄，腹侧较宽，前缘腹侧具一梯形突起，侧突起细长，呈指状。第十节侧面观圆润，背面观为一对指状裂叶。上附肢约为下附肢的两倍长，侧面观基部较宽，端部渐窄，末端圆润。中附肢短小，呈指状。亚端背叶背面观呈弧形，末端向前勾起。下附肢侧面观呈指状，腹面观呈角状。阳茎基

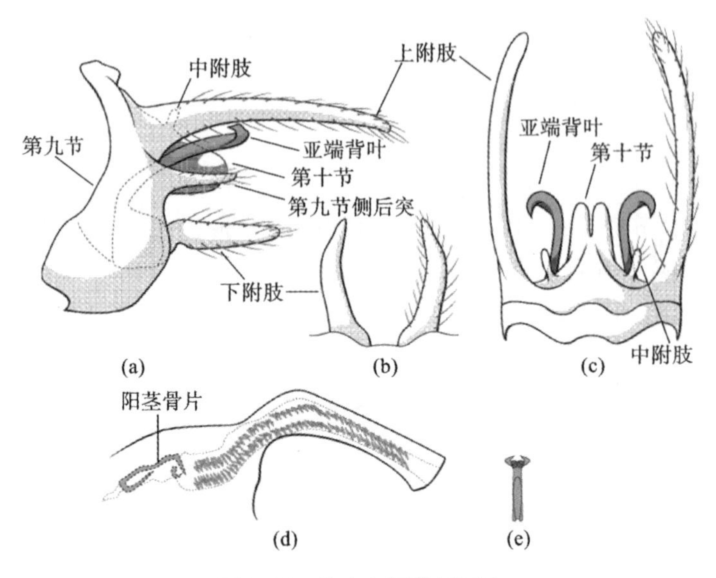

图 5.37 狭窄角石蛾(红安)

(a)左侧面观;(b)腹面观;(c)背面观;(d)阳茎,左侧面观;(e)阳茎骨片,腹面观

部呈喇叭状,端部呈筒状,内具密毛,基部具一弯折的纤细骨片与一对小骨片。

分布:该种是广布种,分布于福建省、贵州省、湖南省、江西省、四川省、广东省、广西壮族自治区、浙江省和陕西省,越南也有分布,现增加湖北省的采集记录。

命名:中文名见《中国经济昆虫志 第四十九册 毛翅目(一)》。

(2) 双叶角石蛾 *Stenopsyche bilobata* Tian & Li, 1991 如图 5.38 所示。

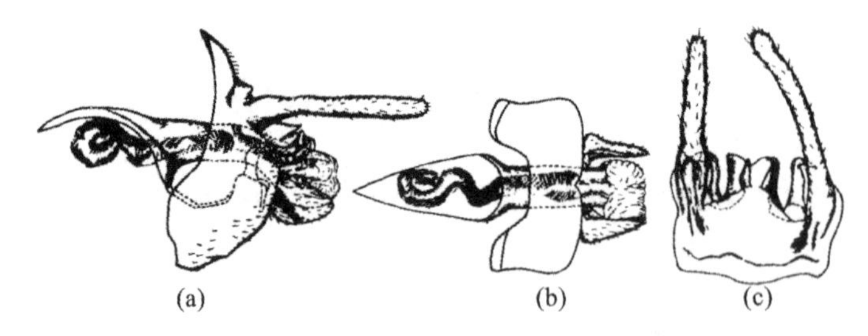

图 5.38 双叶角石蛾(田立新,李佑文,1991,经版权方同意复制)

(a)左侧面观;(b)腹面观;(c)背面观

Stenopsyche bilobata Tian & Li, 1991: 42-43, figs. 2a-c。

正模:雄性,湖北省,麻城市,麻城北 27 km 处,桐枧冲河,31°6′0″ N,115°0′6″ E,海拔 150 m,1999 年 7 月 13 日,采集人为 Morse J. C. 和杨莲芳。

分布:田立新与李佑文在 1991 年于麻城市报道此种,本研究中未采集到此种。

(3) 宽阔角石蛾 *Stenopsyche camor* Malicky, 2012 如图 5.39 所示。

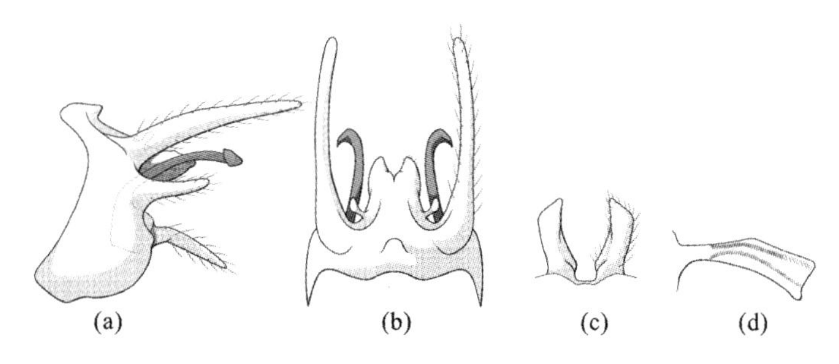

图 5.39 宽阔角石蛾(岳西)

(a)左侧面观;(B)背面观;(C)腹面观;(D)阳茎,左侧面观

Stenopsyche camor Malicky, 2012: 1273, plate 6。

正模:雄性,陕西省,大巴山,Shou Man 村南 15 km 处,32°08′N,108°37′E,2000 年 5 月 25 日—6 月 14 日,采集人为 Siniaiev 和 Plutenko。

材料:1 雄性,样点 6。

描述:前翅长 22 mm(n=1),翅黄色,带大量黑色斑纹,体棕灰色。

雄性外生殖器:第九节背侧狭窄,背面观背侧中央后缘具一小突起,腹侧较宽,侧面观圆润,侧突起细长,呈指状。第十节背面观为一对瓣状裂叶,内侧具一对圆润小突起。上附肢约为下附肢的两倍长,侧面观基部较宽,端部渐窄,末端圆润。中附肢短小,呈指状,背面观略向后弯曲。亚端背叶背面观相对弯曲,外缘稍塌陷,内缘向内凹陷,末端向前勾起。下附肢侧面观呈指状,腹面观近矩形,长度约为宽度的三倍。阳茎基部呈喇叭状,端部呈筒状,内具密毛。

分布:该种分布于陕西省,现增加安徽省的采集记录。

命名:中文名根据特征新拟。

鉴别:该种背面观与 *S. angustata* 非常相似,仅于内侧的细节上不同。下附肢形状差异较大,*S. angustata* 为较纤细的角状,*S. camor* 为较宽的近矩形。

(4) 阔茎角石蛾 *Stenopsyche complanata* Tian & Li, 1991 如图 5.40 所示。

Stenopsyche complanata Tian & Li, 1991: 42, figs. 1a-c; Tian, et al, 1996: 81, figs. 126a-b。

正模:雄性,湖北省,麻城市,1990 年 7 月 13 日,采集人为 Morse J. C.、王士达和杨莲芳。

材料:1 雄性,样点 13(2015-6-10)。

描述:前翅长 26 mm(n=1),翅黄色,带大量黑色斑纹,体棕黑色。

雄性外生殖器:第九节背侧狭窄,背缘两侧具圆润突起,腹侧近矩形,侧突起呈三角形。第十节为一对宽阔裂叶,背侧具一对指状突起,侧面观腹侧具一角状

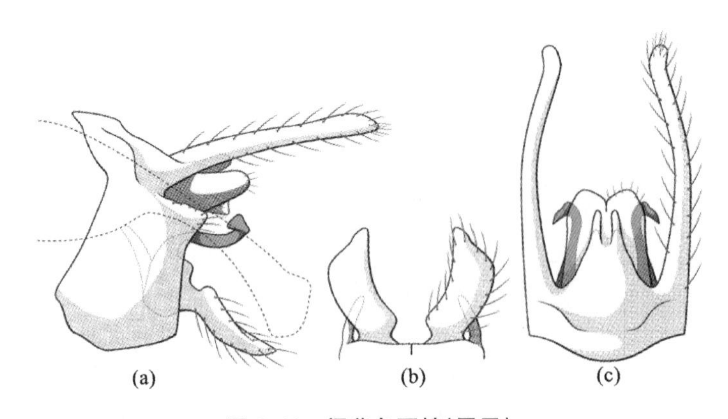

图 5.40　阔茎角石蛾(罗田)

(a)左侧面观;(b)腹面观;(c)背面观

突起。上附肢细长,背面观略相向弯曲,末端相对弯曲。亚端背叶末端相对弯曲,形似鸟喙。下附肢侧面观略向背侧弯曲,腹面观近半圆形,长度为宽度的两倍。

分布:该种分布于湖北省。

命名:中文名沿用田立新与李佑文在 1991 年所拟中文名。

(5) 天目山角石蛾 *Stenopsyche tianmushanensis* Hwang, 1957 如图 5.41 所示。

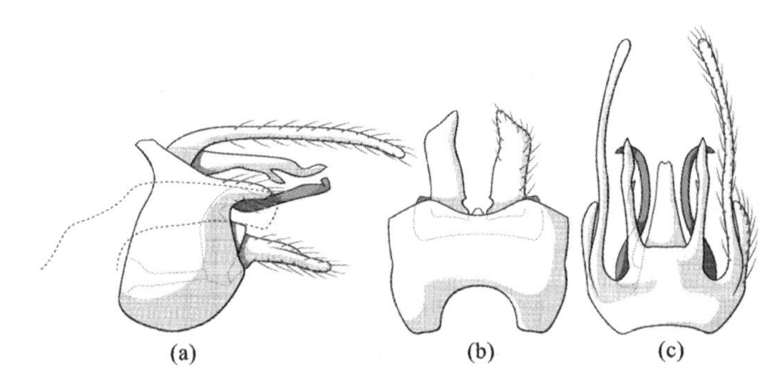

图 5.41　天目山角石蛾(罗田)

(a)左侧面观;(b)腹面观;(c)背面观

Stenopsyche tianmushanensis Hwang, 1957: 382-383, figs. 42-44; Hwang, 1957: 486; Yang, et al, 1995: 291; Tian, et al,1996: 76, fig. 123; Leng, et al, 2000:14。

正模:雄性,浙江省,天目山,1935 年 7 月 15 日,采集人为黄克仁。

材料:1 雄性,样点 13(2017-7-17)。

描述:前翅长 22 mm(n=1),翅黄色,具大量黑色斑纹,体棕色。

雄性外生殖器:第九节背侧狭窄,腹侧较宽,侧突起呈指状。第十节侧面为中附肢遮挡，背面观近梯形，骨化较弱，末端具浅凹陷。上附肢细长，侧面观略向腹侧弯曲，背面观略相向弯曲。中附肢背面观直，骨化较强，侧面观呈鹿角状，末端分叉，上支背缘略向下凹陷，下支较上支短小，亚端背叶基部相向弯曲，端部相对弯曲。下附肢腹面观近梯形，内缘近基部具一小突起。阳茎呈筒状，内具毛。

分布：该种分布于贵州省、江西省、湖南省、河北省、湖北省、河南省、陕西省、安徽省、广西壮族自治区、浙江省与海南省。

命名：中文名沿用杨莲芳等人在 1995 年所拟中文名。

(6) 角石蛾 *Stenopsyche* sp. 1 如图 5.42 所示。

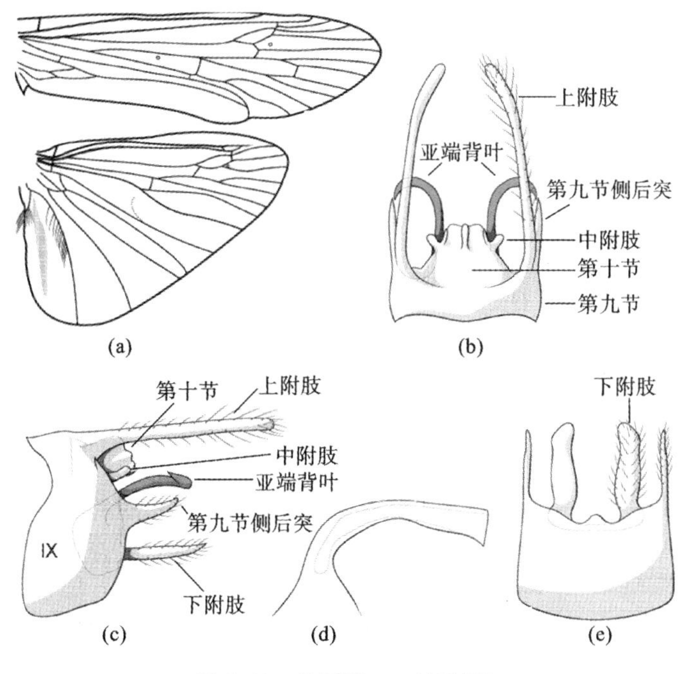

图 5.42　角石蛾 sp. 1(罗田)

(a)前后翅脉相；(b)背面观；(c)左侧面观；(d)阳茎；(e)腹面观

材料：1 雄性，样点 13(2013-7-13)。

描述：前翅长 26 mm(n=1)，前翅黄色，具大量黑色斑纹，体棕色。

雄性外生殖器：第九节侧面观背侧长度约为腹侧的一半，侧突起呈指状，略向背侧弯曲。第十节侧面观较高，末端呈波浪状，背面观中央具脊，两侧各具一指状突起。上附肢细长，侧面观直，背面观略相向弯曲。亚端背叶弯成鱼钩状。下附肢侧面观直，腹面观呈指状，亚端部稍缢缩。阳茎基部呈喇叭状，端部呈三棱柱状，内具毛。

鉴别：该种属于 *Stenopsyche marmorata* 种组，与 *Stenopsyche daniel*

Malicky, 2012 形态相似,区别在于:①该种第十节侧面观末端呈波浪状,而 *Stenopsyche daniel* 第十节侧面观末端圆润;②该种第十节背面观中央具嵴,而 *Stenopsyche daniel* 第十节背面观中央不具嵴;③该种第十节背面观中附肢位于第十节中部,而 *Stenopsyche daniel* 第十节背面观中附肢位于第十节基部;④该种下附肢较窄,而 *Stenopsyche daniel* 下附肢较宽。

分布:该种仅在湖北省罗田县采到一个标本。

第五节 径石蛾科

径石蛾科 Ecnomidae Ulmer, 1903 共有 10 个现存属,超过 500 个现存种,而我国仅有径石蛾属 *Ecnomus* McLachlan, 1864,此为径石蛾科下最大的属,同时为其模式属。该属主要特征为前翅 R_1 分叉,即于第一叉之前还具一叉,称为 R_1 叉。

李佑文与 Morse J. C. 对我国径石蛾科进行了修订,以及基于形态学特征进行了系统发育分析。他们发表的新种占我国目前径石蛾属记录的一半以上。Johanson 与 Espeland 结合多条分子序列对径石蛾科及其亲缘关系相近的科进行了系统发育分析,并将 *Psychomyillodes* Mosely, 1931 与径石蛾属合并。然而,在他们的结果中,径石蛾属内总包含蝶石蛾科(Psychomyiidae)与背突石蛾科(Pseudoneureclipsidae)各 1 种,需要更多分子信息才能确定这种异常发生的原因。

我国目前一共有径石蛾属 25 种,本研究中采集到 5 种。本研究采集到的径石蛾已在李佑文与 Morse J. C. 的文章中被描述过,故本节术语参考他们的研究。

径石蛾属 *Ecnomus* McLachlan, 1864。

模式种:*Philopotamus tenellus* Rambur, 1842。

头部具多对毛瘤,无单眼。胫距式 3,4,4。前翅具 R_1、Ⅰ、Ⅱ、Ⅲ、Ⅳ、Ⅴ叉,DC、MC、TC 均封闭;后翅具Ⅱ、Ⅴ叉,DC、MC、TC 均开放。

本研究采集到径石蛾属 6 种。

径石蛾属分种检索表

1　上附肢侧面观长远大于高,多呈指状 …………………………………… 2

1'　上附肢侧面观长近等于高,呈椭圆形 ………… 椭圆径石蛾 *E. ellipticus*

2(1)　上附肢内侧小刺于端部或散布 ……………………………………… 3

2'　上附肢内侧小刺聚集于端部与中部两处 ……… 双色径石蛾 *E. bicolorus*

3(2)　阳基侧突宽扁,背面观呈椭圆形 …………………… 宽阔径石蛾 *E. latus*

3'　阳基侧突缺,或不呈椭圆形 …………………………………………… 4

4(3’)　下附肢腹面观基部向后弯曲呈直角 …… 直角径石蛾 *E. perpendicularis*

4’　下附肢腹面观基部不弯曲 …………………………………………………… 5

5(4’)　下附肢侧面观端部向背侧弯曲 ……………………… 纤细径石蛾 *E. tenellus*

5’　下附肢侧面观不弯曲 ……………………… 山科径石蛾 *E. yamashironis*

(1) 双色径石蛾 *Ecnomus bicolorus* Tian & Li，1992 如图 5.43 所示。

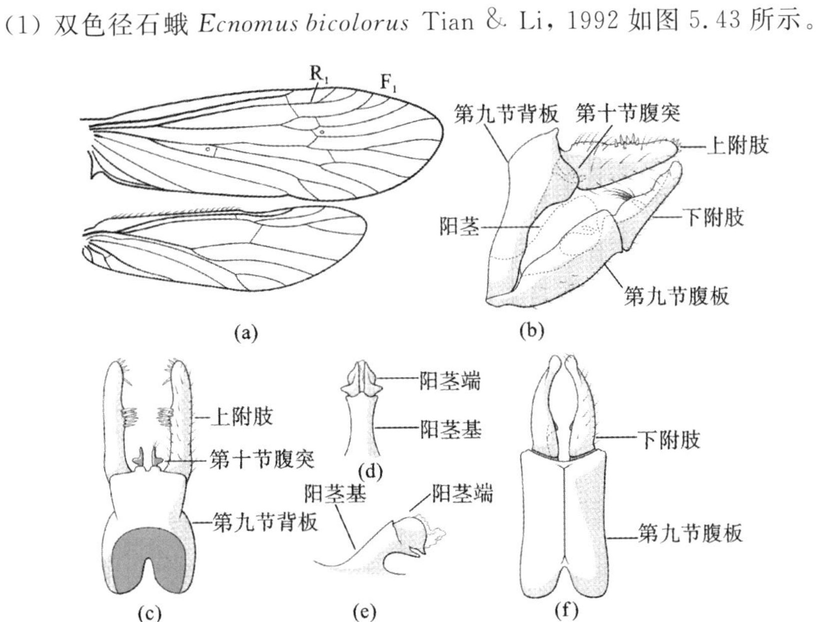

图 5.43　双色径石蛾(红安)

(a)前后翅脉相；(b)左侧面观；(c)背面观；(d)阳茎，腹面观；(e)阳茎，左侧面观；(f)腹面观

Ecnomus bicolorus Tian，et al，1992：28-29，fig. 2；Leng，et al，2000：13。

正模：雄性，江苏省，洪泽县(现为洪泽区)，1988 年 9 月 24 日，采集人为孙长海。

副模：4 雄性，采集资料同正模，保存于南京农业大学昆虫标本馆。

材料：14 雄性，样点 17。

描述：前翅 4.8～5.3 mm(n=10)，翅浅褐色，体黄色。

雄性外生殖器：第九节背板侧面观后缘上半部具梯形突起，第九节腹板基部窄，后加宽呈矩形。上附肢近三角形，末端钝圆，背缘中央具六七个小刺，末端内侧也具数个小刺。第十节腹突细小，外侧各具一横侧突。下附肢腹面观向内侧弯曲，末端圆润，略扭曲，内突呈三角形。阳茎基呈筒状，末端腹侧具一突起，阳茎端侧面观呈半圆形骨化片，腹面观中间鼓起，腹侧具一三角形突起，两骨化片中间具膜质结构。

分布：该种分布于江苏省、江西省与湖北省。

命名：沿用田立新与李佑文在1992年所拟中文名。

(2) 椭圆径石蛾 *Ecnomus ellipticus* Li & Morse, 1997 如图5.44所示。

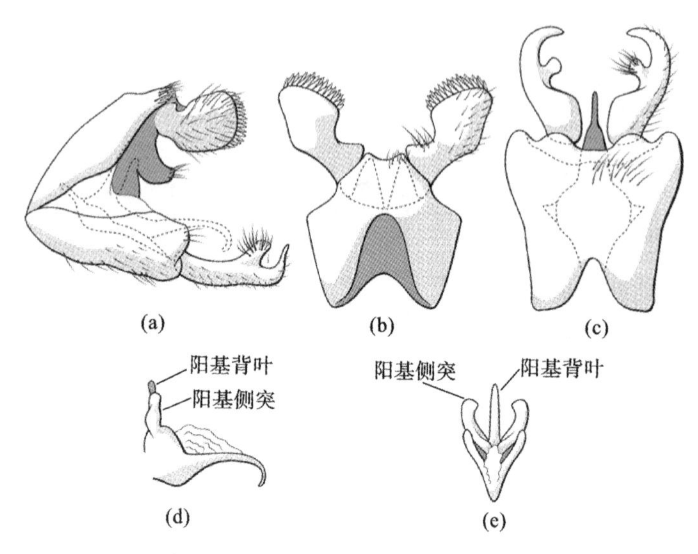

图 5.44 椭圆径石蛾(黄陂)

(a)左侧面观；(b)背面观；(c)腹面观；(d)阳茎，左侧面观；(e)阳茎，后面观

Ecnomus ellipticus Li & Morse, 1997: 102-103, figs. 46-48; Oláh & Malicky, 2010: 27。

正模：雄性，安徽省，泾县，泾县东33 km，宋村，定西河，海拔120 m，1990年6月8日，采集人为Morse J. C.、李佑文和孙长海。

副模：7雄性，采集资料同正模；1雄性，四川省，平武县，平武县东17 km，涪江支流，海拔1050 m，1990年6月27日，采集人为李佑文和YJL，保存于南京农业大学昆虫标本馆；2雄性，湖北省，麻城市，zheng-shui-he，麻城东北15 km，龟山茶场南1 km，海拔250 m，1990年7月13日，采集人为Morse J. C.和王士达，保存于克莱姆森大学昆虫标本馆。

材料：1雄性，样点16。

描述：前翅5.4 mm(n=1)，翅浅褐色，体灰褐色。

雄性外生殖器：第九节背板侧面观窄，背侧具少量刚毛，背面观中间微凹陷；第九节腹板腹面观后缘呈波浪状。第十节腹叶侧面观较粗，端部平截，背面观呈三角形。上附肢侧面观基部较窄，后半段呈椭圆形，背面观较为粗短，基部向外，中部开始向后弯曲，后内侧具大量小刺。下附肢侧面观直，端部强烈变细并向背侧弯曲，下附肢横突指向背侧，末端圆润；腹面观基部较粗，端部渐细，相向弯曲。阳茎基宽，阳基侧突后面观略相向弯曲，阳基背突呈指状，阳茎端呈槽状，腹面观呈三角形，端部收细，侧面观端部渐细并向腹面弯曲，阳茎背侧具多层膜质结构。

分布：该种分布较广，分布于中国安徽省、四川省与湖北省，越南。

命名：中文名根据种名意译新拟。

(3) 宽阔径石蛾 *Ecnomus latus* Li & Morse，1997 如图 5.45 所示。

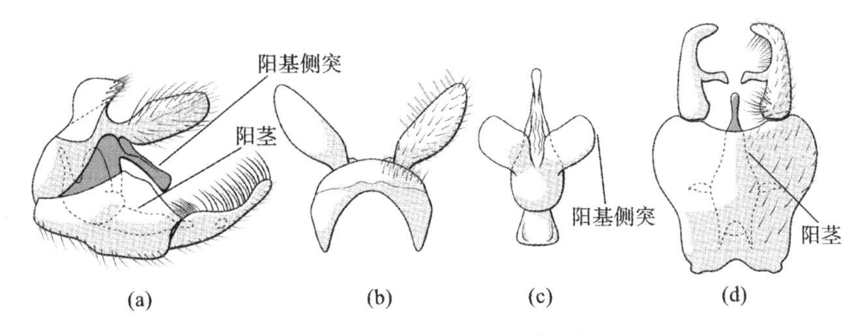

图 5.45　宽阔径石蛾(信阳)

(a)左侧面观；(b)背面观；(c)阳茎，背面观；(d)腹面观

Ecnomus latus Li & Morse，1997：99-100，figs. 31，33；Leng，et al，2000：13。

正模：雄性，江西省，婺源县，婺源北 57 km，清华河，海拔 250 m，1990 年 5 月 25 日，采集人为 Morse J. C. 、李佑文和 YJL。

副模：1 雄性，采集资料同正模；1 雄性，江西省，贵溪县(现为贵溪市)，贵溪县东南 5 km，西溪河，海拔 210 m，1990 年 6 月 5 日，采集人为李佑文，保存于南京农业大学昆虫标本馆；2 雄性，安徽省，泾县，泾县东 33 km，宋村，定西河，海拔 120 m，1990 年 6 月 8 日，采集人为 Morse J. C. 、李佑文和孙长海，保存于克莱姆森大学昆虫标本馆。

材料：2 雄性，样点 9(2015-7-11)。

描述：前翅 5.3～5.5 mm(n=2)，翅浅褐色，体灰褐色。

雄性外生殖器：第九节背板背侧具刚毛；第九节腹板侧面观基部窄，中后部较宽，腹面观端部膨大。第十节腹叶较小。上附肢侧面观基部窄，端部呈椭圆形，背面观呈叶状，近基部相对弯曲，内侧具少量长短不一的小刺。下附肢侧面观基部宽，中部开始收缩，端部圆润；腹面观端部略收缩并相向弯曲，下附肢横突侧面观不可见，腹面观端部呈三角形，向前弯曲。阳茎基侧面观较宽，腹面观基部具一对突起；阳茎端呈槽状，端部收细，腹面观呈三角形，末端圆润，阳茎背侧具多层膜质结构；阳基侧突侧面观扁平，背面观宽扁呈椭圆形。

分布：该种原分布于江西省与安徽省，现增加河南省的采集记录。

命名：中文名根据种名意译新拟。

(4) 直角径石蛾 *Ecnomus perpendicularis* Li & Morse，1997 如图 5.46 所示。

Ecnomus perpendicularis Li & Morse，1997：111，figs. 89-92。

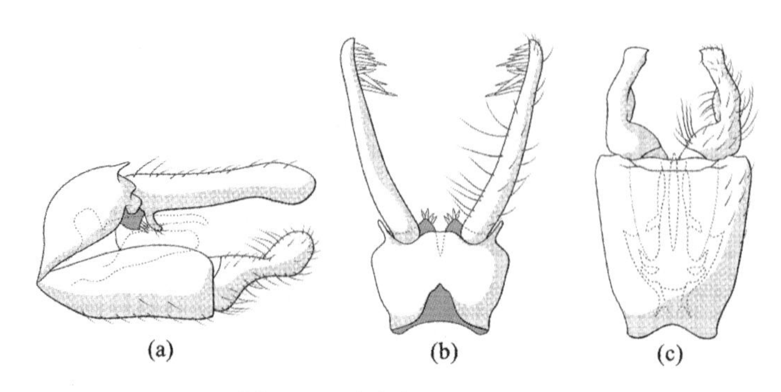

图 5.46 直角径石蛾(罗田)

(a)左侧面观;(b)背面观;(c)腹面观

正模:雄性,四川省,江津县(现为重庆市江津区),四面山,飞龙河,海拔 300 m,1990 年 7 月 7 日,采集人为李佑文,保存于南京农业大学昆虫标本馆。

副模:1 雄性,采集资料同正模,保存于克莱姆森大学昆虫标本馆。

材料:1 雄性,样点 13(2013-7-13)。

描述:前翅 5.5 mm($n=1$),翅浅褐色,体灰黄色。

雄性外生殖器:第九节背板侧面观较宽,背侧具小突起,侧面后缘具瓣状突起,背面观后缘略微突起;第九节腹板侧面观宽,腹面观近梯形。第十节腹叶短,侧面观末端平截,腹面观呈宽三角形,末端具数个小刺。上附肢侧面观呈指状,水平直形,末端具细小长形突起,端部略向下弯,末端圆润,背面观呈指状,内侧近端部具少量长短不一小刺。下附肢侧面观略扭曲,基部宽,中部收缩,端部膨大,末端圆润,腹面观弯曲近直角状,中部具宽短裂叶,端部略相向弯曲,末端内侧具一尖突。阳茎基部宽,具一对角状突起,端部侧面观呈三角形,腹面观较宽,端部强烈收缩,末端尖细;阳茎背突粗,末端圆润;阳基侧突与阳茎近等长,距端部 1/3 处略收缩,端部圆润。

分布:该种模式产地为四川省,现增加湖北省的采集记录。

命名:中文名根据种名意译新拟。

(5) 纤细径石蛾 *Ecnomus tenellus* (Rambur, 1842)如图 5.47 所示。

Philopotamus tenellus (Rambur, 1842): 503。

Ecnomus falcatus Mosely, 1932: 167-168, figs. 4-9 (Synonymized by Schmid & Malicky)。

Ecnomus omiensis Tsuda, 1942: 268-269, fig. 27(Synonymized by Schmid & Malicky)。

Ecnomus tenellus Wang, 1963: 55-56, figs. 1-5; Oláh, 1994: 282; Kumanski, 1997: 74, 80; Leng, et al, 2000: 13; Minakawa, et al, 2004:52;

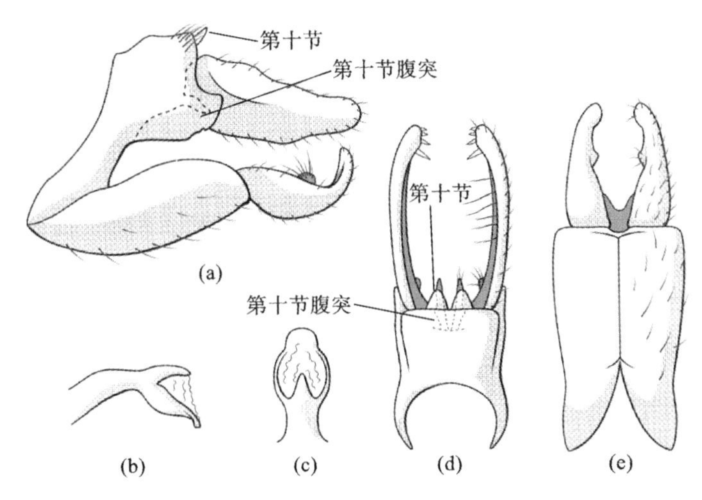

图 5.47　纤细径石蛾（红安）

（a）左侧面观；（b）阳茎，左侧面观；（c）阳茎，背面观；（d）背面观；（e）腹面观

Ivanov，2011：190。

正模：法国。

材料：3 雄性，样点 9（2015-7-11）；9 雄性，样点 16；6 雄性，样点 17。

描述：前翅 4.0～5.1 mm（n＝10），翅浅褐色，体灰黄色。

雄性外生殖器：第九节背板侧面观后缘中上部具一块平行四边形突起，下部收窄，腹面观后缘平；第九节腹板侧面观较背板基部宽，腹面观近矩形，前缘具尖锐凹陷。第十节未完全消失，侧面观呈小突起，腹面观呈三角形，第十节腹叶较细长，背面观外侧具小突起。上附肢侧面观近三角形，背缘薄，外侧略凹陷，背面观较扁，内侧具较长的刚毛，末端内侧具数根小刺。下附肢侧面观呈弯钩状，基部较粗，端部较窄，腹面观近三角形，端部相向弯曲，末端圆润；下附肢横突较小，呈圆形，腹面观呈三角形。阳茎基呈筒状，阳茎端侧面观裂为上、下两支，背面观上支较小，呈三角形，下支较大，呈圆形，端部具半圆形突起，侧面观下支向腹面凹陷，两支之间具大量膜质结构。

分布：该种分布极广，分布于整个古北界及东洋界，多个国家均有采集记录，我国有采集记录的地区包括广东省、安徽省、江西省、江苏省、湖北省、四川省、云南省、西藏自治区及台湾省，现增加河南省的采集记录。

命名：中文名根据种名意译新拟。

（6）山科径石蛾 *Ecnomus yamashironis* Tsuda，1942 如图 5.48 所示。

Ecnomus yamashironis Tsuda，1942：267-268，figs. 25-26；Tsuda & Botosaneanu，1970：302-303，plate 28，fig. 3，doubtful identification；Li &

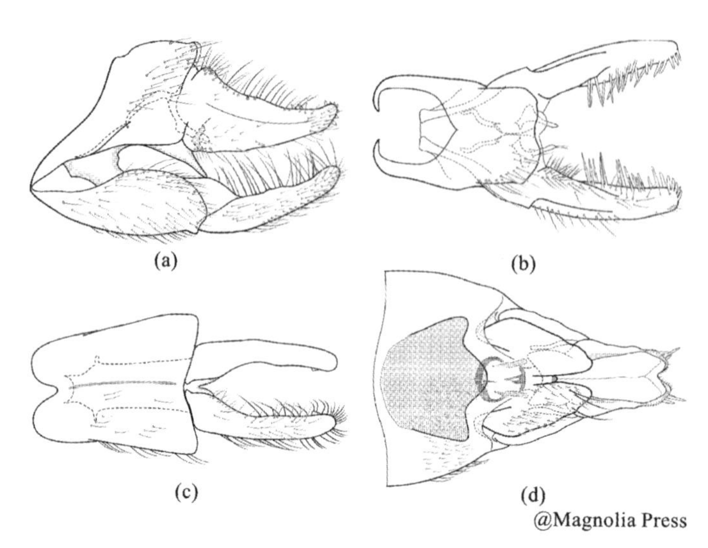

图 5.48　山科径石蛾(根据 Kuhara 2016 年的研究进行重绘，经版权方 Zootaxa www.mapress.com/j/zt 同意复制)

(a)左侧面观；(b)背面观；(c)腹面观；(d)雌性外生殖器，腹面观

Morse，1997：94-95，figs. 14-16；Kuhara，2016：565-566。

分布：此种原分布于日本京都山科，李佑文与 Morse J. C.(1997)在湖北省麻城市桐枧冲河及江西省贵溪市报道此种。本研究中未采集到此种。

命名：中文名根据种名意译新拟。

第六节　多距石蛾科

多距石蛾科(Polycentropodidae Ulmer，1903)具两亚科，20 属，但其中 Kambaitipsychinae Malicky，1992 亚科极小，仅包含 1 属 2 种且在我国没有记录。另一亚科(Polycentropodinae，Ulmer，1903)分 19 属，超过 600 种；我国记录有 6 属 82 种。钟花等人曾对我国的多距石蛾进行较为系统的研究；本节中所用术语即参考钟花等人的研究。

本研究中采集到 1 种闭径多距石蛾属 *Nyctiophylax* Brauer，1865、2 种缘脉多距石蛾属 *Plectrocnemia* Stephen，1836 及 2 种缺叉多距石蛾属 *Polyplectropus* Ulmer，1905。

大别山脉地区多距石蛾科分属检索表

1　　前翅具第 1 叉 ………………………………………………………… 2

1’　前翅缺第 1 叉 …………………………… 闭径多距石蛾属 *Nyctiophylax*

2(1)　后翅 DC 开放 …………………………… 缺叉多距石蛾属 *Polyplectropus*

2’　后翅 DC 封闭 …………………………… 缘脉多距石蛾属 *Plectrocnemia*

1. 闭径多距石蛾属 *Nyctiophylax* Brauer，1865

模式种：*Nyctiophylax sinensis* Brauer，1865。

前翅具第Ⅱ、Ⅲ、Ⅳ、Ⅴ叉，DC 及 MC 闭合，缺 A_1-A_2 横脉；后翅具第Ⅱ、Ⅴ、叉，DC 封闭，MC 开放。

本研究采集到闭径多距石蛾属 1 种。

闭径多距石蛾属分种检索表

1　下附肢腹面观端部圆润，内侧具宽大突起 …… 艾氏闭径多距石蛾 *N. aliel*

1’　下附肢腹面观端部尖锐，内侧具小突起 ………………………………………………………………………………… 巨喙闭径多距石蛾 *N. macrorrhinus*

(1) 艾氏闭径多距石蛾 *Nyctiophylax aliel* Malicky，2012 如图 5.49 所示。

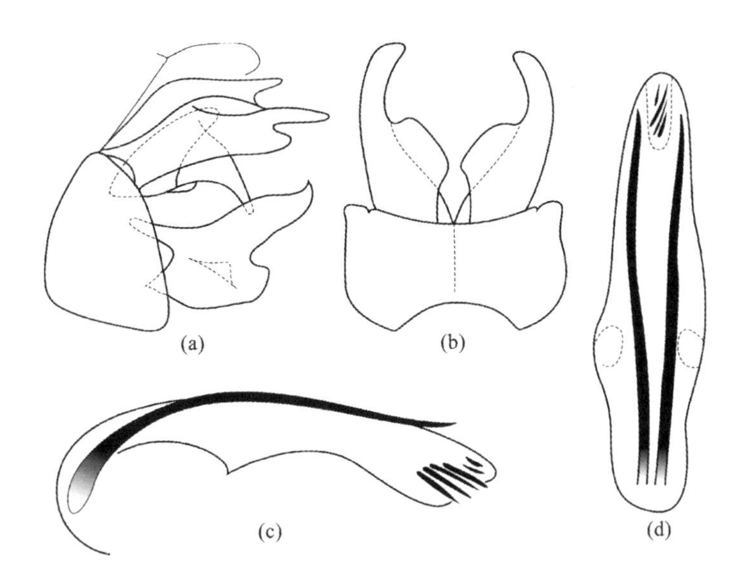

图 5.49　艾氏闭径多距石蛾(根据 Malicky 2012 年的研究进行重绘，经版权方同意复制)

(a)左侧面观；(b)腹面观；(c)阳茎，左侧面观；(d)阳茎，腹面观

Nyctiophylax aliel Malicky，2012：1274，plate 8。

正模：雄性，河南省，罗山县，灵山，31°54′ N，114°13′ E，海拔 300～500 m，1999 年 5 月 25 日，采集人为 Kyselak，由 Malicky 私人收藏。

分布：Malicky 于 2012 年在罗山县报道此种，本研究中未采集到此种。

命名:中文名根据种名意译新拟。

(2) 巨喙闭径多距石蛾 *Nyctiophylax macrorrhinus* Zhong, Yang & Morse, 2014 如图 5.50 所示。

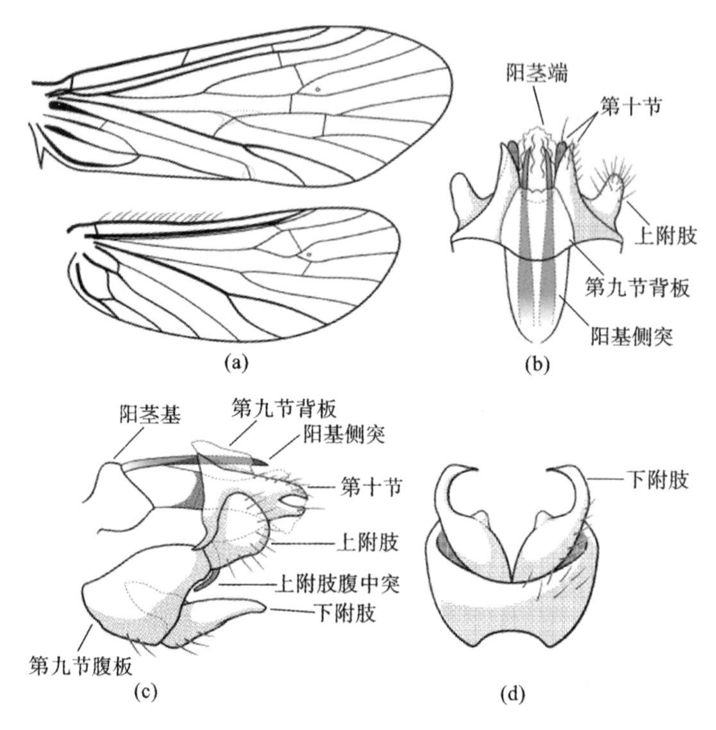

图 5.50 巨喙闭径多距石蛾(黄陂)

(a)前后翅脉相;(b)背面观;(c)左侧面观;(d)腹面观

Nyctiophylax macrorrhinus Zhong, et al,2014:278-279, figs. 4a-d。

正模:雄性,安徽省,黄山市,祁门县,彭龙乡,湘东村 29°48′N,117°42′E,2003 年 9 月 27 日,采集人为单林娜和孙长海,保存于南京农业大学昆虫标本馆。

副模:2 雄性,安徽省,黄山市,祁门县,历溪,双河口,桃源里支流,29°48′N,117°42′E,2003 年 8 月 26 日,采集人为孙长海和单林娜;6 雄性,黄山市,祁门县,历溪:双河口,桃源里支流,29°48′N,117°42′E,2003 年 6 月 26 日,采集人为 Shan L-n 和 Lu S;1 雄性,黄山市,祁门县,历溪:双河口上游 50 m,桃源里支流,2002 年 5 月 30 日,采集人为单林娜和 Hu B-j。

材料:2 雄性,样点 16。

描述:前翅 4.4～4.5 mm(n=2),翅浅褐色,体浅黄色。

雄性外生殖器:第九节背板小,骨化弱;第九节腹板较大,侧面观近梯形。第十节背面观呈三角形,侧面观分叉,背支披密毛,末端尖,腹支仅端部具一根刚毛,末端圆润。上附肢侧面观呈卵圆形,背面观呈指状,长度约为宽度的两倍,披毛。

下附肢侧面观直，基部宽而末端渐细；腹面观基半部呈橄榄形，中间内侧具一半圆形片状突起，端半部较细，末端相向强烈弯曲并收细呈鸟喙状。阳茎基呈杯状，阳茎端膜质，阳基侧突一对，基部较粗而端部渐细，末端尖并略微相向弯曲。

分布：该种原分布于安徽省，现增加湖北省的采集记录。

命名：中文名根据种名意译新拟。

2. 缘脉多距石蛾属 *Plectrocnemia* Stephens, 1836

模式种：*Hydropsyche senex* Pictet, 1834（= *Plectrocnemia conspersa* Curtis, 1834）。

前翅具第Ⅰ、Ⅱ、Ⅲ、Ⅳ、Ⅴ叉，第Ⅰ、Ⅲ叉具柄，DC 及 MC 闭合；后翅具第Ⅱ、Ⅲ、Ⅴ叉，DC 及 MC 开放。

本研究采集到缘脉多距石蛾属 3 种。

缘脉多距石蛾属分种检索表

1　下附肢腹面观长与宽相近 ………………………………………… 2
1'　下附肢腹面观长远大于宽 ……………… 中华缘脉多距石蛾 *P. chinensis*
2(1)　中附肢分叉 ……………………………… 锄形缘脉多距石蛾 *P. hoenei*
2'　中附肢不分叉 …………………… 隐突缘脉多距石蛾 *P. cryptoparamere*

(1) 中华缘脉多距石蛾 *Plectrocnemia chinensis* Ulmer, 1926 如图 5.51 所示。

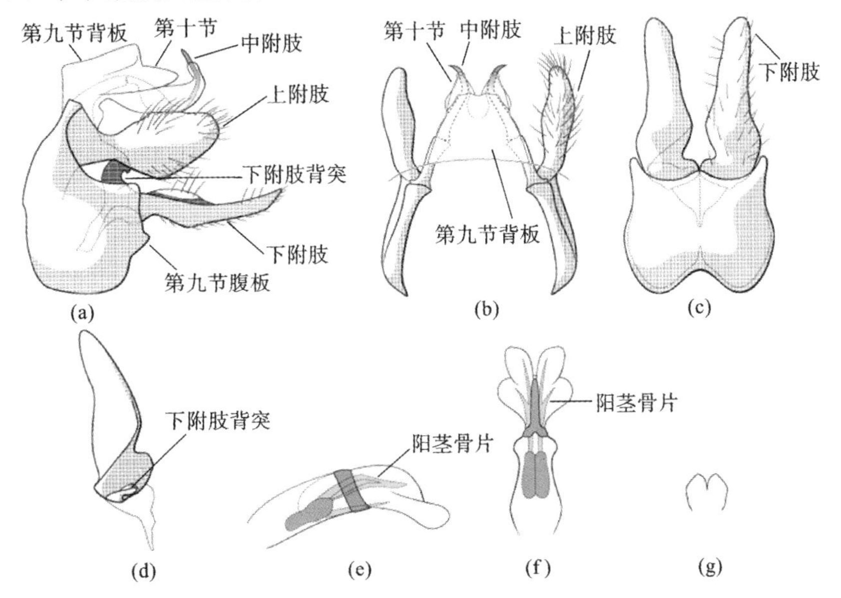

图 5.51　中华缘脉多距石蛾（罗田）

(a)左侧面观；(b)背面观；(c)腹面观；(d)右侧下附肢，背面观；(e)阳茎，左侧面观；(f)阳茎，腹面观；(g)腹中突，腹面观

Plectrocnemia chinensis Ulmer, 1926: 41-41, figs. 26-28; Ulmer, 1932: 139; Li, 1998: 52-54, figs. 3.4-3.6; Wang, et al, 1998: 153; Zhong, 2006: 49; Zhong, et al, 2012: 16; Leng, et al, 2000: 13。

正模:雄性,广东省,Sahmgong。

材料:1雄性,样点13(2013-7-13);1雄性,样点13(2014-5-28);1雄性,样点13(2015-7-18)。

描述:前翅长5.5~6.2 mm(n=3)翅暗褐色,体棕色。

雄性外生殖器:第九节背板膜质,侧面观呈矩形,腹面观呈梯形;第九节腹板侧面观近方形,背侧具三角形突起,腹面观较宽。第十节膜质,侧面观呈椭圆形,背面观分叉为一对三角形裂叶。中附肢末端强烈骨化,侧面观向背前侧弯曲,背面观相对弯曲,外侧围绕一层膜质。腹中突愈合达自身长度的2/3,腹面观整体近五边形。上附肢侧面观基部呈三角形,端部呈卵圆形,侧面观呈指状,披毛。下附肢侧面观略向背侧弯曲,背突呈强壮的弯钩状;腹面观下附肢略相对弯曲,内侧呈三角形突起,腹面观背突呈指状,向内侧延伸。阳茎基轻微骨化,阳茎骨片分叉,阳茎端膨大分为两对裂叶。

分布:该种原分布于广东省、江西省、河南省与浙江省,现增加湖北省罗田县的采集记录。

命名:沿用王备新等人在1998年所拟中文名。

本研究中的三个标本与Ulmer和李佑文的描述与绘图对比,上附肢更加短与圆润,可能为该种内的个体差异。

(2) 隐突缘脉多距石蛾 *Plectrocnemia cryptoparamere* Morse、Zhong & Yang, 2012 如图5.52所示。

Plectrocnemia cryptoparamere Morse, Zhong & Yang, 2012: 44-46, figs. 3a-e。

正模:雄性,湖北省,麻城市,麻城北27 km处,桐枧冲河,31°6′N,115°0.6′E,海拔150 m,1999年7月12日,采集人为Morse J. C.和杨莲芳。

分布:Morse J. C.等人于2012年在麻城市报道此种,本研究中未采集到此种。

命名:中文名根据种名意译新拟。

(3) 锄形缘脉多距石蛾 *Plectrocnemia hoenei* Schmid, 1965 如图5.53所示。

Plectrocnemia hoenei Schmid, 1965: 146, plate 7, fig. 1-3; Wang, et al, 1998: 153; Li, 1998: 63-64, figs. 3.1-3.3, 3.37-3.42; Mey, 2005: 281; Zhong, 2006: 65-67, figs. 2-41a-d。

正模:雄性,浙江省,西天目山。

材料:1雄性,样点4(2015-10-3);17雄性,样点13(2014-7-12);28雄性,样点

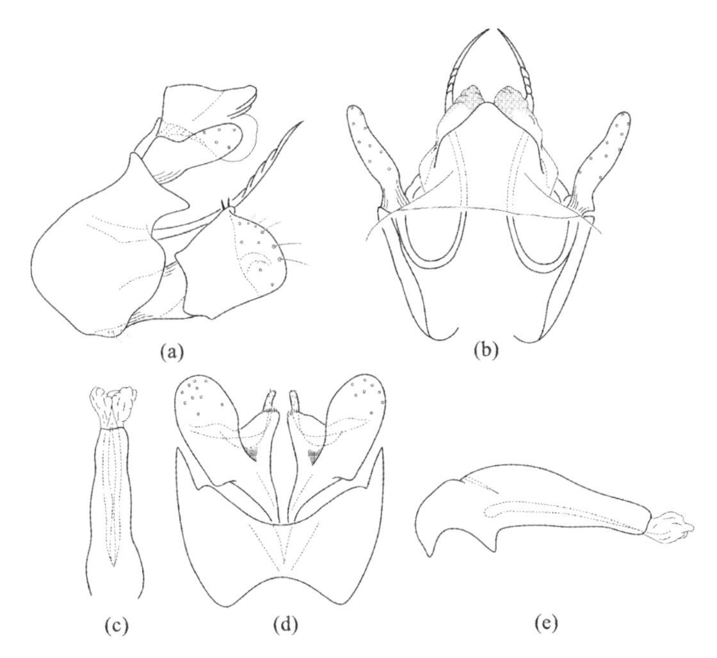

图 5.52　隐突缘脉多距石蛾(根据 Morse J. C. 等人 2012 年的研究进行重绘,经版权方同意复制)

(a)左侧面观;(b)背面观;(c)阳茎,腹面观;(d)腹面观;(e)阳茎,左侧面观

13(2019-7-7);2 雄性,样点 15。

描述:前翅长 5.0～6.3 mm(n=10),翅褐色,体浅棕色。

雄性外生殖器:第九节背板膜质化,侧面观呈三角形,长度约为宽度的三倍,末端圆润,腹板较发达,侧面观近矩形。第十节膜质化,侧面观呈扁平状,背面观末端分叉。中附肢与第十节基部愈合,基部分叉,背支侧面观向背侧弯曲,背面观相向弯曲,腹支侧面观直,背面观基部相对,而后强烈弯曲达 90°指向后侧。腹中突单个呈平行四边形,基部略微愈合,披小刺。下附肢端部分为三短支,最外侧一支呈三角形,中间一支最为宽扁,最内侧一支最长,呈指状,内侧具 4～5 根小刺。阳茎主体呈筒状,轻微骨化,阳茎端膜质,腹侧具一槽状凹陷。阳基侧突从基部开始互相愈合至中部。

分布:该种原分布于浙江省、四川省、陕西省、江西省与安徽省,越南也有采集记录,现增加湖北省的采集记录。

命名:沿用王备新等人在 1998 年所拟中文名。

3. 缺叉多距石蛾属 *Polyplectropus* Ulmer, 1905

模式种:*Polyplectropus flavicornis* Ulmer, 1905。

前翅具第Ⅰ、Ⅱ、Ⅲ、Ⅳ、Ⅴ叉,DC 和 MC 闭合;后翅具第Ⅱ、Ⅴ叉,DC 和 MC 开放。

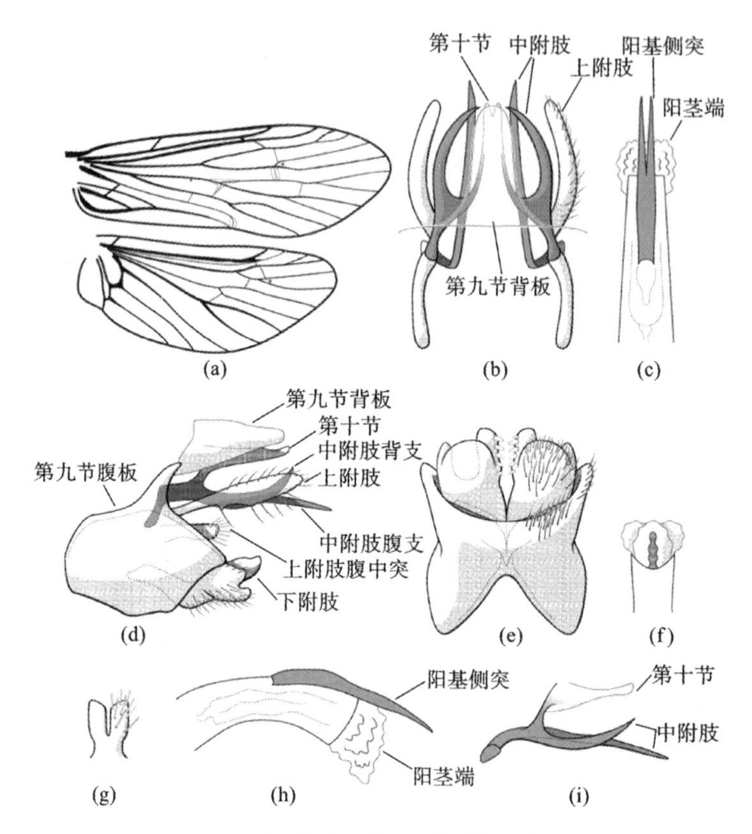

图 5.53　锄形缘脉多距石蛾(罗田)

(a)前后翅脉相;(b)背面观;(c)阳茎,背面观;(d)左侧面观;(e)腹面观;(f)阳茎端部,腹面观;(g)腹中突,腹面观;(h)阳茎,左侧面观;(i)第十节与中附肢,左侧面观

本研究采集到缺叉多距石蛾属 2 种。

缺叉多距石蛾属分种检索表

1　下附肢腹面观端部具钩状突 ………… 钩状缺叉多距石蛾 *P. unciformis*

1'　下附肢腹面观端部不具钩状突 ………………………………………… 2

2(1')　下附肢腹面观内侧圆润无突起 ……… 扁平缺叉多距石蛾 *P. explanatus*

2'　下附肢腹面观内侧具多个突起 …………… 尖锐缺叉多距石蛾 *P. acutus*

(1) 尖锐缺叉多距石蛾 *Polyplectropus acutus* Li & Morse，1997 如图 5.54 所示。

Polyplectropus acutus Li & Morse，1997：308，figs. 20-23.

正模：雄性，湖北省，麻城市，麻城北 27 km 处，桐枧冲河，31°6′N，115°0.6′E，

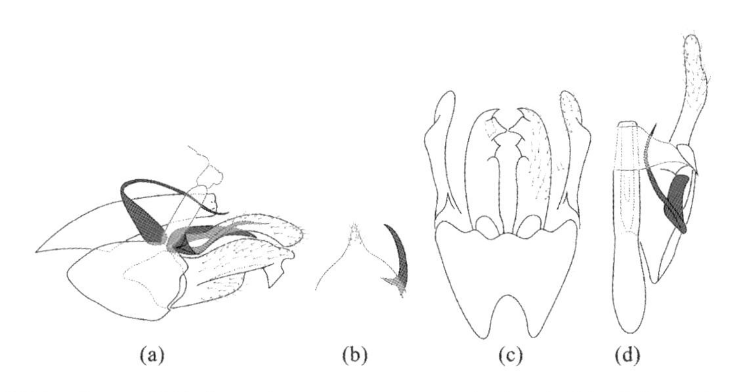

图 5.54 尖锐缺叉多距石蛾(根据 Li 和 Morse J. C. 1997 年的研究进行重绘,经版权方同意复制)

(a)左侧面观;(b)亚阳茎骨片,腹面观;(c)腹面观;(d)背面观(右侧略去)

海拔 150 m,1999 年 7 月 12 日,采集人为 Morse J. C. 和杨莲芳。

分布:李佑文与 Morse J. C. 于 1997 年在麻城市报道此种,本研究中未采集到此种。

命名:中文名根据种名意译新拟。

(2) 扁平缺叉多距石蛾 *Polyplectropus explanatus* Li & Morse, 1997 如图 5.55 所示。

Polyplectropus explanatus Li & Morse, 1997: 302, 307, figs. 7-11; Zhong, 2006: 17-18, figs. 2-5。

正模:雄性,江西省,Cong-an 北 38 km,省界 2 km 内,海拔 550 m,1990 年 5 月 26 日,采集人为孙长海。

副模:8 雄性,江西省,玉山县,三清山,双溪河,玉山以南 80 km,海拔470 m,1990 年 5 月 27—28 日,采集人为 Morse J. C. 和孙长海;4 雄性,婺源县,清华河,婺源以北 57 km,海拔 250 m,1990 年 5 月 25 日,采集人为 Morse J. C. 、杨莲芳和孙长海。

材料:1 雄性,样点 13(2013-7-13);4 雄性,样点 13(2015-6-10)。

描述:前翅长 5.8～6.2 mm(n=4),翅棕黄色,体棕色。

雄性外生殖器:第九节背板膜质,与第十节愈合,侧面观较宽,背面观呈梯形;第九节腹板侧面观呈卵圆形,背侧后部向背侧延伸,腹面观后缘具矩形缺刻,缺刻中央具一小突起。中附肢侧面观基部指向背前方,后强烈弯曲指向尾端,末端具一小刺。上附肢侧面观分为两支,背支呈指状,较短,端部具一小刺,腹支中部收缩,端部圆润;背面观上附肢内侧具一指状小突起,末端具一尖刺,腹侧向内弯曲,内缘末端具一根刚毛。腹中突侧面观近三角形,腹面观呈圆形而端部具三角形小缺刻,中间凹陷,具少量刚毛。下附肢侧面观近指状,末端略微分叉,背支较厚,骨化较强,腹支较薄而骨化较弱,腹面观下附肢相向弯曲。阳茎呈筒状,基部较宽,

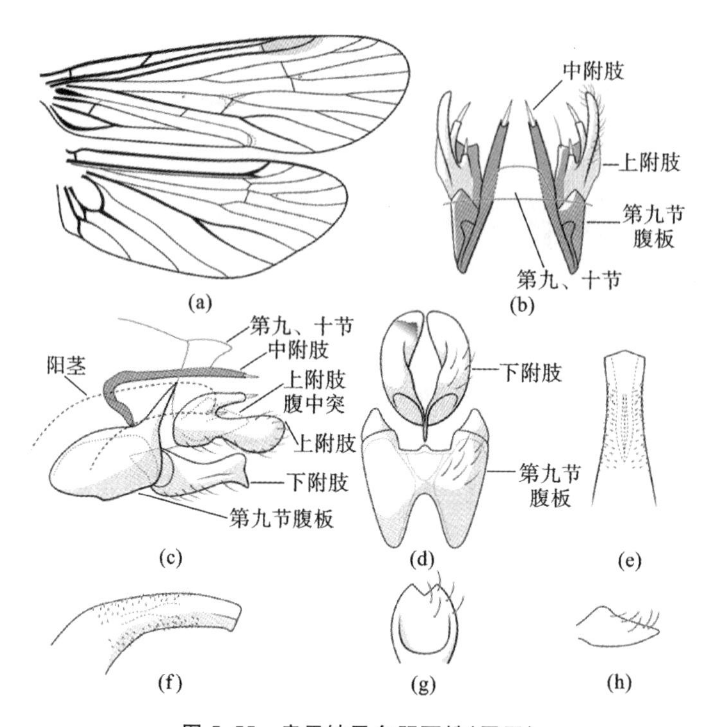

图 5.55　扁平缺叉多距石蛾(罗田)

(a)前后翅脉相;(b)背面观;(c)左侧面观;(d)腹面观;(e)阳茎,腹面观;
(f)阳茎,左侧面观;(g)腹中突,背面观;(h)腹中突,侧面观

中间一段披小刺,阳茎骨片一对,细长。

分布:该种原分布于江西省、河南省与广东省,现增加湖北省的采集记录。

命名:沿用钟花在 2006 年所拟中文名。

(3) 钩状缺叉多距石蛾 *Polyplectropus unciformis* Zhong, Yang & Morse, 2008 如图 5.56 所示。

Polyplectropus unciformis Zhong, Yang & Morse, 2008:602-604, figs. 19-24。

正模:雄性,河南省,信阳市,鸡公山,32°4.2′N,114°2.4′E,1997 年 7 月 11 日。采集人为王备新。

副模:3 雄性,河南省,信阳市,鸡公山,1997 年 7 月 10 日,采集人为王备新。

材料:1 雄性,样点 13(2014-7-12)。

描述:前翅长 5.5 mm(n=1),翅黄褐色,体浅褐色。

雄性外生殖器:第九节背板膜质,侧面观呈半圆形,腹面观近梯形;第九节腹板侧面观近椭圆形,背侧后角向背侧延伸。第十节侧面观呈指状,背面观分叉,呈

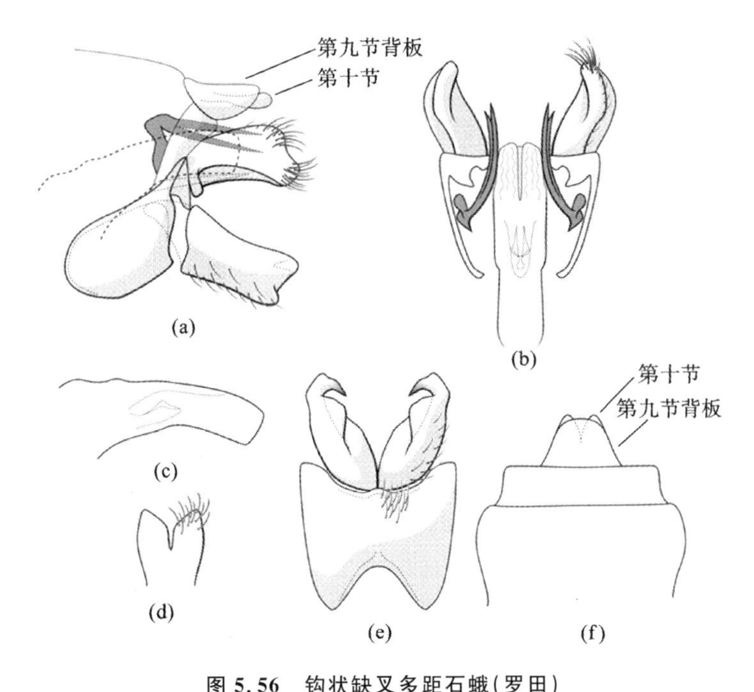

图 5.56 钩状缺叉多距石蛾(罗田)

(a)左侧面观;(b)背面观,第九节与第十节略去;(c)阳茎,左侧面观;
(d)腹中突,腹面观;(e)腹面观;(f)背面观

三角形。中附肢侧面观指向背侧,后向尾端强烈弯曲并分叉,背面观相对弯曲。上附肢较为粗壮,背缘较薄而腹侧较厚,基部下缘具一小突起,中部呈三棱柱状,端部平截,腹背两角圆润,披毛。腹中突愈合达自身长度的一半,端部具少量刚毛。下附肢侧面观近矩形,腹面观呈橄榄形,腹侧具宽扁突起,端部相向弯曲呈钩状并骨化。阳茎呈筒状,端部膜质,背面观端部背侧具一细沟。

分布:该种原分布于河南省,现增加湖北省的采集记录。

命名:沿用钟花在2006年所拟中文名。

第七节 背突石蛾科

背突石蛾科(Pseudoneureclipsidae Ulmer, 1951)原本为多距石蛾科一亚科,后来由李佑文等人移入畸距石蛾科,又于2011年升级为科。当前没有对应中文名(背突石蛾科是本书新拟的,以前没有中文名)。由于本科大部分种的下附肢基部具一弯钩状背突,故新拟名为背突石蛾科。李佑文等人认为,该科姐妹群是畸距石蛾科(Dipseudopsidae)。本研究采集到的背突石蛾由李佑文发表,故本节术语参考他的研究。

背突石蛾属 *Pseudoneureclipsis* Ulmer，1913。

模式种：*Pseudoneureclipsis ramose* Ulmer，1913。

单眼毛瘤与单眼前毛瘤愈合呈三角形，枕毛瘤横向。后翅缺第Ⅴ叉。雄虫下附肢具弯曲的背基突。

本研究采集到背突石蛾属 1 种。

田氏背突石蛾 *Pseudoneureclipsis tiani* Li，2001 如图 5.57 所示。

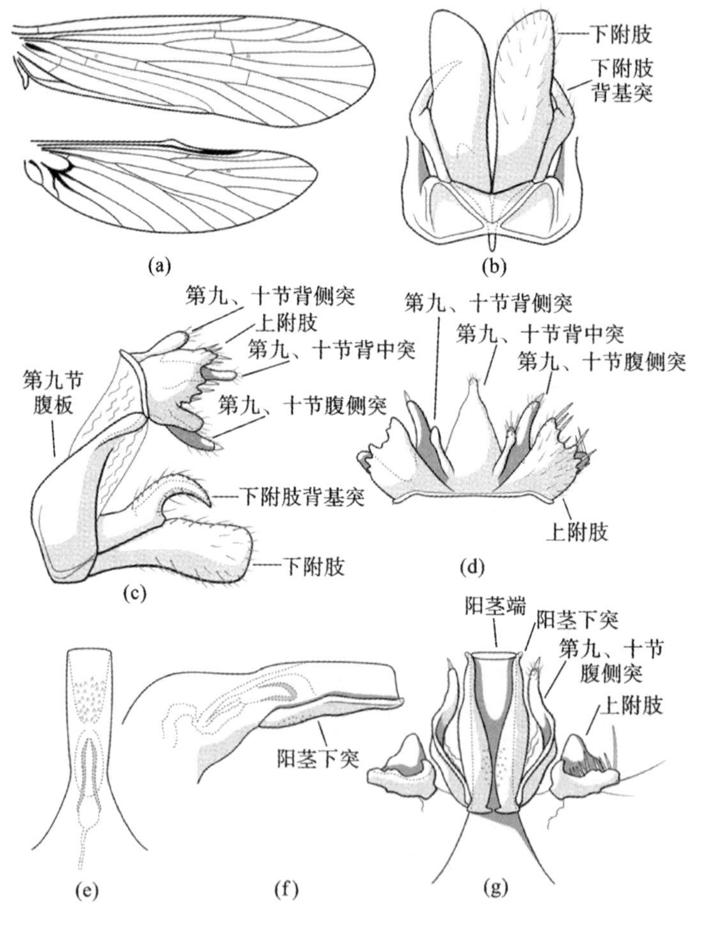

图 5.57　田氏背突石蛾(罗田)

(a)前后翅脉相；(b)腹面观；(c)左侧面观；(d)背面观；(e)阳茎，背面观；

(f)阳茎，左侧面观；(g)腹面观，下附肢与第九节略去

Pseudoneureclipsis tiani Li，2001：112-114，figs. 2-9。

正模：雄性，安徽省，歙县，丰源，杨家坦，海拔 215 m，1992 年 5 月 24 日，采集

人为 Morse J. C. 和孙长海。

副模：雄性，四川省，峨眉山，净水西 3 km，1990 年 7 月 1 日，采集人为李佑文和 Chen。

材料：3 雄性，样点 10；1 雄性，样点 13(2013-7-13)；5 雄性，样点 13(2014-5-28)；4 雄性，样点 13(2014-7-12)；28 雄性，样点 13(2015-6-10)；4 雄性，样点 13(2019-7-7)。

描述：前翅长 5.8～6.8 mm(n=10)。

雄性外生殖器：第九节背板与第十节愈合，骨化较弱，背面观呈三角形，末端圆润，背侧与腹侧分别具一对指状突起；背侧突起长度约为主体的一半，末端具一簇刚毛；腹侧突起背面观约与主体等长，末端具一小刺，腹面观基半部扁平，略微扭曲。第九节腹板侧面观近倒梯形。上附肢形状不规则，后缘具数个突起并着生小刺，腹侧具一指状突起，其内侧具一排小刺，最末端具一长刺。下附肢近矩形，末端平截，下附肢背基突长度约为下附肢长度的 4/5，基半部呈矩形而端半部向腹侧呈弯钩状。阳茎基背面观呈喇叭状，阳茎呈筒状，内具一对细长骨片，阳茎端陷入筒内，具大量小刺；阳茎下突扁平，长度约为阳茎长度的 2/3，腹侧近基部具少量鳞片状小刺，端部也有小刺。

分布：该种原分布于安徽省与四川省，现增加河南省与湖北省的采集记录。

命名：中文名根据种名意译新拟。

第八节 蝶石蛾科

蝶石蛾科(Psychomyiidae Walker, 1852)目前有两亚科，8 属。最大两属为蝶石蛾属与齿叉蝶石蛾属。李佑文与 Morse J. C. 曾对该属间系统发育进行了形态学分析，并对蝶石蛾属进行梳理。齿叉蝶石蛾属多样性较高，目前属内有近 300 种，但除李佑文的博士论文外，没有较为全面的系统发育研究。本科内部分常见种幼虫曾被多次描述，对不同属的幼虫之间形态差异也有一定程度的了解。该种幼虫以细沙筑巢，巢形似附着于石块上的弯曲排水管，幼虫于巢中活动并刮食石上着生的藻类。

蝶石蛾科在我国的采集记录中有 3 属，分别是多节蝶石蛾属(*Paduniella* Ulmer, 1913，8 种)、蝶石蛾属(*Psychomyia* Latreille, 1829，10 种)与齿叉蝶石蛾属(*Tinodes* Curtis, 1834，10 种)。本研究中采集到多节蝶石蛾属(*Paduniella*)1 种、蝶石蛾属(*Psychomyia*)及齿叉蝶石蛾属(*Tinodes*)6 种。本节术语参考李佑文与 Morse J. C. 的一系列研究。

大别山脉地区蝶石蛾科分属检索表

1　后翅前缘中部具锐突 …………………………………………………………… 2
1'　后翅前缘中部无锐突,至多为钝圆的隆起 ……… 齿叉蝶石蛾属 *Tinodes*
2(1)　下颚须 6 节,下唇须 4 节;前翅 DC 开放或封闭,后翅缺第Ⅲ叉 ……………………………………………………………… 多节蝶石蛾属 *Paduniella*
2'　下颚须 5 节,下唇须 3 节;前翅 DC 封闭,后翅具第Ⅲ叉或缺第Ⅲ叉 ………………………………………………………………… 蝶石蛾属 *Psychomyia*

1. 蝶石蛾亚科 Psychomyiinae Walker, 1852

1) 多节蝶石蛾属 *Paduniella* Ulmer, 1913

模式种:*Paduniella semarangensis* Ulmer, 1913。

下颚须 6 节。翅细长,后翅末端尖锐,前缘具锐突。前翅 MC 短小,臀脉愈合形成两个臀室;后翅 R_1 退化,R_{2+3} 与 Sc 愈合,第Ⅲ叉缺,具两根臀脉。

本研究采集到多节蝶石蛾属 1 种。

普通多节蝶石蛾 *Paduniella communis* Li & Morse, 1997 如图 5.58 所示。

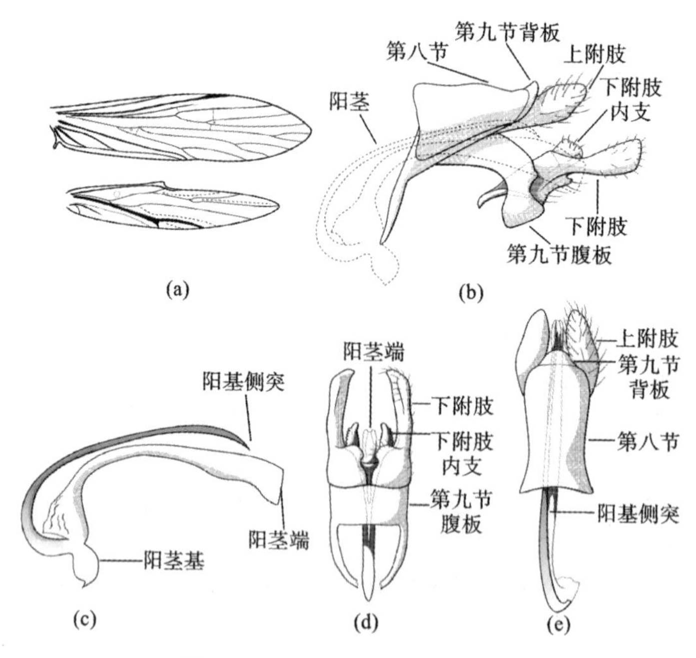

图 5.58　普通多节蝶石蛾(罗田)

(a)前后翅脉相;(b)左侧面观;(c)阳茎,左侧面观;(d)腹面观;(e)背面观

Paduniella communis Li & Morse, 1997: 282, 286; fig. 4, 5, 7-9; Li,

1998：185-186, figs. 9.4-9.5, 9.7-9.9；Leng, et al, 2000：14。

正模：雄性，安徽省，泾县东 33 km 处，宋村，定西河，海拔 120 m，1990 年 6 月 8 日，采集人为 Morse J. C.、孙长海和杨莲芳。

配模：雌性，资料同正模。

副模：4 雄性，2 雌性，安徽省，歙县，杨家坦，丰源，海拔 215 m，1992 年 5 月 25 日，采集人为 Morse J. C. 和孙长海，保存于克莱姆森大学；11 雄性，郎溪县，姚村，永丰河，1990 年 5 月 23 日，采集人为 Morse J. C.、孙长海和杨莲芳；1 雄性，江西省，贵溪县，劳动桥，海拔 240 m，1990 年 6 月 5 日，采集人为 Morse J. C. 和孙长海；15 雄性，婺源县，婺源北 57 km，清华河，海拔 250 m，1990 年 5 月 25 日，采集人为 Morse J. C.、孙长海和杨莲芳；9 雄性，1 雌性，湖北省，京山县，应城市北 50 km，大富水支流，海拔 90 m，1990 年 6 月 17 日，采集人为 Morse J. C.，保存于克莱姆森大学；9 雄性，湖北省，京山县，应城市西北 47 km，大富水支流，海拔 80 m，1990 年 7 月 17 日，采集人为 Morse J. C.；9 雄性，湖北省，应城市，大富水，田店大坝，1990 年 7 月 16 日，采集人为 Morse J. C. 和杨莲芳。

材料：5 雄性，样点 9(2015-7-11)；1 雄性，样点 13(2014-7-12)；1 雄性，样点 14；18 雄性，样点 2。

描述：前翅长 2.5～2.9 mm(n=8)，翅浅棕色，体黄色。

雄性外生殖器：第九节背板侧面观较窄，背面观呈半圆形，第九节腹板侧面观中下部收窄。上附肢侧面观与背面观呈叶状，披毛。下附肢中部略收窄，端部平截，腹面近基部内缘具一矩形宽扁突起；下附肢内叶外缘锯齿状，骨化加强。阳茎基膜质化，阳茎基突基部指向前方，后弯曲达 180°指向后方并骨化，末端尖锐；阳茎侧面观弯曲达 90°，中部最窄，端部加宽，末端背面观呈槽状。

分布：该种原分布于安徽省、江西省与湖北省，现增加河南省的采集记录。

命名：中文名根据种名意译新拟。

2) 蝶石蛾属 *Psychomyia* Latreille, 1829

模式种：*Psychomyia annulicornis* Pictet, 1834 (= *Psychomyia pusilla* Fabricius, 1781)。

翅膀细长，后翅末端尖锐，前缘具锐突。前翅 MC 短小，A_1 与 A_2 愈合；后翅 R_1 退化，R_{2+3} 与 Sc 愈合，第Ⅲ叉存在或缺失，具一根臀脉。

本研究采集到蝶石蛾属 5 种。

蝶石蛾属分种检索表

1	下附肢仅一节 …………………………………………………	2
1’	下附肢具两节 …………………………………………………	3
2(1)	上附肢侧面观呈指状，末端圆润 …………………	广布蝶石蛾 *P. extensa*

2’　上附肢侧面观具多个突起，末端平截 ………… 指茎蝶石蛾 *P. dactylina*

3(1’)　下附肢端肢节具一强烈弯曲的细长突起 ………………………………… 4

3’　下附肢端肢节具多个短突起 ………………… 复杂蝶石蛾 *P. complexa*

4(3)　第九、十节背板不与上附肢愈合 ………… 蝶石蛾 1 *Psychomyia* sp. 1

4’　第九、十节背板与上附肢愈合 ………………… 蝶石蛾 2 *Psychomyia* sp. 2

(1) 指茎蝶石蛾 *Psychomyia dactylina* Sun，1997 如图 5.59 所示。

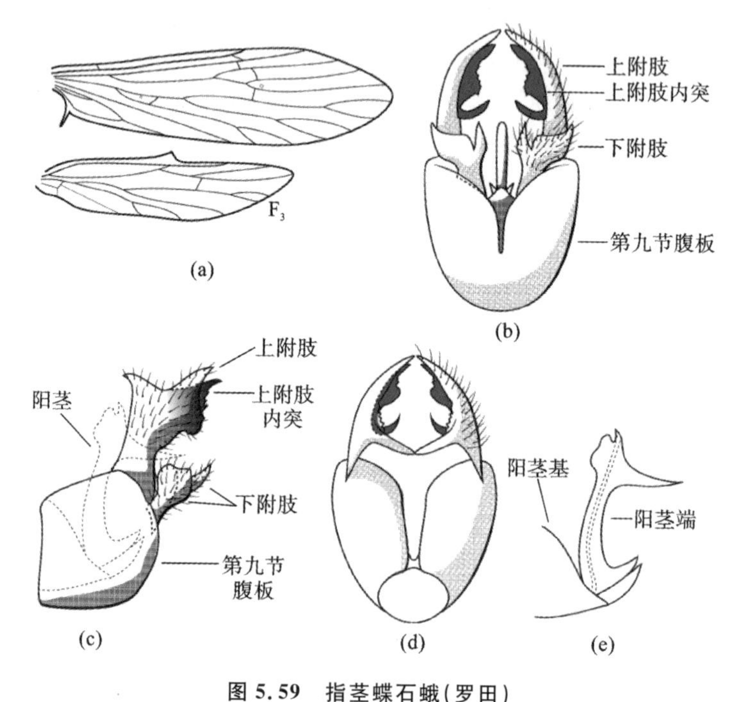

图 5.59　指茎蝶石蛾(罗田)

(a)前后翅脉相；(b)腹面观；(c)左侧面观；(d)背面观；(e)阳茎，左侧面观

Psychomyia dactylina Sun，1997：289-296，fig. 2a-c。

Psychomyia praemorsa Li，1998：266-267，figs. 12.53-12.56。

正模：雄性，河南省，栾川县，龙峪湾林场，海拔 1000 m，1996 年 7 月 10—14 日，采集人为王备新。

副模：1 雄性，资料同正模。

材料：2 雄性，样点 13（2014-7-12）；2 雄性，样点 13（2019-7-7）；4 雄性，样点 15。

描述：前翅长 3.2～3.7 mm(n=5)，翅褐黄色，体棕色，后翅第Ⅲ叉存在，R_{2+3} 终止于 Sc。

雄性外生殖器：第九、十节与上附肢愈合，第九节腹板侧面观近方形，约与上附肢等长。上附肢基部宽，端部平截，侧面观背侧后部向上延伸呈角状，腹侧基部具一突起，背面观上附肢相向弯曲，内侧具一骨化突起，该骨化突起较宽，下部呈角状，上部形状不规则。下附肢分为两支，侧支宽扁，内支呈指状。阳茎基膨大，阳茎端轻微弯曲，后侧基部与近端部各具一角突，前侧近端部具一宽扁裂叶。

分布：该种原分布于河南省，现增加湖北省的采集记录。

命名：沿用孙长海在1997年所拟中文名。

鉴别：该种近似 *Psychomyia forcipata* Martynov，1934。2016年，*P. dactylina*曾被定为*P. forcipata*的异名，但作者对比两个种的标本，发现了以下区别：①*P. dactylina*侧面观上附肢下缘凹陷较大而深，而*P. forcipata*的下缘凹陷较浅；②*P. dactylina*背面观上附肢端部细，外缘轻微弯曲呈圆弧形，而*P. forcipata*背面观上附肢端部膨大，外缘强烈弯曲呈直角状；③腹面观*P. dactylina*下附肢内支短，与侧支端部齐平，而*P. forcipata*内支细长，较侧支长。因此，本书仍将*P. dactylina*当成独立种。

(2) 广布蝶石蛾 *Psychomyia extensa* Li, Sun & Yang, 1999 如图5.60所示。

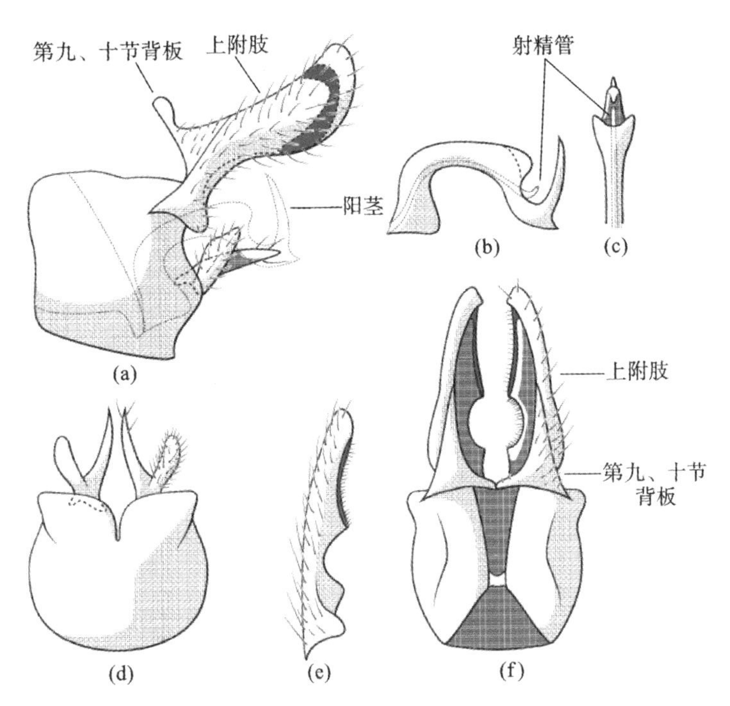

图5.60　广布蝶石蛾(罗田)

(a)左侧面观；(b)阳茎端，左侧面观；(c)阳茎端，背面观；(d)腹面观；(e)下附肢，腹面观；(f)背面观

正模：雄性，湖北省，麻城，龟山茶场，1990年7月13日，采集人为Morse J. C.和王士达。

副模:40 雄性,资料同正模;3 雄性,福建省,武夷山市,九曲溪,1990 年 5 月 31 日,采集人为 Morse J. C.;30 雄性,江西省,贵溪县,1990 年 6 月 5 日,采集人为杨莲芳。

材料:1 雄性,样点 5;8 雄性,样点 13(2013-7-13);5 雄性,样点 13(2014-5-28);51 雄性,样点 13(2014-7-12);46 雄性,样点 13(2015-6-10);1 雄性,样点 13(2015-7-18);103 雄性,样点 13(2019-7-7)。

描述:前翅长 3.0～3.6 mm(n=9),翅棕色,体黄,后翅第Ⅲ叉存在,R_{2+3}终止于 Sc。

雄性外生殖器:第九、十节与上附肢愈合,两者之间具一愈合线,第九节腹板侧面观近方形。上附肢基部宽,腹侧近基部具一圆润突起,背缘侧面观直,末端圆润,背面观内缘中下部具一半圆形缺刻,上附肢内突侧面观弯曲,背面观扁平。下附肢分叉,侧支呈指状,末端圆润,披毛;内支呈角状,仅具少量毛。阳茎端强烈弯曲呈方框状,端部腹侧延伸呈镰刀状,背侧分裂为一对宽扁裂叶,射精管开口于腹背两突起中央相对凹陷处。

分布:该种原分布于浙江省、湖北省、江西省与福建省,现增加安徽省的采集记录。

命名:沿用李佑文等人在 1999 年所拟中文名。

(3) 复杂蝶石蛾 *Psychomyia complexa* Li, Morse & Peng, 2020 如图 5.61 所示。

Psychomyia complexa Li, 1998: 280-281, figs. 12.81-12.82; Peng, Wang & Sun, 2020: 228-230, figs. 1a-g。

正模:雄性,湖北省,麻城市,桐枧冲河,麻城北 27 km 处,31°23′43.63″N,115°7′21.77″E,海拔 150 m,1990 年 6 月 12 日,采集人为 Morse J. C. 和杨莲芳。

副模:1 雄性,安徽省,东至县,丰水村,秋浦前河,东至县东南 11 km 处,29°57′44.45″N,117°1′26.12″E,海拔 30 m,1990 年 6 月 7 日,采集人为 Morse J. C.、孙长海和杨莲芳;6 雄性,湖北省,京山县,三阳镇,大富水,31°16′44.40″N,113°12′12.00″E,海拔 90 m,1990 年 7 月 17 日,采集人为 Morse J. C.;18 雄性,资料同正模。

材料:1 雄性,样点 9(2015-7-11);2 雄性,样点 13(2014-7-12);1 雄性,样点 17。

描述:前翅长 3.2～3.5 mm(n=3),复眼黑色,头胸棕色,腹浅棕色,后翅第Ⅲ叉存在,R_{2+3}短,终止于亚缘脉(Sc)。

雄性外生殖器:第九、十节与上附肢愈合,侧面观与背面观可见愈合线,背侧具一对披毛的卵圆形背叶。第九节腹板侧面观近方形。上附肢侧面观呈三角形,背面观呈指状,末端略微膨大并向中部弯曲,内具骨化的上附肢内突。下附肢基

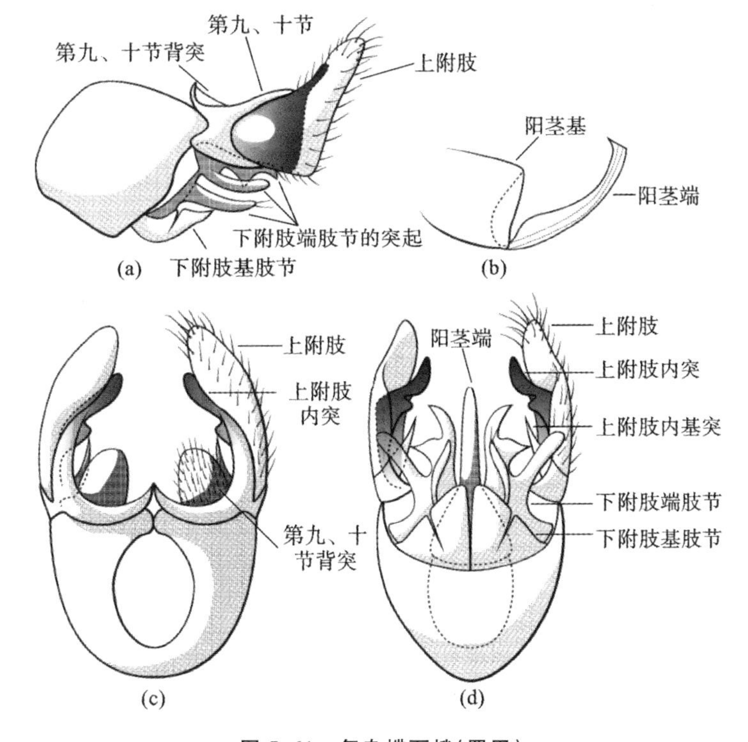

图 5.61 复杂蝶石蛾(罗田)

(a)左侧面观;(b)阳茎,左侧面观;(c)背面观;(d)腹面观

肢节腹面观呈三角形,侧缘具一裂缝;端肢节造型复杂,各具三个突起,腹侧具一纤细弯曲突起,侧缘具一指状突起,内缘突起末端分为两个尖锐裂叶并指向侧缘。阳茎基侧面观近方形,阳茎端略向上弯曲,基部略膨大,端部背缘具一小突起。

分布:该种分布于安徽省、河南省与湖北省。

(4) 蝶石蛾 1 *Psychomyia* sp. 1 如图 5.62 所示。

Psychomyia ensiformis Li, 1998: 272-273, figs. 12.68-12.70。

材料:1 雄性,样点 13(2013-7-13);46 雄性,样点 13(2014-7-15);2 雄性,样点 13(2015-6-10);7 雄性,样点 13(2019-7-7)。

描述:前翅长 2.9~3.2 mm(n=10),体棕色,翅浅褐色,后翅第Ⅲ叉消失,R_{2+3}短,终止于 Sc。

雄性外生殖器:第九、十节侧面观基部宽,后部强烈收细,背面观端部呈三角形;第九节腹板侧面观近橄榄形,腹面观腹面后缘凹陷。上附肢略长于第九、十节,呈指状,披毛,基部内侧具一指状突起。下附肢基肢节基部宽,互相愈合,端部向外弯曲。端肢节基部具毛,腹侧具一短的指状突起,背缘具一细长突起,该突起基部指向背前侧,后部强烈弯曲向后侧,于长度距端部 1/3 处弯向腹侧,近端部有

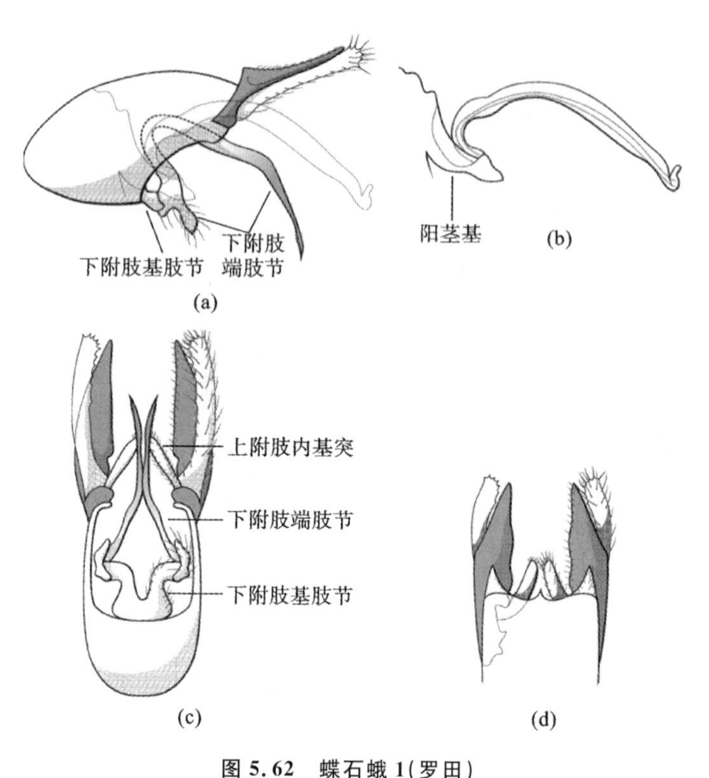

图 5.62 蝶石蛾 1(罗田)

(a)左侧面观;(b)阳茎,左侧面观;(c)腹面观;(d)背面观

锯齿。阳茎基开口宽,侧面观腹缘延伸而背缘凹陷,形成一窝状结构可容纳阳茎端基部;阳茎端细长,弯曲,端部背缘具一细小指状突起。

鉴别:该种与 *Psychomyia bruneiensis* Malicky, 1993 形态相似,区别在于:①该种第九、十节骨化区域较大,延伸到基部,而 *P. bruneiensis* 第九、十节骨化区域较小,不延伸到基部;②该种上附肢内侧不具突起,而 *P. bruneiensis* 上附肢内侧具突起;③该种下附肢端肢节背支较长,而 *P. bruneiensis* 下附肢端肢节背支较短。

分布:该种目前分布于四川省与湖北省。

注:李佑文的博士论文中所描述的 *Psychomyia ensiformis* 与此种相似,可能为同一种。学位论文并不属于国际动物命名法所规定的发表途径,故仍将此种视作未发表的种。

(5) 蝶石蛾 2 *Psychomyia* sp. 2 如图 5.63 所示。

Psychomyia machengensis Li, 1998: 279, figs. 12.79-12.80。

材料:1 雄性,样点 13(2014-7-15)。

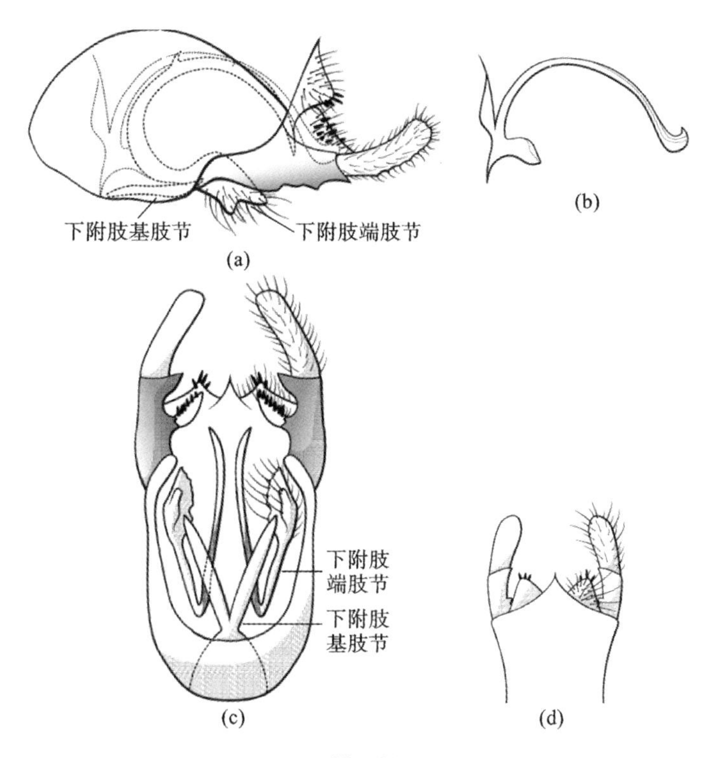

图 5.63 蝶石蛾 2(罗田)

(a)左侧面观;(b)阳茎,左侧面观;(c)腹面观;(d)背面观

描述:前翅长 3.5～4.0 mm(n=2),翅棕色,体棕色,后翅第Ⅲ叉消失,R_{2+3}短,终止于 Sc。

雄性外生殖器:第九、十节骨化并与上附肢愈合,背侧具三角形突起,上披毛并具小刺,内侧具宽扁裂叶与三角形突起相连,表面披毛与小刺。第九节腹板侧面观近橄榄形,腹面观腹侧后缘强烈凹陷。上附肢呈指状;下附肢基肢节基部膨大并互相愈合,端部细长呈指状;端肢节基部侧面观呈矩形,背侧前缘延伸出一弯曲成圆框状的细长分支。阳茎端细长,弯曲呈半圆形,末端略膨大并向背后侧钩起。

鉴别:该种与 *Psychomyia intorachit* Malicky & Chantaramongkol, 1993 形态相似,区别在于:①该种下附肢基肢节基部腹面观较窄,而 *P. intorachit* 下附肢基肢节基部腹面观较宽;②该种下附肢端肢节腹支侧面观分叉,而 *P. intorachit* 下附肢端肢节腹支侧面观不分叉;③该种下附肢端肢节背支中部侧面观具一小突起,而 *P. intorachit* 下附肢端肢节背支中部侧面观不具突起。

分布:该种目前仅分布于湖北省。

注:李佑文的博士论文中所描述的 *Psychomyia machengensis* 与此种相似,可

能为同一种。学位论文并不属于国际动物命名法所规定的发表途径，故仍将此种视作未发表的种。

2. 齿叉蝶石蛾亚科 Tinodinae Li & Morse, 1997

齿叉蝶石蛾属 *Tinodes* Curtis, 1834。

模式种：*Tinodes luridus* Curtis, 1834(＝*Tinodes waeneri* Linnaeus, 1758)。

翅稍细，前翅 DC 较大，第Ⅲ、Ⅳ叉具柄；后翅前缘具明显而不尖锐的突起，Sc 长，R_1 退化，第Ⅲ叉存在或不存在，具两根臀脉，M_{3+4} 与 Cu_1 之间具横脉。

本研究采集到齿叉蝶石蛾属 6 种。

齿叉蝶石蛾属分种检索表

1	上附肢分叉 ······	叉形齿叉蝶石蛾 *T. furcatus*
1’	上附肢不分叉 ······	2
2(1’)	阳茎导器呈一纤细管状 ······	隐茎齿叉蝶石蛾 *T. cryptophallicata*
2’	阳茎导器较大，不呈管状 ······	3
3(2’)	阳茎导器分叉 ······	4
3’	阳茎导器不分叉 ······	5
4(3)	第九节背板背面观末端膨大 ······	蕊形齿叉蝶石蛾 *T. stamens*
4’	第九节背板背面观末端不膨大 ······	小枝齿叉蝶石蛾 *T. harael*
5(3’)	具内茎鞘突 ······	腹齿叉蝶石蛾 *T. ventralis*
5’	不具内茎鞘突 ······	桨形齿叉蝶石蛾 *T. sartael*

(1) 隐茎齿叉蝶石蛾 *Tinodes cryptophallicata* Li & Morse, 1997 如图 5.64 所示。

Tinodes cryptophallicata Li & Morse, 1997: 278, figs. 3-4, 10-12; Li, 1998: 209-210, figs. 10.3-10.4, 10.10-10.12; Leng, et al, 2000: 13。

正模：雄性，江西省，玉山县，三清山，玄溪河(Xuan-xi-he)，海拔 470 m，1990 年 5 月 27—28 日，采集人为 Morse J. C. 和孙长海。

副模：5 雄性，2 雌性，江西省，婺源县，清华河，婺源北 57 km 处，采集人为 Morse J. C. 和杨莲芳。

材料：1 雄性，样点 4(2015-10-3)；1 雄性，样点 14。

描述：前翅长 5.2～5.5 mm(n=2)，翅浅褐色，体褐色。

雄性外生殖器：第九节背板侧面观较宽，背面观呈拱形；第九节腹板侧面观裂为上下两支，上支短，下支较长，末端均平截，腹面观近梯形。第十节与第九节近等长，向腹前侧弯折，侧面观呈镰刀状，背面观呈指状。上附肢细长呈圆柱状，背面观略相向弯曲。下附肢互相愈合，末端具一对突起，侧面观突起呈指状，腹面观腹侧内缘内陷而背侧具锯齿。阳茎导器(phallic guide)大部分与第九节腹板愈合，

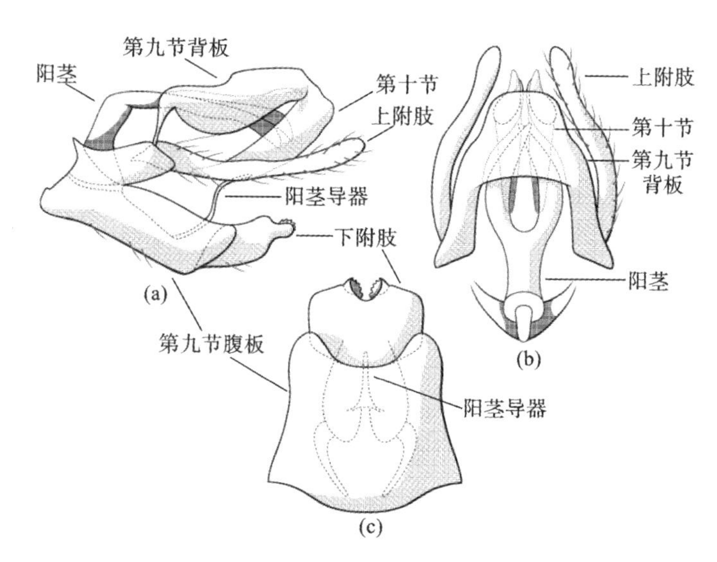

图 5.64 隐茎齿叉蝶石蛾(麻城)

(a)左侧面观;(b)背面观;(c)腹面观

仅残留一纤细"S"形弯曲圆柱状结构。阳茎相比该属其他种粗壮,基部指向背侧而后分叉并向尾侧弯折,末端尖,相向弯曲并交叉。

分布:该种原分布于江西省与浙江省,现增加安徽省与湖北省的采集记录。

命名:中文名根据种名意译新拟。

(2) 叉形齿叉蝶石蛾 *Tinodes furcatus* Li & Morse, 1997 如图 5.65 所示。

Tinodes furcatus Li & Morse, 1997: 278, figs. 7-9; Leng, et al, 2000: 13。

Tinodes furcate Li, 1998: 208-209, figs. 10.7-10.9。

正模:雄性,麻城市,zheng-shui-he,麻城市东北 15 km,海拔 250 m,1990 年 7 月 13 日,采集人为 Morse J. C. 。

副模:1 雄性,四川省,都江堰市,白沙河,都江堰市西 6 km 处,海拔780 m,1990 年 6 月 19 日,采集人为 X Chen 和杨莲芳;1 雄性,江西省,赣西,上饶市,1993 年 7 月,采集人为 L Lu。

材料:1 雄性,样点 8;1 雄性,样点 13(2014-7-12);1 雄性,样点 13(2019-7-7);1 雄性,样点 14;1 雄性,样点 17。

描述:前翅长 4.6~4.9 mm(n=3),翅浅褐色,体浅褐色。

雄性外生殖器:第九、十节侧面观呈椭圆形,背面观呈梯形,末端扁平,两侧向腹侧弯折,背侧披细毛;第九节腹板侧面观近三角形,腹面观呈水瓶状。上附肢近基部开始分叉,背支骨化较强,呈细长针状,基部指向背后方,中部呈 90°弯折指向腹后侧,背面观在中间交叉;腹支基部与背支等宽,后膨大为三角形,背面观呈指

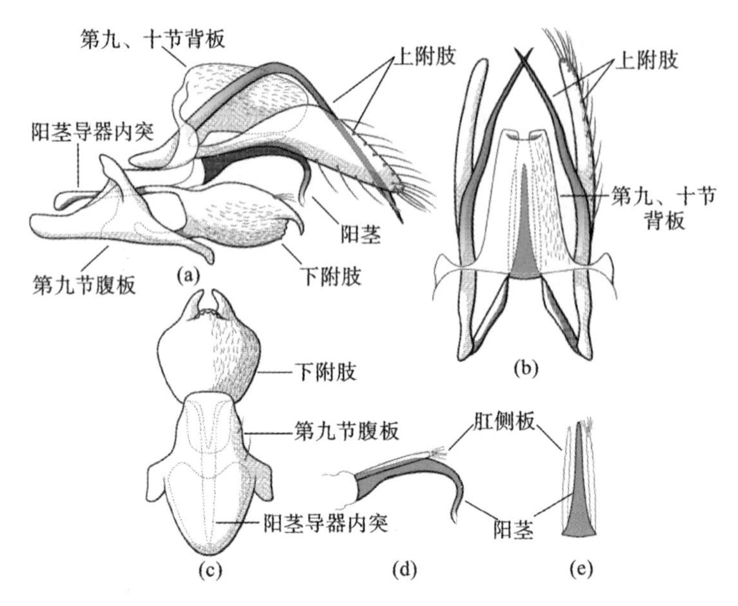

图 5.65　叉形齿叉蝶石蛾(罗田)

(a)左侧面观;(b)背面观;(c)腹面观;(d)阳茎,左侧面观;(e)阳茎,背面观

状。下附肢侧面观呈椭圆形,背侧与阳茎导器愈合,残留一细长阳茎导器内突(phallic guide apodeme),腹侧前缘向前拉伸形成一突起,腹面观突起较宽,呈圆角矩形,下附肢腹侧披细毛,背缘近端部具数根刚毛。阳茎端侧面观基部较宽,端部呈向下的弯钩状,背面观呈三角形,基部两侧分别具一细长肛侧突,肛侧突末端具数根小刺。

分布:该种分布于湖北省、江西省与四川省。

命名:中文名根据种名意译新拟。

(3) 小枝齿叉蝶石蛾 *Tinodes harael* Malicky, 2017 如图 5.66 所示。

Tinodes harael Malicky, 2017: 21。

正模:雄性,河南省,罗山县,灵山,31°54′N,114°13′E,海拔 300～500 m,1999 年 5 月 25 日,采集人为 Kyselak。

副模:1 雄性,资料同正模。

材料:1 雄性,样点 14。

描述:前翅长 3.7 mm(n=1),翅浅棕色,体灰褐色。

雄性外生殖器:第九节侧面观细长,背侧稍宽,背面观呈三角形,第九节腹板侧面观呈三角形,腹面观呈矩形,中部稍膨大,后缘向下凹陷。第十节侧面观呈卵圆形,背面观末端收细。上附肢呈圆柱形,侧面观指向背后侧,背面观直。下附肢侧面观呈卵圆形,腹面观基部愈合达总长度一半,末端具两个突起;下附肢端肢节

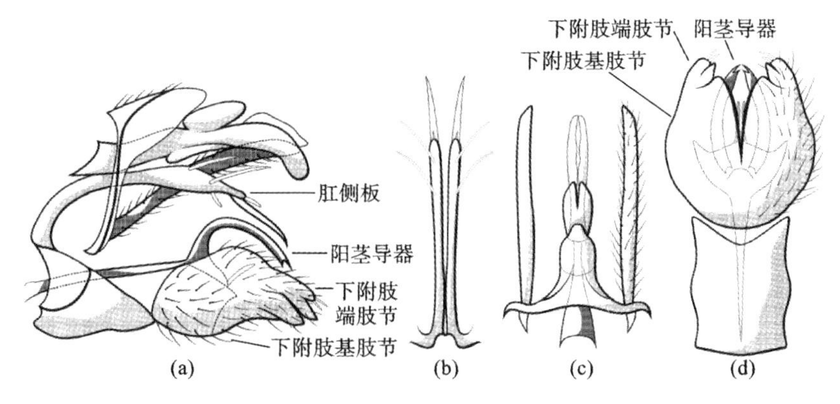

图 5.66 小枝齿叉蝶石蛾(麻城)

(a)左侧面观;(b)肛侧板,背面观;(c)背面观;(d)腹面观

短小,末端平截并具两根小刺。阳茎导器基部分叉,背支末端指向背侧,后弯曲呈圆框状并指向腹侧,末端具一小缺刻;腹面观相向弯曲;腹支细小,呈指状,腹面观位于两背支中间;阳茎导器内突细长,侧面观前缘超过第九节腹板前缘。肛侧板呈一对细长枝状,背侧具两根细长刺,末端与腹侧各具一根小刺,近端部腹侧具一根大刺。阳茎较肛侧板宽,中部背缘具一贝壳状突起,腹缘具一宽扁突起,端半部背缘裂开,内有膜质结构,末端圆钝,向腹侧弯曲。

分布:该种的模式标本产地为河南省,现增加湖北省的采集记录。

命名:中文名根据该种形态特征新拟。

(4) 桨形齿叉蝶石蛾 *Tinodes sartael* Malicky, 2017 如图 5.67 所示。

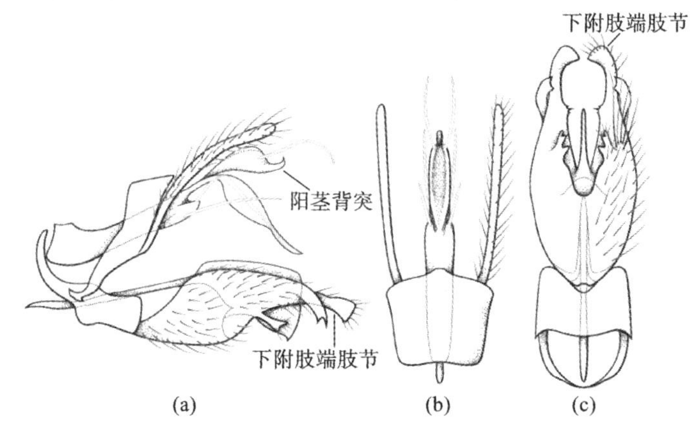

图 5.67 桨形齿叉蝶石蛾(麻城)

(a)左侧面观;(b)背面观;(c)腹面观

Tinodes sartael Malicky, 2017: 21。

正模:雄性,河南省,罗山县,灵山,31°54′N, 114°13′E,海拔 300～500 m,1999 年 5 月 25 日,采集人为 Kyselak。

副模:1 雄性,资料同正模。

材料:1 雄性,样点 14;2 雄性,样点 16。

描述:前翅长 3.5 mm(n=2),翅黄褐色,体棕色。

雄性外生殖器:第九节背板侧面观向后倾斜,背面观呈五边形,第九节腹板前方向背侧延伸。上附肢细长呈指状,侧面观指向背侧并向尾侧弯曲。下附肢基肢节侧面观近平行四边形,腹侧近端部内侧具一分三叉的小突起,背侧端部具一弯曲突起,侧面观向腹侧弯曲,腹面观相向弯曲;近端部内缘具小齿;下附肢端肢节长度约为基肢节的 1/3,端部平截,腹面观相向弯曲。阳茎导器愈合成侧面观近梯形的板状结构,阳茎导器内突细长,侧面观阳茎导器及内突形近船桨。阳茎基部侧面观较宽,基半部呈圆柱形;中间强烈收缩并向腹侧弯曲,期间隆起直至近端部收窄;中间腹侧具一对突起,各着生两根小刺,靠背侧的小刺较短,腹侧的小刺较长;阳茎中部具一背突,基部极细,中部膨大并于背侧具一浅凹槽,端部收窄并向背侧勾起,近端部具一对细长小刺。

分布:该种的模式标本产地为河南省,现增加湖北省的采集记录。

命名:中文名根据该种形态特征新拟。

(5) 蕊形齿叉蝶石蛾 *Tinodes stamens* Qiu, 2018 如图 5.68 所示。

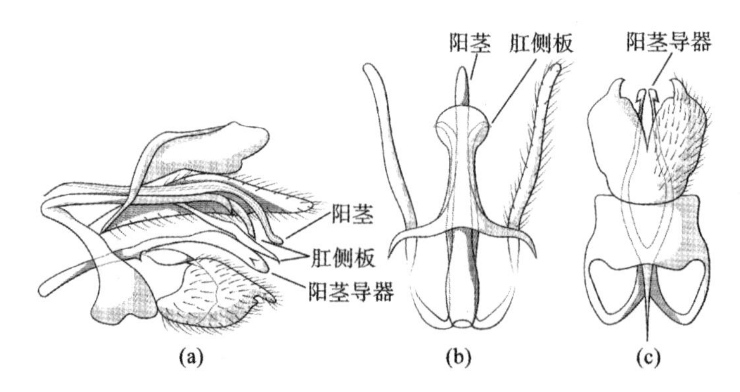

图 5.68 蕊形齿叉蝶石蛾(红安)

(a)左侧面观;(b)背面观;(c)腹面观

Tinodes stamens Qiu & Yan, 2018: 395, figs. b1-4。

正模:雄性,样点 17。

副模:6 雄性,资料同正模。

描述:前翅长 5.0～5.6 mm(n=7),翅棕色,体浅棕色。

雄性外生殖器:第九节背板侧面观纤细,背面观呈三角形并于端部与第十节愈合;第九节背板侧面观近三角形,腹面观呈矩形,背侧与肛侧突相连。第十节侧面观较宽,腹侧略微隆起,背面观末端膨大呈圆形。下附肢基肢节侧面观圆润,腹面观基半部相互愈合近梯形,两侧近基部有小缺刻;下附肢端肢节侧面观呈指状,腹面观相向弯曲,末端尖锐。阳茎导器侧面观细长略向腹侧弯曲,约与阳茎导器内突等长,腹面观相向弯曲,末端轻微膨大并向外侧勾起。肛侧突细长,端部向腹侧弯曲,背面观末端相对弯曲,两肛侧突端部中间具一向腹侧弯曲的管状结构,腹侧具一可活动的杆状结构。阳茎细长呈圆柱形,端半部向腹侧弯曲,端部向尾侧勾起。

鉴别:该种与 *Tinodes caolana* Johanson & Oláh, 2008 相似,区别在于:①该种肛侧板基部细,而 *T. caolana* 肛侧板基部膨大;②该种肛侧板光滑无刚毛,而 *T. caolana* 肛侧板具刚毛;③该种阳茎导器分叉,而 *T. caolana* 阳茎导器不分叉;④该种下附肢端肢节腹面观呈角状且远比基肢节的一半小,而 *T. caolana* 下附肢端肢节腹面观呈方形且约为基肢节的一半大。故易于与此新种区别。

分布:该种的模式标本产地为湖北省红安县。

命名:拉丁文"*stamen*"意为雄蕊,指该种的阳茎导器腹面观形似一对雄蕊。

(6) 腹齿叉蝶石蛾 *Tinodes ventralis* Li & Morse, 1997 如图 5.69 所示。

Tinodes ventralis Li & Morse, 1997: 279, figs. 1, 13-16; Li, 1998: 210-211, figs. 10.1, 10.13-10.16.

正模:雄性,四川省,江津县(现为重庆市江津区),四面山,飞龙河,海拔 800 m,1990 年 7 月 7 日,采集人为杨莲芳。

材料:1 雄性,样点 13(2014-7-12);3 雄性,样点 14。

描述:前翅长 3.2～3.5 mm(n=3),翅黄色,体黄色。

雄性外生殖器:第九节侧面观窄,背面观近橄榄形。第九节腹板侧面观主体近矩形,背前侧向背侧弯曲延伸,腹面观呈五边形。第十节膜质,背面观中间略微凹陷。上附肢呈圆柱状,侧面观略向尾侧弯曲。下附肢基肢节侧面观呈卵圆形,腹面观呈半椭圆形,腹侧内缘具一对小突起,背侧外缘具一对相向弯曲的角状突起;下附肢端肢节呈指状,披毛。阳茎导器侧面观呈向下弯曲的角状,基部与下附肢基肢节背侧愈合,背面观呈三角形,背侧凹陷,愈合线明显,端部收窄呈针状;阳茎导器内突细长。肛侧板分两支,背支紧贴阳茎腹侧,细长,侧面观端部呈勺状且背侧具一排小刺;腹支较粗短,侧面观裂为两叶,背侧较短而腹侧较长,末端各具两根小刺;阳茎基部膜质,端部槽状,射精管背侧暴露于阳茎之外,弯曲呈"S"形。

分布:该种原分布于四川省,现增加湖北省的采集记录。

命名:中文名根据种名意译新拟。

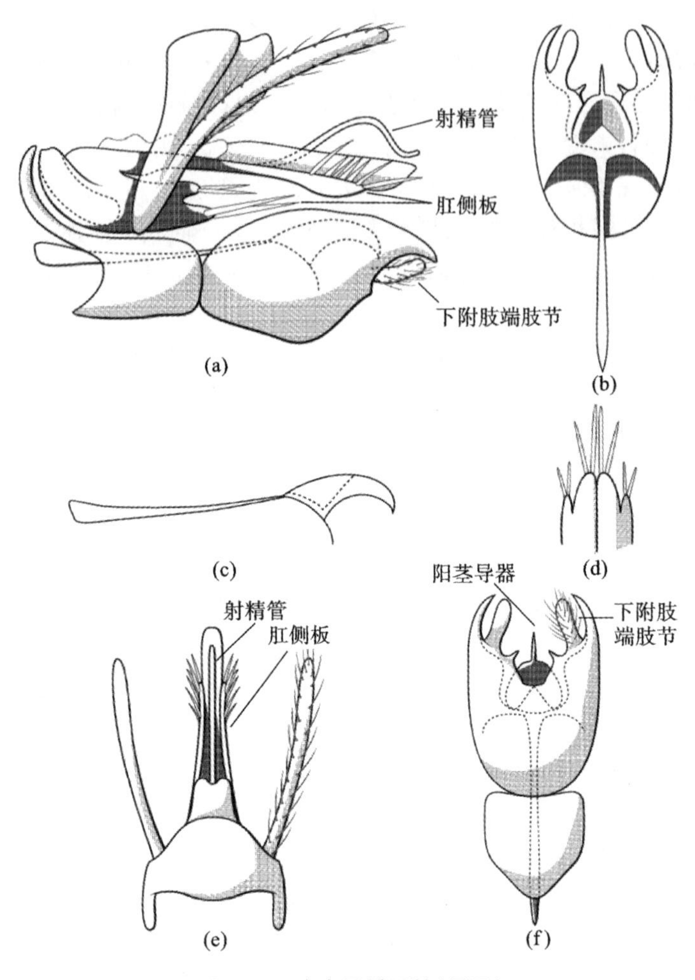

图 5.69 腹齿叉蝶石蛾(罗田)

(a)左侧面观;(b)下附肢,背面观;(c)阳茎导器,左侧面观;(d)内茎鞘突,腹面观;(e)背面观;(f)腹面观

第六章　完须亚目 Integripalpia Martynov, 1924

第一节　舌石蛾科

舌石蛾科 Glossosomatidae Wallengren, 1891 目前具 3 个现存亚科，15 现存属。我国记录 5 属，48 种。舌石蛾成虫腹部具形态各异的骨化板（“锤”），可能与震动交流有关。其幼虫用较大沙砾筑成形态特殊的马鞍形巢，易于与其他科区分。Ross 在 1951 年对舌石蛾科的系统发育进行研究，将其中各类群进行了详细划分。在此基础上，Morse J. C. 与杨莲芳对我国种类进行了调查与梳理，他们发表了多个新种，将 Ross 划分舌石蛾属 *Glossosoma* Curtis, 1834 的 9 亚属合并为 6 亚属，并探讨了亚属之间的亲缘关系；魔舌石蛾属 *Agapetus* Curtis, 1834 下至少可分为 8 种组，但它们之间的亲缘关系尚不明确。

大别山脉地区舌石蛾科分属检索表

1　后翅 R_1 长，终止于翅的边缘，DC 封闭，通常大，R_{2+3} 分叉处位于分横脉之前 ………………………………………………… 舌石蛾属 *Glossosoma*

1'　后翅 R_1 短，终止于 R_{2+3}，DC 开放，若封闭，则 DC 极小且 R_{2+3} 分叉处位于分横脉之后 ………………………………………… 魔舌石蛾属 *Agapetus*

1. 魔舌石蛾亚科 Agapetinae Martynov, 1913

魔舌石蛾属 *Agapetus* Curtis, 1834。

模式种：*Agapetus fuscipes* Curtis, 1834。

胫距式 2,4,4；下颚须第二节明显呈球状；雌性中足扁平。雄虫腹部第五节两侧具腺体开口，腺体大，呈圆球状，并于开口处具骨化板。第六节腹板中央具长突起，雄虫较雌虫的更明显。前翅呈卵圆形，翅脉完整，后翅较前翅小，翅脉稍退化；前翅 R_1 不分叉，不具 r 横脉；后翅 R_1 终止于 R_{2+3}，A_2 与 A_3 于靠近翅基处愈合。

本研究采集到魔舌石蛾属 1 种。

魔舌石蛾 *Agapetus* sp. 1 如图 6.1 所示。

材料：1 雄性，样点 2；1 雄性，样点 4(2015-10-3)；1 雄性，样点 13(2013-7-13)；

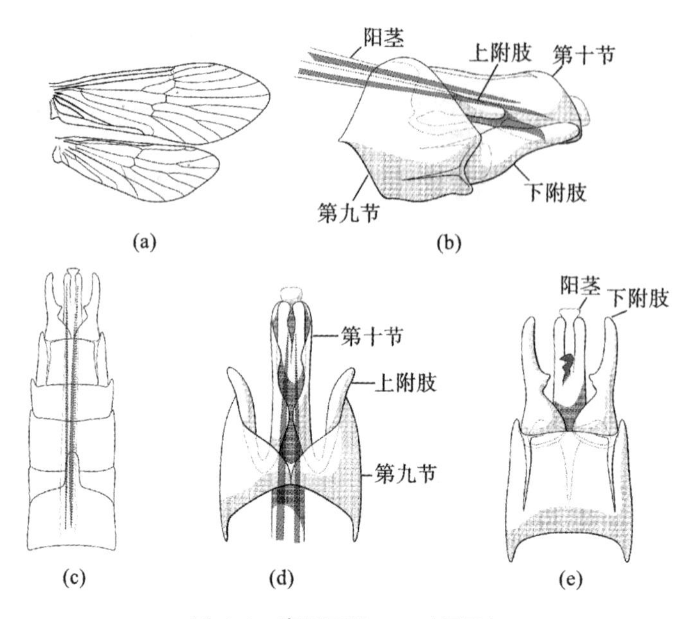

图 6.1 魔舌石蛾 sp. 1(罗田)

(a)前后翅脉相;(b)左侧面观;(c)腹面观,展示第六节腹突;(d)背面观;(e)腹面观

2 雄性,样点 13(2014-4-3);30 雄性,样点 13(2014-7-12);2 雄性,样点 13(2017-7-17);47 雄性,样点 13(2019-7-7);1 雄性,样点 15;3 雄性,样点 14;4 雄性,样点 15。

描述:前翅长 4.5～5.8 mm(n=10),翅棕褐色,体灰褐色,腹部第六节腹缘具一舌状骨化板("锤")。

雄性外生殖器:第九节侧面观前缘向前具一小突起,侧后缘中部具三角形突起,腹面观较长。第十节侧面观基部窄而端部稍宽,末端圆润,背面观裂成一对骨片将阳茎包裹。上附肢侧面观呈指状,背面观端部稍相对弯曲。下附肢侧面观基半部较宽,中部收窄,端部宽度为基部的一半左右,呈指状;腹面观基半部呈三角形,中部内缘具三角形骨化突起,中部具小缺刻。阳茎极长,腹面观可达第六节前缘,内具两根细长骨刺,端部腹侧具一骨化的钩状结构。

鉴别:该种与 *Agapetus chinensis*(Mosely, 1942)形态相似,区别在于:①该种第十节长于下附肢,而 *A. chinensis* 第十节短于下附肢;②该种下附肢侧面观端半部较基半部窄,而 *A. chinensis* 下附肢侧面观端半部与基半部等宽;③该种下附肢末端内侧无小齿,而 *A. chinensis* 下附肢末端内侧具小齿。

分布:该种在湖北省与安徽省有采集记录。

2. 舌石蛾亚科 Glossosomatinae Wallengren, 1891

舌石蛾属 *Glossosoma* Curtis, 1834。

模式种：*Glossosoma boltoni* Curtis, 1834。

胫距式 2,4,4；雌性中足扁平；翅呈卵圆形，前后翅宽度相近，翅脉完整，前翅具Ⅰ～Ⅴ叉，后翅具Ⅰ～Ⅳ叉；前翅 R_1 在末端分为 R_{1a} 与 R_{1b}，DC 与 MC 开放，各翅脉末端间距近等宽，DC 末端稍向前侧弯曲，雄虫臀脉常具特化加厚区域；后翅 R_1 长而完整，与 R_2 几乎平行。第六节与第七节腹板具锤，雄虫锤较雌虫的更大。

本研究采集到舌石蛾属 2 种。

舌石蛾属分种检索表

1　　第九节具一大的不对称的腹突…………………… 瓣状舌石蛾 *G. valvatum*

1'　　第九节不具腹突 ………………………………… 织针舌石蛾 *G. chelotion*

（1）织针舌石蛾 *Glossosoma chelotion* Yang & Morse, 2002 如图 6.2 所示。

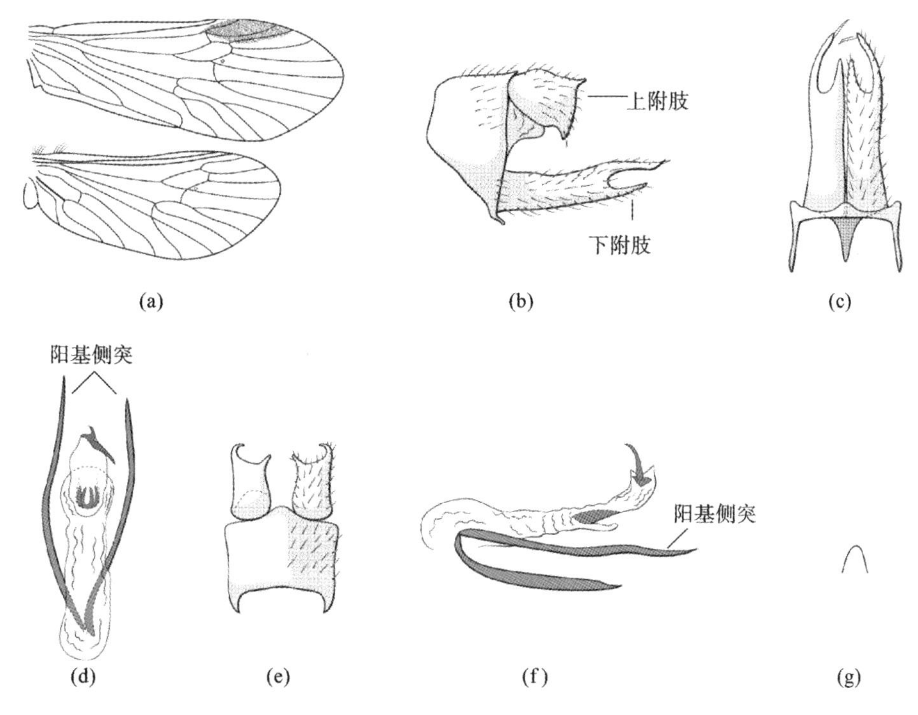

图 6.2　织针舌石蛾(麻城)

(a)前后翅脉相；(b)左侧面观；(c)腹面观；(d)阳茎，背面观；
(e)背面观；(f)阳茎，左侧面观；(g)第六节腹突，腹面观

Glossosoma chelotion Yang & Morse, 2002: 264-265, figs. 39-45。

正模：雄性，浙江省，安吉县，龙王山，30°36′N，119°36′E，海拔 490～550 m，1996 年 5 月 10 日，采集人为吴鸿。

副模：1 雄性，1 雌性，浙江省，开化县，古田山，29°6′N，118°24′E，1992 年 8 月 22 日，采集人为吴鸿。

材料：1 雄性，样点 4(2015-10-3)；1 雄性，样点 14。

描述：前翅长 4.8～5.2 mm(n=2)，体棕褐色，翅浅棕色，腹部第六节腹缘具一舌状骨化板。

雄性外生殖器：第九节侧面观前缘腹侧向后收缩，使背缘长而腹缘极短，呈直角梯形状。第十节侧面观长度不到下附肢的一半，末端平截，背后侧与腹后侧各具一小突起；背面观第十节末端内侧具相向的突起，外侧具相向弯曲的突起，使末端后缘呈圆弧形凹陷。下附肢粗细较均匀，端部 1/3 处分为两叉，背侧支较长，末端具一小刺，腹内支较短。阳基侧突基部愈合，其中左侧的阳基侧突稍短；阳茎主体膜质，近中部腹侧具一圆形骨化板与一骨化凹陷，背面观骨化凹陷呈双“U”形，阳茎末端具一钉子状小刺。

分布：该种原分布于浙江省，现增加安徽省与湖北省的采集记录。

命名：中文名根据种名意译新拟。

(2) 瓣状舌石蛾 *Glossosoma valvatum* Ulmer，1926 如图 6.3 所示。

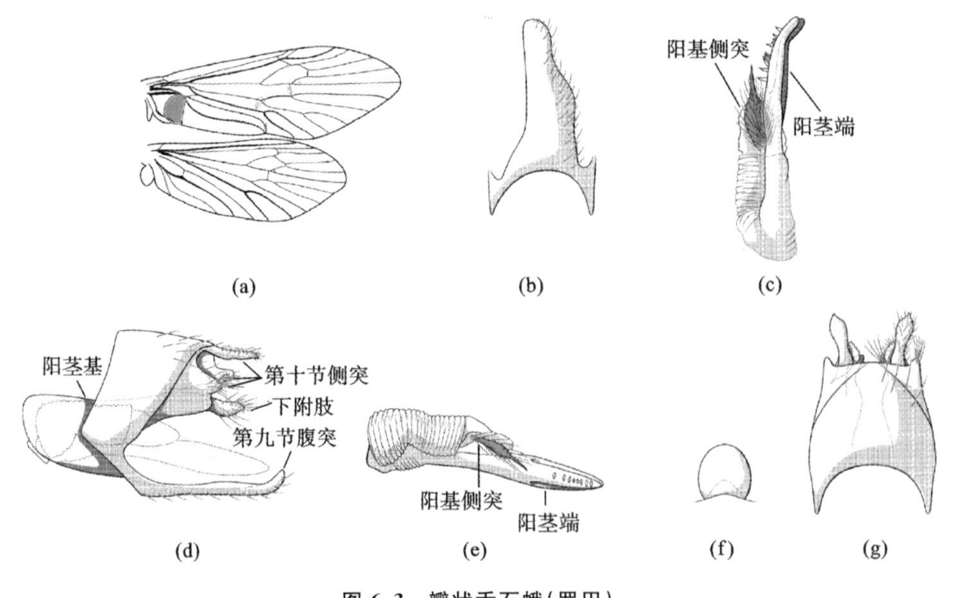

图 6.3　瓣状舌石蛾(罗田)

(a)前后翅脉相；(b)腹面观；(c)阳茎，腹面观；(d)左侧面观；(e)阳茎，左侧面观；(f)第六节腹突；(g)背面观

Glossosoma valvatum Ulmer，1926：28-30，figs. 11-14；Ross，1956：156-157；Morse & Yang，2005：300-302，figs. 73-80，90。

Glossosoma tripartitum Schmid，1971：630-631，figs. 53-56 (Synomized by

Morse & Yang 2005)。

正模:雄性,广东省。

材料:1 雄性,样点 4(2015-10-3);1 雄性,样点 13(2014-4-3);13 雄性,样点 13(2015-3-24);6 雄性,样点 13(2015-6-10);1 雄性,样点 15。

描述:前翅长 6.5～7.8 mm(n=6),体棕色,翅棕黄色。

雄性外生殖器:第九节侧面观中部至背部较长,腹半部分长度约为背半部分的 1/4,腹部后缘具一长形不对称腹突。第十节侧叶侧缘深裂,形成一细长背突,一较宽侧叶与一短指状内突;背突侧面观中部稍缢缩,端部尖锐,内突腹缘形成许多小突起。下附肢着生于第十节侧叶基部,后延伸至第十节两侧叶内,呈指状,披毛;阳茎基膜质,阳茎端从中部开始分为两支,侧面观基部较短,中部较粗,端部渐细,末端圆润,腹面观内支内缘具一排小刺,端部稍向右弯曲。阳基侧叶主体膜质,端部呈卵圆形的裂叶,并在裂叶近基部腹缘生有一披毛叶状骨片,骨片端部呈刺状。

分布:该种原分布于安徽省、福建省与广东省,现增加湖北省的采集记录。

命名:中文名根据特征新拟。

第二节 鳌石蛾科

鳌石蛾科 Hydrobiosidae Ulmer, 1905 下有 50 属,384 种。其幼虫营自由生活,不筑巢,前肢特化为捕捉足,用于捕食。这一科多分布于新热带界与澳大利亚界,少量迁移至北美洲南部与亚洲,为由低纬度地区向高纬度地区扩散的科。Schmid 对鳌石蛾科的系统发育进行了初步探讨。我国有采集记录的仅有竖毛鳌石蛾属 *Apsilochorema* Ulmer, 1907。目前全世界共有 56 种竖毛鳌石蛾,我国有 6 种,本研究采集到 1 种。Mey 曾对竖毛鳌石蛾属进行过系统发育分析,将此属划分为 2 亚科,8 种组,本节术语参考其研究。

竖毛鳌石蛾属 *Apsilochorema* Ulmer, 1907。

模式种:*Psilochorema indicum* Ulmer, 1905。

头部毛瘤大,具单眼;体为小型或中型,胫距式 2,4,4 或 0,4,4,前翅端部下缘具凹陷。雄虫腹部第五节腺体开口于腹板两侧的丝状突起端部,雌虫则开口于腹板前缘的嵴状骨片。雄虫第六、七节腹板具明显突起。

本研究采集到竖毛鳌石蛾属 1 种。

黄氏竖毛鳌石蛾 *Apsilochorema hwangi* (Fischer, 1970)如图 6.4 所示。

Psilochorema longipenne Hwang, 1957: 375, figs. 9-11(Preoccupied by Ulmer, 1905, renamed by Fischer, 1970: 242);Tian & Li, 1985: 51。

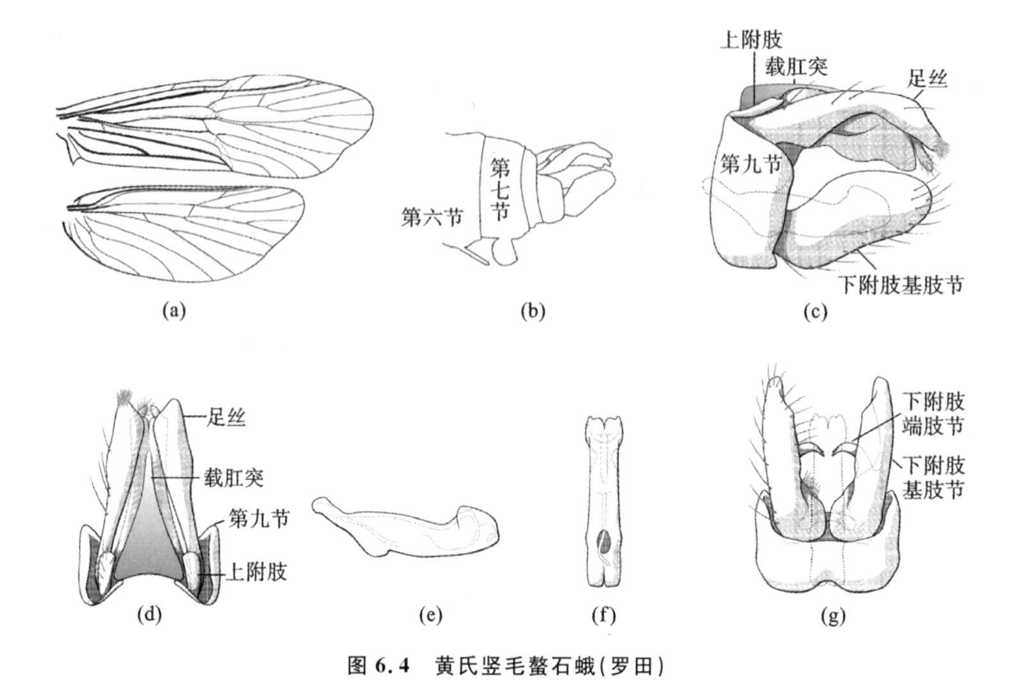

图 6.4　黄氏竖毛螯石蛾(罗田)

(a)前后翅脉相;(b)腹部末端,展示第六节与第七节的突起,左侧面观;(c)左侧面观;
(d)背面观;(e)阳茎,左侧面观;(f)阳茎,腹面观;(g)腹面观

Apsilochorema hwangi Yang, Sun & Tian, 1995: 286; Mey, 1999: 180-181; Shan, et al, 2004: 434。

正模:雄性,福建省,邵武市,1948 年 8 月 5 日,采集人为赵修复,保存于南京农业大学。

材料:1 雄性,样点 4(2015-10-3);4 雄性,样点 6;2 雄性,样点 13(2014-4-3);1 雄性,样点 13(2014-7-12)。

描述:前翅长 6.8～7.4 mm(n=4),体灰褐色,翅棕黑色;第六节腹缘具向后的刺状突起,第七节腹缘具一半圆形板状突起。

雄性外生殖器:第九节侧面观近矩形,后缘近背缘处剧烈收窄,背缘几乎完全退化,仅残留纤细条带。上附肢长度较第九节稍短,侧面观末端稍凹陷,背面观呈指状。载肛突较宽大,背缘具三角形骨化板,端部裂为两叶并于末端形成一对指向腹后侧的指状突起。足丝侧面观基部较宽,中部稍细,近端部稍膨大,背面观基部窄而端部宽,末端具一簇小刺。下附肢基肢节侧面观呈宽阔板状,背缘呈椭圆形,腹缘较直,腹面观基部宽,后内缘凹陷,腹缘相向弯折;下附肢端肢节着生于基肢节中部内缘,相向而生,末端分叉并向前侧弯曲。阳茎侧面观前端窄而中部与后端较宽,末端稍膨大;腹面观呈圆柱形,近前端 1/5 处具圆形开口,端部稍膨大,末端凹陷并稍裂为两瓣。

分布：该种原分布于福建省、浙江省、湖北省与陕西省，本研究增加了安徽省的采集记录。

命名：沿用单林娜等人在 2004 年所拟中文名。

第三节　小 石 蛾 科

小石蛾科 Hydroptilidae Stephens, 1836 为毛翅目下最大科，目前有 2 亚科，20 属，其中最大属为小石蛾属（*Hydroptila*），涵盖了该科 22%的种类。小石蛾科及科下的系统发育曾为许多昆虫学家所研究。例如，Kelley 曾对尖毛小石蛾属（*Oxyethira*）进行了详尽与系统的研究，Schmid 对滴水小石蛾属（*Stactobia*）进行了分析，Wells 对澳大利亚的多个属进行了调查与修订，而 Marshall 则对小石蛾科下各属的亲缘关系进行了较为全面的修订。

小石蛾体型非常小，多数体长为 2～3 mm，极少超过 5 mm。其幼虫的巢呈扁形钱包状。小石蛾幼虫也非常细小，或吸食水中丝状藻类的细胞质，抑或取食硅藻、有机碎屑或固着生物。小石蛾科具有复变态现象，其末龄幼虫形态与其他龄期非常不同，大多数表现为腹部强烈膨大。

周蕾对我国小石蛾科进行了整理与修订，并发表了多个新种。目前我国有小石蛾科 9 属，82 种，本研究采集到 4 属，7 种。

大别山脉地区小石蛾科分属检索表

1　　雄虫次后头毛瘤演化为“胶链帽”，内藏可翻缩香腺 ……………………………………………………………… 小石蛾属 *Hydroptila*

1'　　雄虫次后头毛瘤无特化 …………………………………………… 2

2(1')　中胸小盾片具横缝；雄虫阳茎可分辨基部与端部，不具螺旋状阳茎端突 ………………………………………… 滴水小石蛾属 *Stactobia*

2'　　中胸小盾片无横缝；雄虫阳茎通常不可分辨基部与端部，常具螺旋状阳茎端突 …………………………………………………… 3

3(2')　雄性外生殖器不对称 ……………………… 直毛小石蛾属 *Orthotrichia*

3'　　雄性外生殖器对称 ………………………… 尖毛小石蛾属 *Oxyethira*

1. 小石蛾属 *Hydroptila* Dalman, 1819

模式种：*Hydroptila tineoides* Dalman, 1819。

胫距式 0,2,4；触角呈念珠状，长度不及前翅的一半，具单眼；翅脉退化较多，前翅细长，端部尖锐，后翅较前翅细，后缘具长毛。雄虫头后毛瘤可活动，内具翻缩香腺;雌虫头后毛瘤正常。

本研究采集到小石蛾属3种。

小石蛾属分种检索表

1　雄虫外生殖器不对称,阳茎强烈弯曲 ………… 奇异小石蛾 *H. extrema*

1'　雄虫外生殖器对称,阳茎直 ……………………………………………… 2

2(1)　阳茎端突基部直 …………………………… 星期四小石蛾 *H. thuna*

2'　阳茎端突基部绕阳茎半圈 …………………… 钩突小石蛾 *H. hamistyla*

(1) 奇异小石蛾 *Hydroptila extrema* Kumanski, 1990 如图6.5所示。

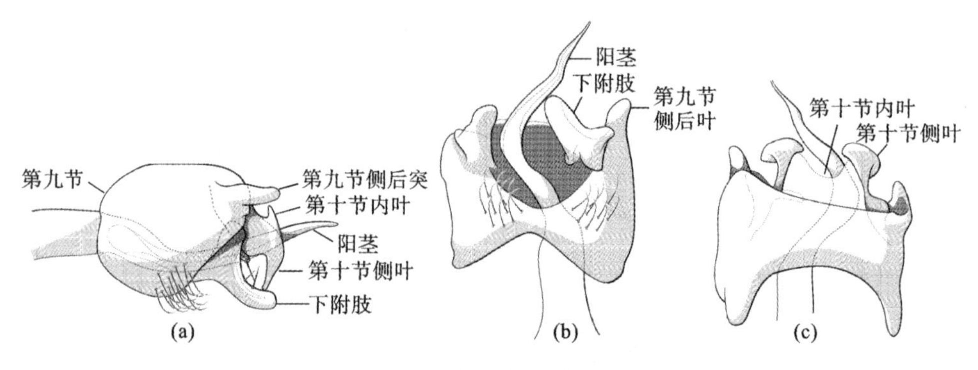

图6.5　奇异小石蛾(罗田)

(a)左侧面观;(b)腹面观;(c)背面观

Hydroptila extrema Kumanski, 1990: 50-52, figs. 64-71; Zhou, 2009: 50, figs. 37a-e。

正模:雄性,朝鲜妙香山丘陵地带,住宿处,海拔200 m,1987年5月22日,采集人为Dr. M. Josifov、P. Beron和Z. Hubenov。

副模:雄性,朝鲜平壤直辖市,River Tedong,1987年9月28日—10月7日,采集人为K. Kumanski和A. popov;雌性,1987年6月8—12日,其他资料同正模。

材料:8雄性,样点9(2015-7-11);14雄性,样点13(2014-4-3);12雄性,样点13(2014-7-12);173雄性,样点13(2019-7-7);1雄性,样点16;2雄性,样点17。

描述:前翅长2.5～3.4 mm(n=5),翅浅灰色披棕色毛,体棕褐色。

雄性外生殖器:第九节侧面观呈卵圆形,背面观前缘呈半圆形凹陷,后缘直,腹面观前缘具三角形凹陷,后缘半圆形凹陷,两侧披弯曲的长毛;后侧突呈指状,左侧、后侧突稍长于右侧,端部略向外弯曲。第十节侧面观中叶向背方延伸,侧叶向腹方延伸,整体呈横向蘑菇状,背面观中叶后缘凹陷,比侧叶更单薄柔软,侧叶端部扩大呈伞形。下附肢侧面观近"丁"字形,末端指向后侧,背缘具两根刚毛;腹面观右侧下附肢较左侧大，端部扩大且末端凹陷呈弧面。阳茎基部长度约为端部的一半，宽度约为端部的两倍，侧面观中部向腹侧拱起，腹面观向右侧拱起。

分布：该种分布较广，北可达朝鲜半岛；分布于浙江省、安徽省、江西省、广西壮族自治区、四川省与云南省，现增加河南省与湖北省的采集记录。

命名：沿用周蕾在 2009 年所拟中文名。

（2）钩突小石蛾 *Hydroptila hamistyla* Xue & Wang，1995 如图 6.6 所示。

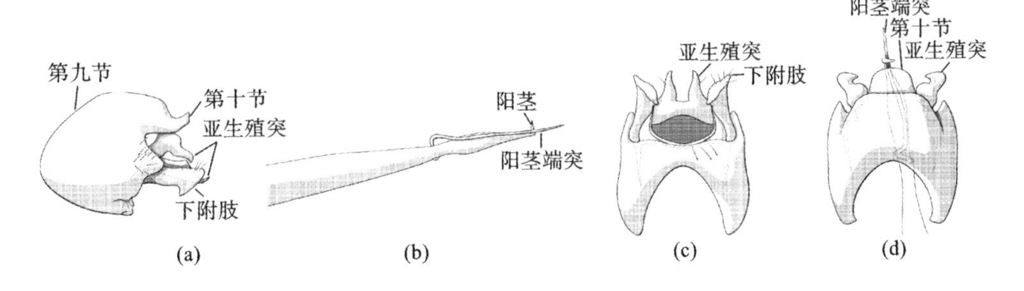

图 6.6　钩突小石蛾(罗田)

(a)左侧面观；(b)阳茎，左侧面观；(c)腹面观；(d)背面观

Hydroptila hamistyla Xue & Wang，1995：figs. 1-4；Zhou，2009：53-54，figs. 39a-d。

Hydroptila acutangulata Yang & Wang，1997：285-286，figs. 7a-d。

正模：雄性，河南省，宝天曼，1992 年 7 月 21 日，采集人为王合中。

材料：1 雄性，样点 13(2014-7-12)；1 雄性，样点 13(2019-7-7)。

雄性外生殖器：第九节侧面观后缘圆润，后侧突呈三角形，披毛；后面观与侧面观前缘具桃形凹陷。第十节侧面观与第九节愈合，略向上弯曲，背面观呈半圆形。亚生殖突具两对骨片，背侧骨片侧面观位于第十节腹侧，基部较宽，端部变窄并向腹侧勾起，背面观位于第十节两侧，末端相向弯曲呈钩状；腹侧骨片侧面观长度大于背侧骨片，末端向背侧勾起，腹面观基部愈合，端部呈弯曲的角状，外缘具一根刚毛。下附肢侧面观与腹面观基部较窄，端部膨大，末端平截，截面近橄榄形。阳茎基半部长于端半部，在阳茎端突着生处稍缢窄，端部尖锐并向背侧弯折；阳茎端突呈细长线状，基部绕阳茎半圈，末端向后超过阳茎末端。

分布：该种原分布于河南省，现增加湖北省的采集记录。

命名：沿用薛银根与王合中在 1995 年所拟中文名。

（3）星期四小石蛾 *Hydroptila thuna* Oláh，1989 如图 6.7 所示。

Hydroptila thuna Oláh，1989：281-282，figs. 26a-e；Zhou，2009：33-37，figs. 25a-d；Ito，et al，2011：4-5，figs. 2a-f，14A；Ivanov，2011：195。

Hydroptila triangularis Wells & Dudgeon，1990：168-169，figs. 14-16

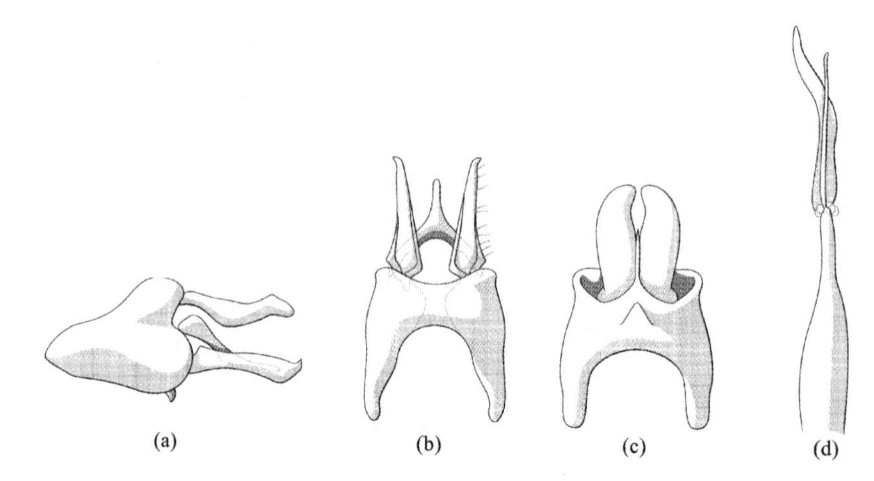

图 6.7　星期四小石蛾(罗田)

(a)左侧面观;(b)腹面观;(c)背面观;(d)阳茎,背面观

(synonymized by Wells & Malicky, 1997)。

Hydroptila apiculata Yang & Xue, 1992: 26-27, figs. 1a-d; Arefina, 2004: 210-211, figs. 6-10。

Hydroptila molione Malicky, 2004: 293-294, figs. on plate 2。

Hydroptila phenianica Shimura, 2010: 49(misidentification pointed out by Ito, et al, 2011)。

正模:雄性,越南,和平省,和平往 Dabac 方向 8 km 处,一条小溪,1986 年 1 月 30 日。

副模:5 雄性,越南,Ngoclae,1986 年 1 月 26 日,灯诱;2 雄性,越南,Tamdao,海拔 200 m,1986 年 10 月 12 日,灯诱;1 雄性,越南,Cucphuong,海拔 100 m,1986 年 10 月 19 日,溪边树丛;8 雄性,越南,Cucohuong,海拔 400 m,1986 年 10 月 17 日,灯诱;1 雄性,Mocchau,1986 年 10 月 25 日,灯诱;27 雄性,越南,和平省,和平往 Dabac 方向 8 km 处,灯诱;21 雄性,越南,北太省,Phuluong,Dongdat 河,1987 年 5 月 26 日,灯诱;2 雄性,越南,吉婆岛,Goi 溪,1987 年 5 月 17 日;1 雄性,印度,布巴内斯瓦尔,1985 年 2 月,灯诱;3 雄性,印度,布巴内斯瓦尔,1987 年 2 月26 日—30 日,灯诱;11 雄性,印度,齐利卡湖,巴里坤,1987 年 2 月 21—22 日,灯诱。

材料:5 雄性,样点 9(2015-7-11);1 雄性,样点 13(2014-7-12);1 雄性,样点 13(2019-7-7);45 雄性,样点 17。

描述:前翅长 2.0~2.5 mm(n=5),披棕色毛,体棕色。

雄性外生殖器:第九节侧面观近横向心形,背半部分较小;背面观背侧前缘呈半圆形凹陷,中央具一三角形小突起,后缘向后延伸呈针状;腹面观前缘呈钟形凹陷。第十节侧面观略向腹侧拱起，末端圆润，背面观为一对舌状裂叶，末端略相向弯曲。亚生殖突骨化较强烈，腹面观呈“人”字形；下附肢侧面观与第十节近等长，末端尖锐并向背侧勾起，腹面观近基部最宽，后渐细，末端尖锐并向外侧勾起，外缘生有一排刚毛。阳茎基半部约与端半部等长，端半部呈柳叶状，阳茎端突呈细针状，略短于阳茎端部。

分布：该种较为常见且分布很广，南至老挝、泰国、尼泊尔、苏门答腊、越南与印度，北至日本与俄罗斯远东地区。我国有采集记录的地区包括江苏省、安徽省、江西省、福建省、海南省、广西壮族自治区、云南省、河南省、湖北省与香港。

命名：沿用周蕾在 2009 年所拟中文名。

2. 直毛小石蛾属 *Orthotrichia* Eaton, 1873

模式种：*Hydroptila angustella* McLachlan, 1865。

胫距式 0,3,4。无单眼，头型具大的后毛瘤，部分与头分离；触角不为念珠状，较长，长度约为前翅的 2/3。

本研究采集到直毛小石蛾属 1 种。

长突直毛小石蛾 *Orthotrichia apophysis* Zhou & Yang, 2010 如图 6.8 所示。

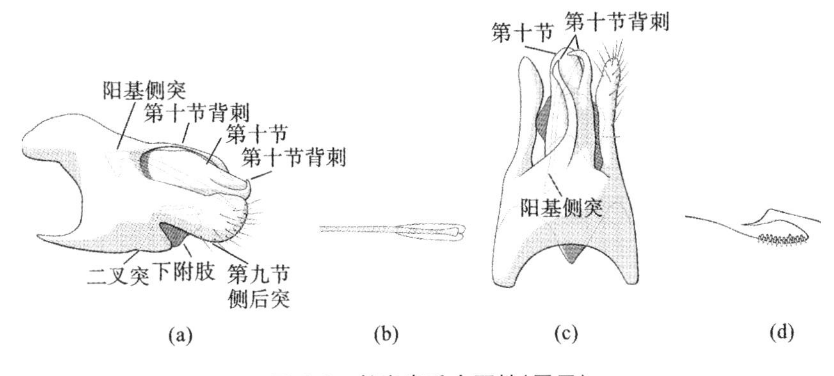

图 6.8　长突直毛小石蛾(罗田)

(a)左侧面观；(b)阳茎端部，背面观；(c)背面观；(d)第七节腹图，左侧面观

Orthotrichia paradunca Zhou, 2009: 87, figs. 65a-f。

Orthotrichia apophysis Zhou & Yang, 2010: 30-31, figs. 1-6。

正模：雄性，江西省，九连山国家自然保护区，大垇田，大垇田西北 8.2 km 处，24°34′15″N，114°25′50″E，海拔 425 m，2005 年 6 月 10 日，采集人为周欣。

副模：7 雄性，广西壮族自治区，阳朔县，金宝河，金宝乡上游 1.6 km 处，24°47′44″N，110°18′39″E，海拔 192 m，2004 年 6 月 18 日，采集人为孙长海和周欣。

材料：1 雄性，样点 13(2014-5-28)；6 雄性，样点 13(2014-7-12)；2 雄性，样点 13(2019-7-7)。

描述：前翅长 2.3～2.9 mm($n=6$)，翅淡黄色，体黄色；第七节刺突侧面观近匙形，腹侧具小刺。

雄性外生殖器：第九节侧面观前缘具半圆形凹陷，后缘背侧与第十节愈合，侧后突宽大，背侧具小缺刻，末端圆润，披毛，背面观前缘背侧具浅弧形凹陷，腹侧前缘具三角形突起。第十节具一舌状主体与两根不对称的背刺，左侧背刺着生于近基部，较长，侧面观末端向腹侧弯曲，背面观向左侧弯曲，末端尖锐；右侧背刺着生于中部，向左弯曲呈钩状。下附肢长度为第九节侧后突的一半，背面观内缘具一三角形突起，末端具相对的小突起。阳基侧突呈刺状，阳茎端部具一对细长板状裂叶，使末端形如船桨。

分布：该种模式产地为江西省，现增加湖北省的采集记录。

命名：中文名根据种名意译新拟。

3. 尖毛小石蛾属 *Oxyethira* Eaton, 1873

模式种：*Hydroptila costalis* Curtis，1834（＝*Oxyethira flavicornis* Pictet，1834）。

胫距式 0,3,4；无单眼，头后毛瘤小；触角不为念珠状，略长于前翅的一半。

本研究采集到尖毛小石蛾属 2 种。

尖毛小石蛾属分种检索表

1　阳茎端中部具一末端平截的突起 ………… 钳爪尖毛小石蛾 *O. volsella*

1'　阳茎端中部不具突起 ……………………… 中脊尖毛小石蛾 *O. tropis*

(1) 中脊尖毛小石蛾 *Oxyethira tropis* Yang & Kelley，1997 如图 6.9 所示。

Oxyethira tropis Yang，et al，1997：95-96，figs. 2a-e；Zhou，2009：68-69，figs. 49a-d。

正模：雄性，四川省，江津县（现为重庆市江津区），四面山，大洪海坝，海拔 1000 m，1990 年 7 月 6 日，采集人为 Morse J. C.。

材料：1 雄性，样点 14。

描述：前翅长 2.3 mm($n=1$)。

雄性外生殖器：第八节侧面观后缘背侧宽大，膜质，侧面具一披毛宽扁裂叶，腹侧具一对角状突起，末端披毛；背面观两侧突呈指状。第九节侧面观高度约为长度的 2/3，腹内突向前延伸呈三角形，端部圆润。亚生殖突侧面观基部圆润，中部向腹侧弯折，端部渐细，末端钝圆，背面观基部愈合，端部呈角状，相向弯曲，末端钝圆，两突中间的缺口呈梯形；双叶状突较短，侧面观位于亚生殖突腹侧，背面观位于亚生殖突两侧，末端具一根刚毛。下附肢侧面观呈圆角三角形，腹面观近梯形，后缘具弧形浅凹陷。阳茎端部侧面观具一指向背侧的细针状突起与一指向后侧的指状突起，阳茎端突绕阳茎一周，端部稍膨大并迅速收窄呈角状。

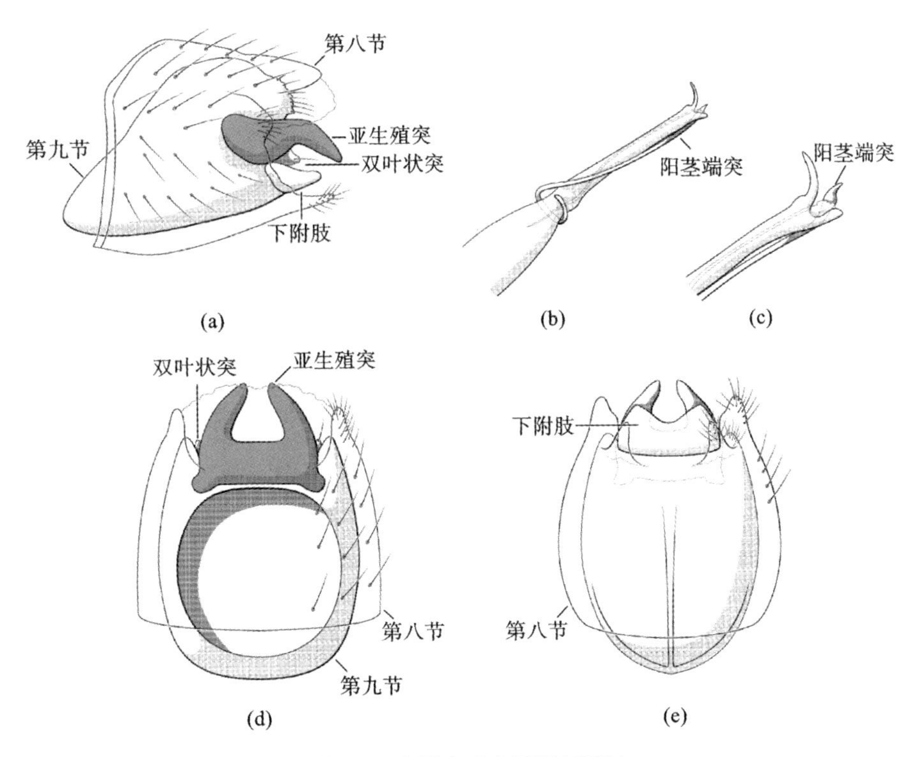

图 6.9 中脊尖毛小石蛾(麻城)

(a)左侧面观;(b)阳茎,左侧面观;(c)阳茎端部放大,左侧面观;(d)腹面观;(e)背面观

分布:该种模式产地为四川省,现增加湖北省的采集记录。

命名:沿用周蕾在 2009 年所拟中文名。

(2) 钳爪尖毛小石蛾 *Oxyethira volsella* Yang & Kelley, 1997 如图 6.10 所示。

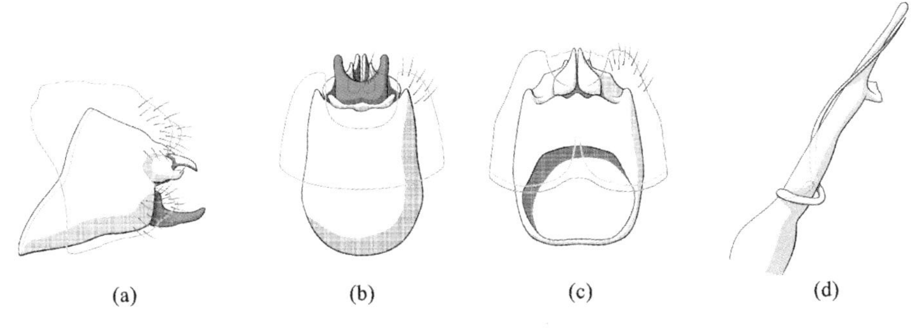

图 6.10 钳爪尖毛小石蛾(罗田)

(a)左侧面观;(b)腹面观;(c)背面观;(d)阳茎,腹面观

Oxyethira volsella Yang, et al, 1997: 95-96, figs. 2a-e; Zhou, 2009: 69-70, figs. 50a-d。

正模:雄性,福建省,武夷山,桃源洞,九曲溪旁 100 m 处,海拔 235 m,1990 年 5 月 31 日,采集人为 Morse J. C.、Liou、王备新。

副模:4 雄性,资料同正模,其中 2 种保存于克莱姆森大学。

材料:1 雄性,样点 13(2014-7-12)。

雄性外生殖器:第八节侧面观背侧比腹侧稍长,背侧后缘具圆润突起,腹侧后缘具三角形突起,披毛;背面观背侧后缘膜质化;腹面观后缘呈圆角矩形凹陷。第九节高度稍短于长度,腹内突侧面观呈三角形。亚生殖突侧面观基部宽,腹缘从中部开始强烈收缩,端部形成向腹侧弯曲的角状;背面观近水滴形,外缘向内侧收窄,内缘平行,端部钝圆。双叶突侧面观基部近方形,端部近腹侧形成一短突,末端具一根刚毛,腹面观末端位于亚生殖突端部与下附肢端部之间。下附肢强烈骨化,侧面观近"L"形,末端钝圆并略向背侧弯曲,腹面观基部愈合,两端部之间形成半圆形凹形,整体形状呈凹形。阳茎端半部中央具一板状短突起,末端平截并呈锯齿状;阳茎末端圆润,阳茎端突绕阳茎一周,末端尖锐。

分布:该种模式产地为福建省,现增加湖北省的采集记录。

命名:沿用周蕾在 2009 年所拟中文名。

4. 滴水小石蛾属 *Stactobia* McLachlan, 1880

模式种:*Hydroptila fuscicornis* Schneider, 1845。

复眼较小,次后头毛瘤宽,近卵圆形。后胸小盾片窄。胫距式 1,2,4。

豆肢滴水小石蛾 *Stactobia salmakis* Malicky & Chantaramongkol, 2007 如图 6.11 所示。

Stactobia salmakis Malicky & Chantaramongkol, 2007: 1044-1045, plate 33; Zhou, 2009: 108-109, figs. 82a-c。

正模:雄性,浙江省,古田山,26°21′N,119°26′E,海拔 450 m,1989 年 6 月 7 日,采集人为 Kyselak。

材料:2 雄性,样点 4(2015-10-3)。

描述:前翅长 2.3 mm(n=1),翅浅灰色披棕色毛,体棕黄色。第七节刺突呈匙状。

雄性外生殖器:第九节侧面观前内突为一对针状突起,背板近三角形,披毛,腹板退化为细带状;背面观近端部稍缢缩,后缘呈弧形凹陷。第十节侧面观约为第九节背板长度的两倍,呈舌状,中部扭曲约 180°。下附肢愈合,末端裂为一中叶与一对侧叶,侧叶侧面观指向背侧,中叶较侧叶稍长,腹面观近钟形。阳茎基部呈板状,背面观右后缘具椭圆形凹陷,端半部细长呈棒状。

分布:该种原分布于浙江省,现增加安徽省的采集记录。

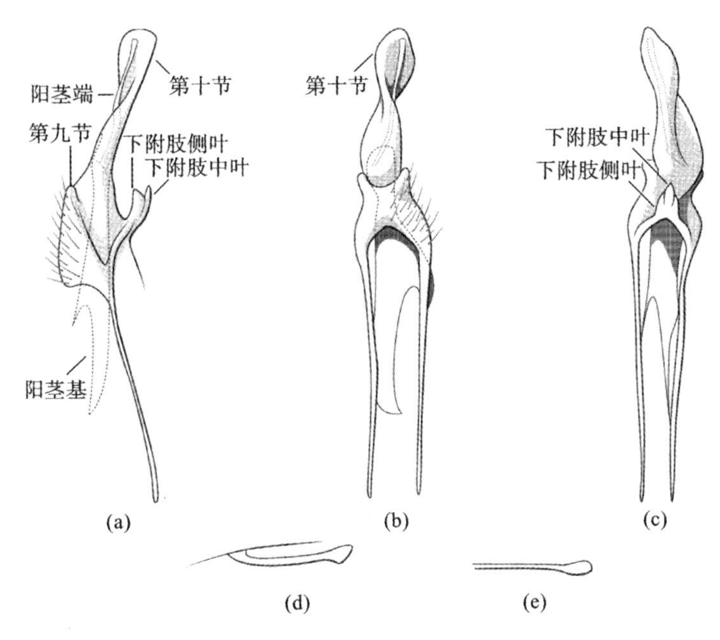

图 6.11　豆肢滴水小石蛾(潜山)

(a)左侧面观;(b)背面观;(c)腹面观;(d)腹部第七节刺突,左侧面观;(e)腹部第七节刺突,腹面观

命名:沿用周蕾在2009年所拟中文名。

第四节　原石蛾科

原石蛾科 Rhyacophilidae Stephens, 1836 包括5属,此科中90%以上的种属于原石蛾属 *Rhyacophila* Pictet, 1834。该属幼虫营自由生活,多为捕食者。

Ross 对原石蛾科的系统发育做了分析,他给原石蛾属分了9支,43种组。Schmid 在此基础上对此属进行了更为全面的研究,并将原石蛾属划分成了4支,72种组,本节术语即参考了他的研究。后来研究者对其中某些种组进行了更加细致的系统发育分析,Ross 与 Schmid 所建部分种组已被合并或修改,但总体而言,他们的研究仍在分类学与实际应用上非常重要。孙长海与杨莲芳等人发表了许多我国的原石蛾属新种,目前我国记录的有120种。该属雌性腹部第八节具形态多样的凹陷或突起,可作为鉴定依据。Arefina 曾对雌性特征进行了描述与研究。与原石蛾属高度的多样性相比,雌性形态描述仍显不足,但在某些地区或种组中利用原石蛾雌性外生殖器进行种级鉴定是可行的。

喜马石蛾属 *Himalopsyche* Banks, 1940 是原石蛾科内一个体长较大的属。该属共有48种,我国有分布的种占其一半以上(27种)。喜马石蛾属绝大多数分布于东洋界，少量分布于东古北界与新北界。Ross 将喜马石蛾属分成了 4 支，而 Schmid 与 Botosaneanu 则将这一属分成了 5 种组，这些种组的划分仍有分类学意义。与原石蛾属情况相似，目前的研究成果使得利用雌性喜马石蛾进行种级鉴定在一定程度上是可行的。

大别山脉地区原石蛾科分属检索表

1　　中胸小盾片无毛；前翅长度小于 20 mm ………… 原石蛾属 *Rhyacophila*

1'　　中胸小盾片具一簇纤长的毛，前翅长度大于 20 mm ……………………
…………………………………………………… 喜马石蛾属 *Himalopsyche*

1. 喜马石蛾属 *Himalopsyche* Banks, 1940

模式种：*Rhyacophila tibetana* Martynov, 1930。

体中到大型，头顶突起，单眼大，中胸小盾片具毛，前翅端部稍尖锐，翅脉完整，前翅具Ⅰ～Ⅴ叉，后翅具Ⅰ～Ⅳ叉，前翅 R_1 在末端分为 R_{1a} 与 R_{1b}，DC 及 MC 开放，前翅 TC 长。

本研究采集到喜马石蛾属 1 种。

那氏喜马石蛾 *Himalopsyche navasi* Banks, 1940 如图 6.12 所示。

Himalopsyche navasi Banks, 1940: 200-201, plate 30, figs. 54-55; Leng, et al, 2000: 12; Mey, 2005: 273-284。

正模：雄性，广东省，Yim-Na-San，1937 年 6 月 14 日，采集人为 Gressitt，保存于美国比较动物学博物馆。

配模：雌性，四川省，成都市，采集人为 Graham，保存于美国国家博物馆，标本编号为 No. 53159。

材料：1 雄性，样点 6。

描述：前翅长 18 mm($n=1$)，前翅具花斑，两翅末端尖，体棕黄色。

雄性外生殖器：第九节侧面观近矩形，背面观后缘中部具扁突。第十节侧面观近三角形，背侧具一对细长棒状背突，侧面观略向下弯曲；第十节背面观呈矩形，两背突中部相向弯曲；第十节腹叶呈一对膜质裂叶。臀板侧面观呈指状，末端尖锐并向下勾起，背面观呈瓶形，末端具小缺刻。下附肢侧面观基肢节粗大，末端内缘向前侧凹陷形成一个末端不平的嵴。下附肢端肢节长度为基肢节的 1/3，侧面观指向腹侧，呈三角形；腹面观指向内侧，呈指状。阳茎基侧面观呈筒状，端部腹缘具一缺刻，腹面观近椭圆形，后缘具一半圆形小突起；阳茎端侧面观纤细，基部具一腹侧开口的环形骨片，腹面观分三叉，中间段，两边长，端部尖锐；阳基侧突侧面观稍短于阳茎端，从基部往端部渐细并向背侧弯曲；腹面观基部似刀柄，端部渐细并相对弯曲。

分布：该种分布于越南及我国安徽省、福建省、湖南省、江西省、四川省、陕西

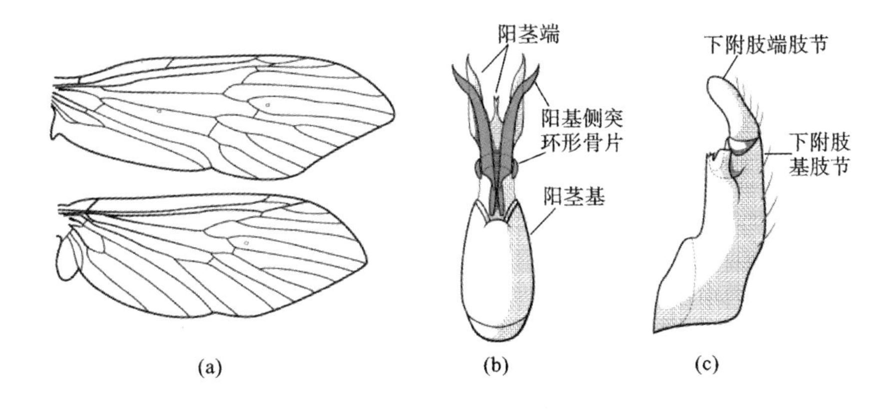

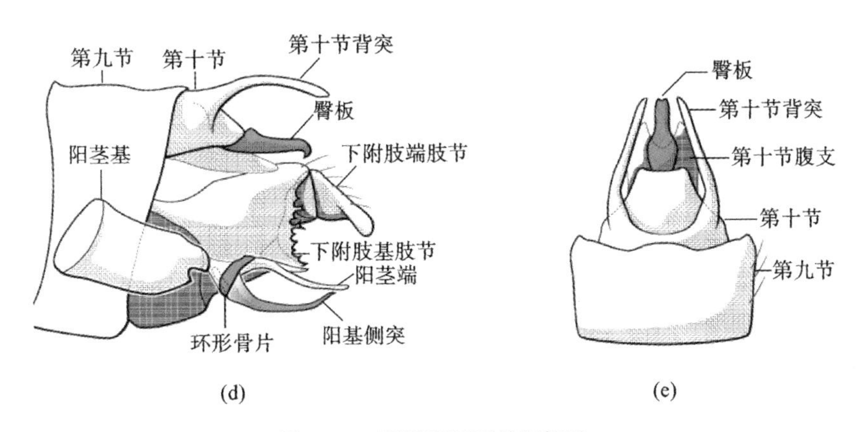

图 6.12 那氏喜马石蛾(岳西)

(a)前后翅脉相;(b)阳茎,腹面观;(c)下附肢,腹面观;(d)左侧面观,左下附肢略去;(e)背面观

省、贵州省、广东省与浙江省。

命名:沿用冷科明等人在 2000 年所拟中文名。

2. 原石蛾属 *Rhyacophila* Pictet, 1834

模式种:*Rhyacophila vulgaris* Pictet, 1834。

体中型;中胸小盾片不具毛;翅呈椭圆形,前后翅形状相似,翅脉与喜马石蛾属相似;腹部第五节内部腺体较小。

本研究采集到原石蛾属 12 种。

原石蛾属分种检索表

1 阳茎具一对阳基侧突 ······································ 2

1' 阳茎不具阳基侧突 ······································ 6

2(1) 第十节尾侧具一骨化强烈的二分叉细长突起 ························

……………………………………………… 长枝原石蛾 *R. longiramata*

2’　第十节不具细长突起 ………………………………………………………… 3

3(2’)　臀板大,长于第十节 ……………………… 短背原石蛾 *R. brevitergata*

3’　臀板小,短于第十节 ………………………………………………………… 4

4(3’)　阳茎端细小,包裹于袖筒状的膜质内茎鞘中 ……………………………

……………………………………… 拟冠原石蛾 *R. haplostephanodes*

4’　阳茎端不如上述小,没有被内茎鞘完全包裹 ……………………………… 5

5(4’)　阳茎端部不分叉,下附肢端肢节侧面观近梯形 …………………………

……………………………………………… 五角原石蛾 *R. pentagona*

5’　阳茎端部分叉,下附肢端肢节侧面观近三角 ……………………………

……………………………………………… 原石蛾 *Rhyacophila* sp. 1

6(1’)　阳基侧突较细,末端尖锐或呈锯齿状,不具毛刺 ……………………… 7

6’　阳基侧突较粗,末端圆润,具毛刺 ……………………………………… 10

7(6)　阳基侧突与阳茎近等长 …………………………………………………… 8

7’　阳基侧与长度为阳茎的两倍以上 ………… 长侧突原石蛾 *R. longistyla*

8(7)　下附肢端肢节分叉,侧面观呈“U”形 ………… 长袖原石蛾 *R. manuleata*

8’　下附肢端肢节不分叉 ………………………………………………………… 9

9(8’)　第九节端背叶末端尖锐 ……………………… 槌形原石蛾 *R. claviforma*

9’　第九节端背叶末端圆润 ……………… 拟槌原石蛾 *R. mimiclaviforma*

10(6’)　第九节端背叶背面观呈“丫”形 …………… 三角原石蛾 *R. triangularis*

10’　第九节不具端背叶 ………………………………………………………… 11

11(10’)　第十节背面观短小,端部分为三个小突起…… 欧律原石蛾 *R. eurystheus*

11’　第十节背面观长,端部强烈膨大呈锤状 ………… 欧忒原石蛾 *R. euterpe*

(1) 短背原石蛾 *Rhyacophila brevitergata* Qiu, 2016 如图 6.13 所示。

Rhyacophila brevitergata Qiu & Yan, 2016: 349, figs. 3a-e。

正模:雄性,样点 12(2015-4-22),保存于南京农业大学。

描述:前翅长 8.5 mm(n=1),体暗棕色,翅棕黄色。

雄性外生殖器:第九节侧面观呈矩形,背侧具较多毛。第十节侧面观窄,端部具小缺刻;背面观近卵圆形,端部收窄呈乳头状。臀片较大,长度明显超过第十节;侧面观近圆锥形,末端向后弯折;腹面观可见基部愈合,端部呈椭圆形。端带竖直,呈条带状,位于臀片两侧。箭突侧面观扁,腹面观近梨形。背带细长,连接阳茎基与箭突。下附肢基肢节与臀板近等长,侧面观近矩形;下附肢端肢节侧面观近倒葫芦形,内缘具两块布满小刺的区域。阳茎基较短,膜质,阳茎端细长,侧面观较腹面观窄,腹面观近端部 1/3 处收窄,整体形状似水瓶。

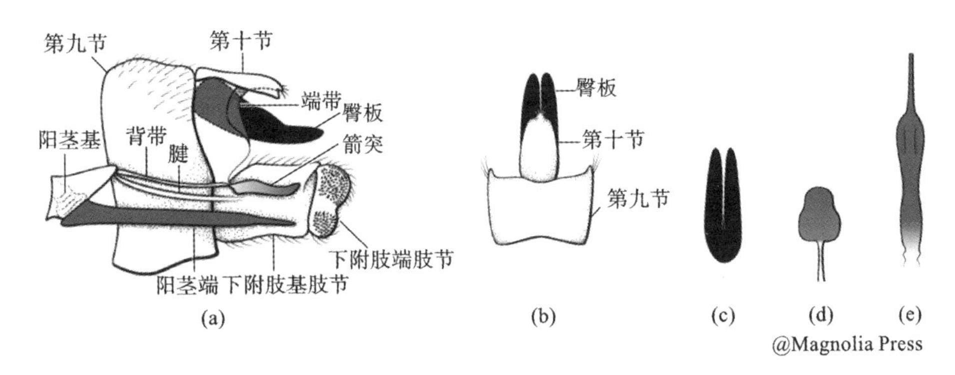

图 6.13　短背原石蛾(黄梅,经版权方 Zootaxa www.mapress.com/j/zt 同意复制)

(a)左侧面观,左下附肢略去;(b)背面观;(c)臀板,腹面观;(d)箭突,腹面观;(e)阳茎,腹面观

鉴别:该种与 *Rhyacophila exilis* Sun & Yang, 1999 相似,区别在于:①该种第十节较直且侧面观长度小于下附肢的长度,而 *R. exilis* 第十节较直且侧面观长度大于下附肢的长度;②该种第十节背面观末端突起,而 *R. exilis* 第十节背面观末端凹陷;③该种臀板长度明显大于第十节的长度,而 *R. exilis* 臀板长度明显小于第十节的长度;④该种下附肢端肢节侧面观后缘凹陷,而 *R. exilis* 下附肢端肢节侧面观后缘圆润。

分布:该种模式产地为湖北省黄梅县。

命名:拉丁语"brevi"意为短,"terga"意为背侧,指该种第十节背板较短。

(2) 槌形原石蛾 *Rhyacophila claviforma* Sun & Yang, 1998 如图 6.14 所示。

Rhyacophila claviforma Sun & Yang, 1998: 16, fig5。

正模:雄性,四川省,南坪县(现九寨沟县),九寨沟,树正群海,海拔 2250 m,1990 年 6 月 26 日,采集人为 Morse J. C.。

副模:2 雄性,资料同正模;1 雄性,四川省,南坪县(现九寨沟县),九寨沟,珍珠滩,海拔 2440 m,1990 年 6 月 26 日,采集人为杨莲芳和李佑文;1 雄性,甘肃省,积石山县,海拔 2375 m,1992 年 7 月 24 日,采集人为孙长海;1 雄性,安徽省,歙县,岩源乡,黄柏山村,1991 年 4 月 21 日,采集人为李佑文。

材料:1 雄性,样点 4(2015-10-3);3 雄性,样点 7;1 雄性,样点 13(2015-3-24)。

描述:前翅长 8.3～12.2 mm($n=5$),体褐色,翅棕色,前翅径脉与中脉末端附近具浅色斑点,肉眼观察前翅末端似锯齿状。

雄性外生殖器:第九节侧面观近直角三角形,前缘圆润,端背叶较大,端部窄并向腹后侧弯曲,腹缘呈波浪状;背面观呈三角形,两侧边缘呈波浪状,端部尖。第十节侧面观倾斜,端部扩大,腹面观近矩形,末端具小突起。臀板侧面观呈卵圆形,腹面观呈长条形,"八"字形着生于第十节。端带侧面观呈指状,腹面观呈"U"

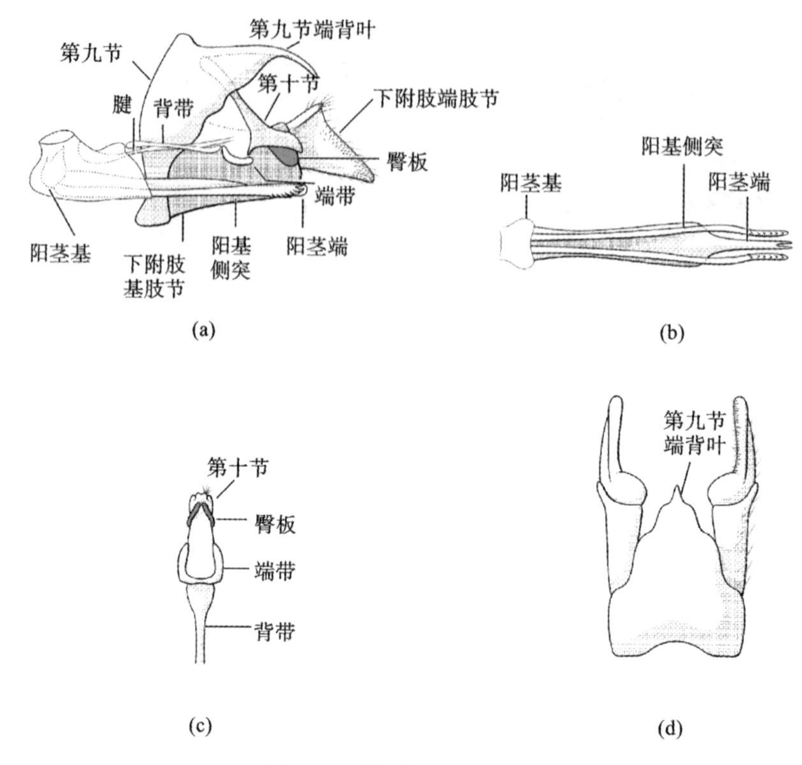

图 6.14　槌形原石蛾(罗田)

(a)左侧面观,左下附肢略去;(b)阳茎,腹面观;(c)第十节及其附属结构,腹面观;(d)背面观

形。背带端部腹面观扩大为三角形。下附肢基肢节粗壮,侧面观近矩形;端肢节侧面观近三角形,基部背侧向内延伸形成背面观椭圆形的突起,内缘背侧至端部分布小刺。阳茎基短小,膜质,阳茎端侧面观窄,腹面观较宽,近端部 1/4 处收窄,端部分叉;阳基侧突与阳茎近等长,端部腹缘呈锯齿状。

分布:该种原分布于安徽省、四川省与甘肃省,现增加湖北省的采集记录。

命名:中文名根据种名意译新拟。

(3) 欧律原石蛾 *Rhyacophila eurystheus* Malicky & Sun, 2002 如图 6.15 所示。

Rhyacophila eurystheus Malicky & Sun, 2002: 544, figs. on plate 2。

正模:雄性,河南省,罗山县,灵山,海拔 300～500 m,31°54′N,114°13′E,1989 年 5 月 25 日,采集人为 Kyselak,保存于克莱姆森大学。

副模:2 雄性,1989 年 5 月 27 日,其他资料同正模,保存于克莱姆森大学。

材料:1 雄性,样点 4(2015-10-3);2 雄性,样点 7;5 雄性,样点 13(2014-7-12);4 雄性,样点 15。

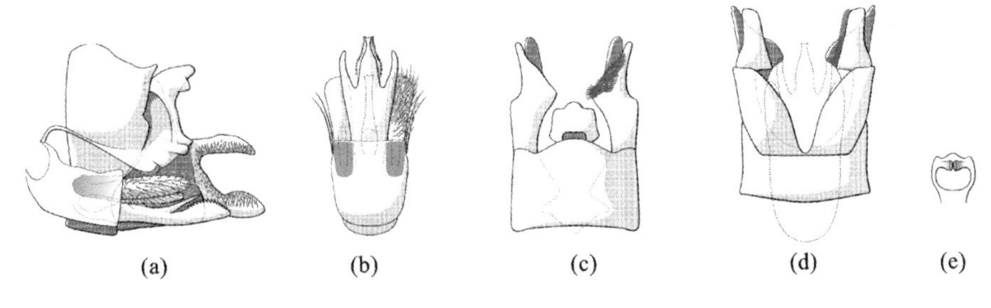

图 6.15　欧律原石蛾(罗田)

(a)左侧面观,左下附肢略去;(b)阳茎,腹面观;(c)背面观;(d)腹面观;(e)第十节,腹面观

描述:前翅长 7.2～9.3 mm(n=9),体黑褐色,翅棕色。

雄性外生殖器:第九节侧面观背侧较宽而腹侧稍窄,背侧后缘为一圆润宽扁突起。第十节背半部分粗短,侧面具一小三角形突起,末端圆润。腹半部分竖直,侧面观细长。臀板较小,腹面观近圆柱状,端带侧面观呈指状。下附肢基肢节近梯形,端部宽度约为第九节高的一半;端肢节基部与端肢节近等宽,背侧与基肢节愈合,背面观下附肢中部内缘向内形成三角形突起,腹面观该突起变小并更接近基部;下附肢端肢节端部强烈凹陷形成向后的"U"形,内缘密布小刺。阳茎基部宽大,内茎鞘发达,阳基侧突呈指状,内侧背缘具小刺,外侧与腹侧披密毛,阳茎宽度约为阳基侧突的一半,腹面观细长呈花瓶状;阳茎腹侧具一大骨化板,骨化板两侧稍向背侧弯折,近端部 1/3 处分三叉,侧突较细,中突较宽,腹缘近端部缢缩呈花瓶状,背缘呈锯齿状。

分布:该种模式产地为河南省灵山县,本研究增加了安徽省与湖北省的采集记录。

命名:中文名根据种名音译新拟。

(4) 欧忒原石蛾 *Rhyacophila euterpe* Malicky & Sun, 2002 如图 6.16 所示。

Rhyacophila euterpe Malicky & Sun, 2002: 544, figs. on plate 2。

正模:雄性,河南省,罗山县,灵山,海拔 300～500 m,31°54′N,114°13′E,1989 年 5 月 25 日,采集人为 Kyselak,保存于克莱姆森大学。

材料:1 雄性,样点 13(2014-7-12)。

描述:前翅长 7.1 mm(n=1),体棕色,翅棕黄色。

雄性外生殖器:第九节侧面观背侧宽度约为腹侧的两倍,背面观后缘具一对披毛的小突起。第十节侧面观宽大,末端平截,侧面中后部具一宽短叶状突起;背面观基半部渐细而端半部膨大呈桃形,末端稍凹陷,腹面观端半部腹缘向背侧及两侧深裂形成内腔。臀板侧面观呈柱状,腹面观为一对半圆形。端带较小,腹面观呈倒三角形。下附肢基肢节背侧向后隆起形成牛角状,隆起部分的内缘散布小刺,腹面观背侧中部向内形成一具小刺的宽短突起。下附肢端肢节侧面观与腹面

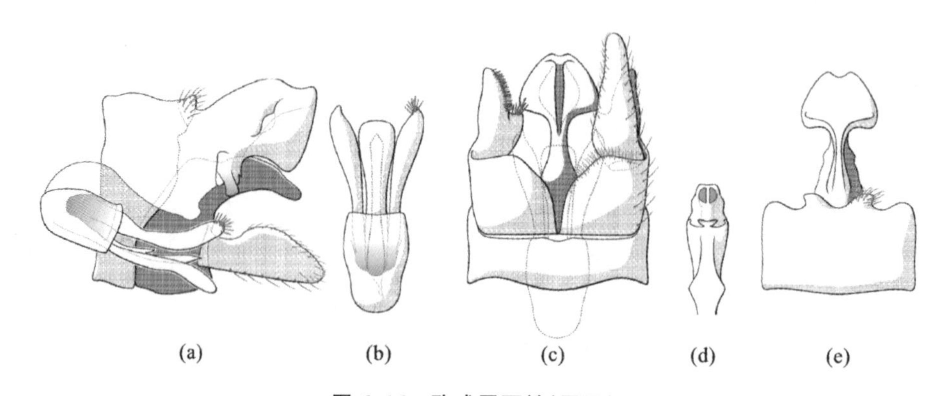

图 6.16　欧忒原石蛾(罗田)

(a)左侧面观,左下附肢略去;(b)阳茎,腹面观;(c)腹面观,左下附肢端肢节略去;
(d)第十节,腹面观;(e)背面观

观呈指状,背缘具半圆形突起,末端具少量小刺。阳基侧突侧面观呈指状,略向背侧弯曲,腹面观稍相对弯曲,基部往端部渐宽,末端具一簇小刺;阳茎端侧面观稍向背侧弯曲,背缘中部具一小突起,端部尖,腹面观呈剑形;阳茎腹侧具一骨化板,侧面观呈指状,腹面观从基部往端部渐宽,末端平截。

分布:该种的模式产地为河南省罗山县,现增加湖北省的采集记录。

命名:中文名根据种名音译新拟。

(5) 拟冠原石蛾 *Rhyacophila haplostephanodes* Qiu, 2016 如图 6.17 所示。

Rhyacophila haplostephanodes Qiu & Yan, 2016: 348-349, figs. 2a-d。

正模:雄性,样点 12(2015-4-22),保存于南京农业大学。

副模:2 雄性,样点 12(2015-4-22)。

描述:前翅长 9.4～9.8 mm(n=3),体棕色,翅棕色。

雄性外生殖器:第九节侧面观背侧隆起呈半圆形,端背叶侧面观基部窄而端部渐宽,腹缘中央具一刺状小突起,末端圆润;背面观基部宽,往中部渐窄,后又变宽,端部凹陷形成两叶并于凹陷中央形成一尖刺状突起。第十节背半部分宽,背侧与腹侧各具小的嵴状突起,背面观两侧具圆润突起;腹半部分较窄,倾斜,中部膜质化,近端部后侧具一指状突起。臀片较小,腹面观近圆角三角形,端带很细,呈弧形,背带也较短。下附肢基肢节基部宽而端部渐窄,端肢节近矩形,前腹角稍延伸形成小突起,后背角与后腹角向内延伸形成指状突起;端肢节与基肢节除背侧小块区域直接相连外,其余均以膜质相连,端肢节活动较为灵活。阳茎较小,阳茎基近梯形,阳茎端背侧具一骨化板,骨化板侧面观分两支,背支较短,末端尖,腹支较长,呈指状,腹面观腹支与阳茎基近等宽,末端稍凹陷;内茎鞘发达,形成袖筒状将阳茎端包裹;阳茎端侧面观呈柳叶状,中部背缘具一刺状突起,腹面观呈长水滴形。

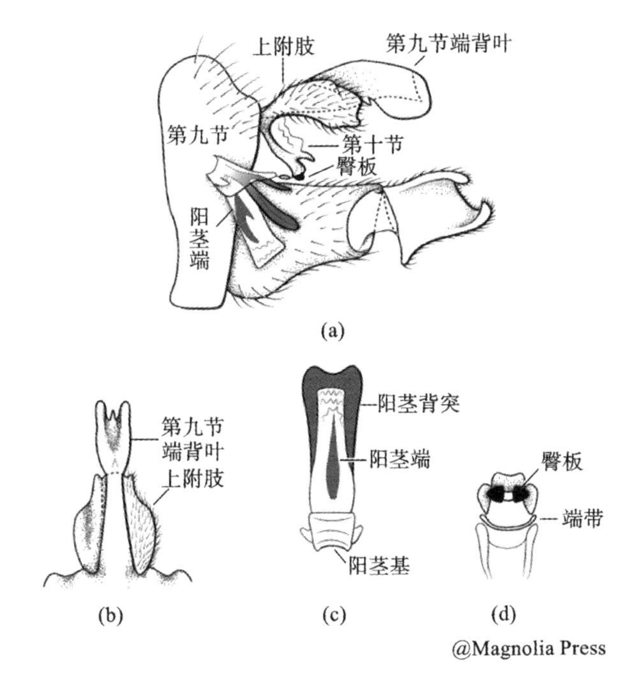

图 6.17 拟冠原石蛾(黄梅,经版权方 Zootaxa www.mapress.com/j/zt 同意复制)

(a)左侧面观;(b)背面观;(c)阳茎,腹面观;(d)第十节,腹面观

鉴别:该种与 *Rhyacophila haplostephana* Sun & Yang, 1998 相似,区别在于:①该种第九节端背叶末端两分叉中间具一尖锐突起,而 *R. haplostephana* 第九节端背叶末端两分叉中间无尖锐突起但内缘各具一小刺;②该种第九节端背叶腹缘中央具一小突起,而 *R. haplostephana* 第九节端背叶腹缘中央不具突起;③该种端板不如 *R. haplostephana* 粗;④该种臀板腹面观近三角形,而 *R. haplostephana* 臀板腹面观呈圆形。

分布:该种仅分布于湖北省黄梅县。

命名:种名为 *R. haplostephana* 加拉丁后缀"-nodes"(相似的)组成,意指该种雄性外生殖器形态与 *R. haplostephana* 相似。

(6) 长枝原石蛾 *Rhyacophila longiramata* Qiu, 2016 如图 6.18。

Rhyacophila longiramata Qiu & Yan, 2016: 348, figs. 1a-d。

正模:雄性,样点 6。

副模:3 雄性,样点 6。

描述:前翅长 7.9~8.7 mm(n=4),体棕褐色,翅棕色。

雄性外生殖器:第九节侧面观与背面观近矩形,背侧披毛。第十节背半部分侧面观呈叶状,背面观呈"U"形,末端披毛;腹半部分竖直,侧面观宽度与背半部分高度相近;腹半部分与背半部分交接处后缘延伸出一强烈骨化的二分叉树枝状突

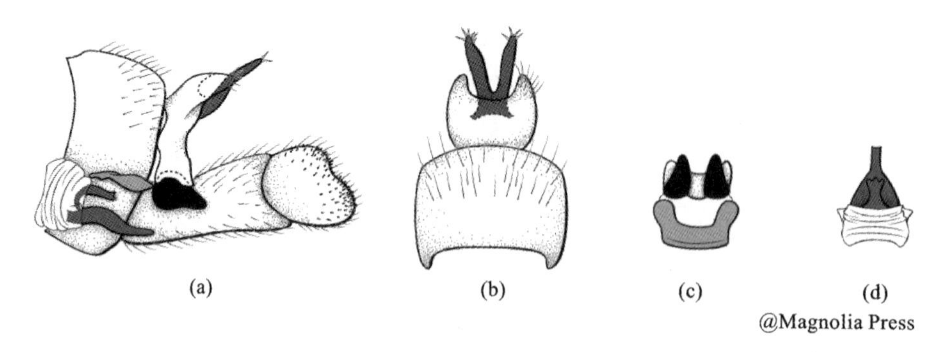

图 6.18 长枝原石蛾(岳西,经版权方 Zootaxa www.mapress.com/j/zt 同意复制)

(a)左侧面观,下附肢略去;(b)背面观;(c)第十节,腹面观;(d)阳茎,背面观

起,突起末端具少量小刺。臀片侧面观似横向的水滴形,腹面观呈三角形。端带侧面观呈叶状,腹面观呈"U"形,两端膨大呈圆形。下附肢基肢节呈矩形,端肢节长度约为基肢节的一半,端部稍凹陷,端半部分内缘散布小刺。阳茎基膜质,宽短;阳茎端侧面观呈柳叶状,中部向背侧稍拱起,背面观基半部分呈三角形,端部收窄呈柱状;阳茎端背侧具一小骨化板,侧面观基部指向背侧,中部向后弯曲,端部指向后侧,背面观中部缢缩,端部浅分为三叉。

鉴别:该种第十节端部的二叉骨化分支相当独特,易于与该属其他种区别。

分布:该种的模式产地为安徽省岳西县。

命名:拉丁语"longi"、"lama"意为"长的"、"枝条",形容词词尾"-ta"意指该种位于第十节的长条形突起。

(7) 长侧突原石蛾 *Rhyacophila longistyla* Sun & Yang, 1995 如图 6.19 所示。

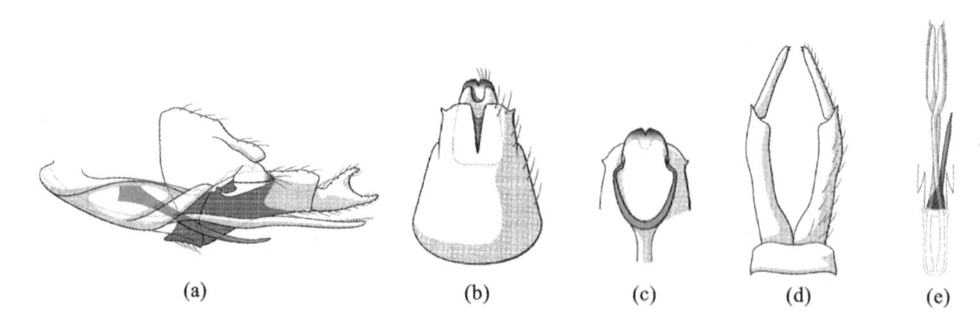

图 6.19 长侧突原石蛾(英山)

(a)左侧面观,左下附肢略去;(b)背面观;(c)第十节,腹面观;(d)腹面观;(e)阳茎,背面观

Rhyacophila longistyla Sun & Yang, 1995: 29-30, fig. 8; Leng, et al, 2000: 12。

正模：雄性，安徽省，泾县，宋村，定西河，泾县东 33 km 处，海拔 120 m，1990 年 6 月 8 日，采集人为 Morse J. C.、孙长海和杨莲芳。

副模：1 雄性，资料同正模；3 雄性，江西省，婺源县，清华河，婺源北 37 km 处，海拔 250 m，1990 年 5 月 25 日，采集人为 Morse J. C.、孙长海和杨莲芳。

材料：2 雄性，样点 15。

描述：前翅长 8.2～8.5 mm（$n=2$），体棕色，翅棕黄色，前翅末端具少量深色斑点。

雄性外生殖器：第九节侧面观近三角形，背侧长度为腹侧的四倍左右。端背叶侧面观呈三角形，背面观端部深裂，两侧各具一小突起。第十节背面观近梯形，端部具一半圆形凹陷。臀片腹面观基部愈合，端部着生少量刚毛。端带腹面观窄，呈"U"形。下附肢基肢节较长，侧面观近矩形，端肢节基部宽度约为端肢节端部的 2/3，端部分为两叉，末端着生少许小刺。阳茎基稍短于阳茎端，膜质；阳基侧突长度为阳茎端两倍以上，在阳茎端腹侧较粗，端部 1/3 处稍相对弯折并在外侧背缘形成一排锯齿；阳茎端侧面观基部呈矩形，端部渐细并略向背侧弯曲，腹面观基部呈三角形，中部呈柱状，端部收窄，形似倒着的长漏斗。

分布：该种原分布于安徽省与江西省，现增加湖北省的采集记录。

命名：沿用冷科明等人在 2000 年所拟中文名。

（8）长袖原石蛾 *Rhyacophila manuleata* Martynov，1934 如图 6.20 所示。

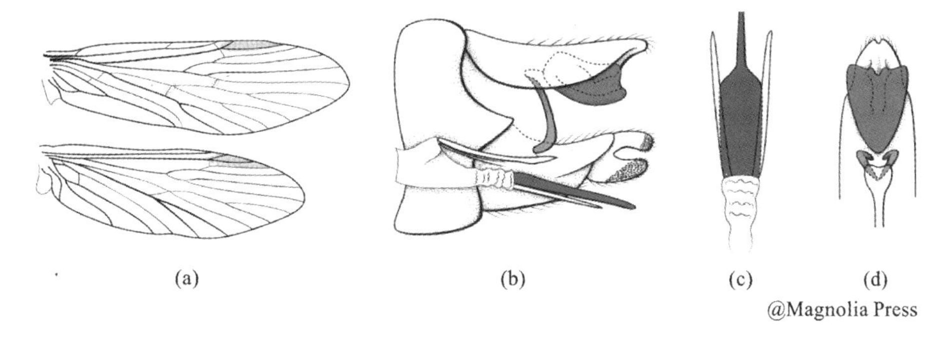

图 6.20　长袖原石蛾（岳西，经版权方 Zootax www.mapress.com/j/zt 同意复制）

（a）前后翅脉相；（b）左侧面观，左下附肢略去；（c）阳茎，腹面观；（d）第十节，腹面观

Rhyacophila manuleata Martynov, 1934: 324-325, figs. 37a-c; Schmid, 1970: 68, plate XXVII, figs. 12-13; Ivanov, 2011: 196; Malicky, 2014: 1608。

Rhyacophila kawamurae Tsuda, 1940: 130-131, 135, figs. 17a-c; Ko & Park, 1988: 10, figs. 30-32。

正模：俄罗斯（西伯利亚东南）。

材料：3 雄性，样点 6；1 雄性，样点 12（2015-4-22）。

描述：前翅长 8.2～8.9 mm($n=4$)，体棕黑色，翅浅棕色。

雄性外生殖器：第九节背侧较腹侧稍窄，侧面后缘具一三角形突起。第十节侧面观呈香蕉状，腹面观末端具小缺刻，端部腹缘中线具两对小齿。臀板大，侧面观呈槽状，端部平截，腹面观呈三角形，端部中央具缺刻。端带侧面观呈长条形，竖直。背带腹面观端部膨大。下附肢基肢节基部较端部宽，侧面观背缘稍凹陷，背侧端部略向内翻折；端肢节端部深凹形成横"U"形，两叉端部分别散布小刺，腹支的刺域较背支的大。阳茎基膜质，阳基侧突的长度约为阳茎端的 4/5，呈刺状，阳茎端侧面观呈刺状，腹面观基部 3/5 较宽，端部 2/5 收至与阳基侧突等宽。

分布：该种分布于俄罗斯与中国台湾省，现增加安徽省与湖北省的采集记录。

命名：中文名根据种名意译新拟。Ko 和 Park 在 1988 年对韩国的原石蛾科进行调查的结果中发现同时有 *R. manuleata* 与 *Rhyacophila kawamurae* Tsuda 1940，后者被确认为是前者的异名，但该论文中两种石蛾的雄性外生殖器明显不一样，本书作者认为该论文中的 *R. manuleata* 是 *R. divaricata* 支的另外一个种。

(9) 拟槌原石蛾 *Rhyacophila mimiclaviforma* Sun & Yang，1998 如图 6.21 所示。

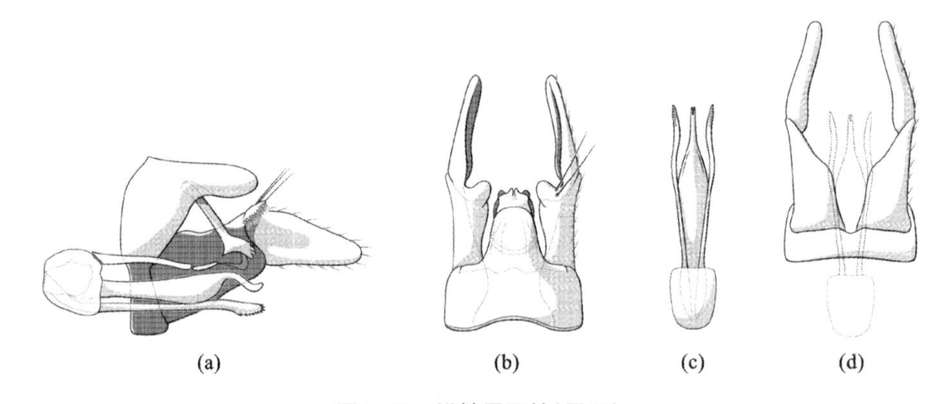

图 6.21　拟槌原石蛾(罗田)

(a)左侧面观，左下附肢略去；(b)背面观；(c)阳茎，腹面观；(d)腹面观

Rhyacophila mimiclaviforma Sun & Yang，1998：16-17，fig. 6。

正模：雄性，云南省，文山县(现为文山市)，Lao-hui，Long-xiang，Bai-yi-zhai(疑为摆依寨村)东 2 km 处，海拔 1650 m，1990 年 7 月 10 日，采集人为 Ke。

材料：1 雄性，样点 13(2014-4-3)。

描述：前翅长 12.2 mm($n=1$)，体棕褐色，翅棕色，前翅中部前缘与后缘散布浅色斑点，端部翅脉终止处有浅色斑点。

雄性外生殖器：第九节侧面观背缘宽而腹缘窄，背半部分近倒三角形，端背叶侧面观呈指状，背面观宽度约为第九节主体的 1/3，末端圆润。第十节倾斜，侧面观窄,末端扩大形成爪状,背面观末端具一对小突起。臀板侧面观呈弯曲条形。端带较小,背面观呈弧形。下附肢基肢节近矩形,基部比端部稍宽;端肢节侧面观近三角形,基部背缘与基肢节愈合,愈合处向内具一卵圆形突起,突起的背缘着生长毛,腹缘具小刺。阳茎基膜质,较小,阳茎端侧面观中部靠近端部处最宽,后腹缘强烈收窄并向腹侧弯曲,末端向背侧勾起,腹面观近端部收窄,末端浅分为两叉;阳基侧突与阳茎端近等宽,端部稍膨大且腹缘呈锯齿状。

分布:该种原分布于云南省,现增加湖北省的采集记录。

命名:中文名根据种名意译新拟。

(10) 五角原石蛾 *Rhyacophila pentagona* Malicky & Sun, 2002 如图 6.22 所示。

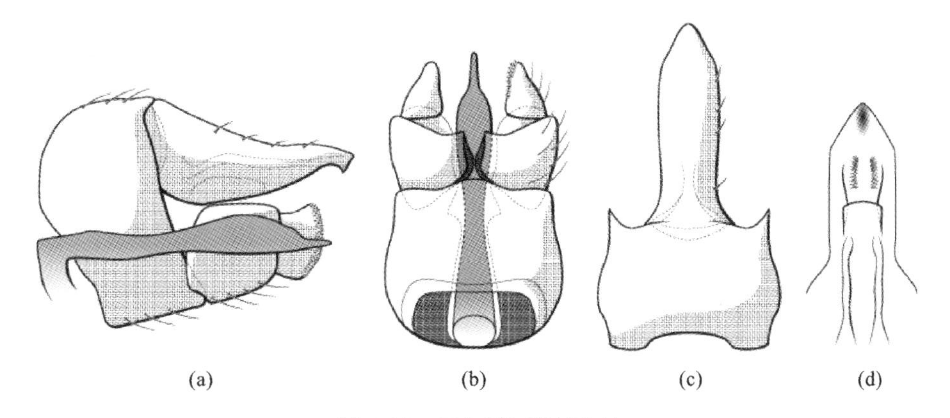

图 6.22 五角原石蛾(罗田)

(a)左侧面观;左下附肢略去;(b)腹面观;(c)背面观;(d)第十节,腹面观

Rhyacophila pentagona Malicky & Sun, 2002: 549, fig. on plate 5。

正模:雄性,云南省,大理市,点苍山,清碧溪,25°54′N,99°48′E,海拔 2200～2500 m,1998 年 5 月 23 日(扫网捕捉),采集人为王备新和杜予洲。

材料:1 雄性,样点 13(2014-5-28)。

描述:体黑褐色,翅浅灰色。

雄性外生殖器:第九节侧面观近矩形,前缘背侧圆润。第十节侧面观呈三角形,背缘稍凹陷,腹缘圆润,端部腹缘具一小齿;背面观形似子弹,腹面观两侧向腹部翻折,近端部具两行小刺,端部小齿骨化。臀板侧面被第十节遮住,呈槽状,腹面观近矩形。下附肢基肢节侧面观近方形,长度与宽度几乎相等,腹面观内缘较短而外缘较宽;端肢节侧面观长度为高度的一半,腹面观呈三角形,内缘近端部散布小刺。阳茎基膜质,方向竖直,阳茎端中部稍缢窄,后背缘膨大,近端部强烈收细。

分布：该种原分布于云南省，现增加湖北省的采集记录。

命名：中文名根据种名意译新拟。

（11）三角原石蛾 *Rhyacophila triangularis* Schmid，1970 如图 6.23 所示。

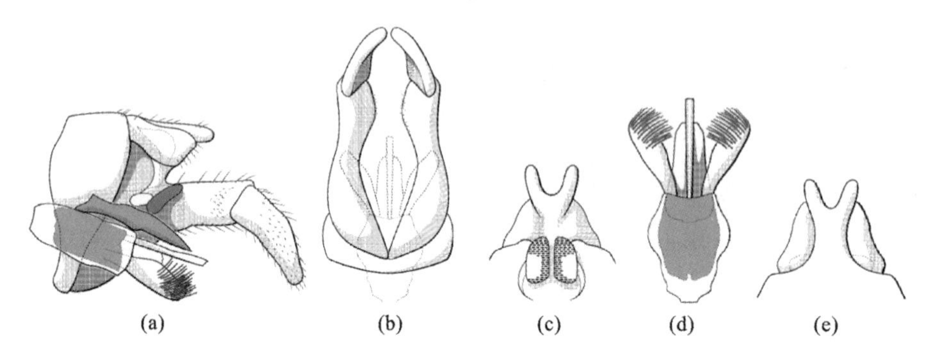

图 6.23　三角原石蛾（桐城）

（a）左侧面观，左下附肢略去；（b）腹面观；（c）第十节，腹面观；（d）阳茎，腹面观；（e）背面观

Rhyacophila triangularis Schmid，1970：141，plate 10，figs. 11-13。

正模：雄性，湖南省，Hoengshan，1933 年 10 月 30 日，采集人为 H. Hoene。

材料：1 雄性，样点 4(2015-10-3)；1 雄性，样点 5；1 雄性，样点 10；11 雄性，样点 11。

描述：前翅长 7.2～8.1 mm(n=10)，体褐色，翅棕黄色。

雄性外生殖器：第九节背缘长度约为腹缘的三倍，背面观端背叶呈"丫"形，稍长于第十节。第十节侧面观基部较窄而端部较宽，位置稍低于第九节端背叶，背面观基部宽而端部窄。臀板侧面观呈指状，腹面观呈卵圆形，内侧、基部与端部均有线段图案。端带腹面观位于臀板两侧，呈月牙状。下附肢基肢节基部宽，后腹缘收缩，背缘较直，近端部内侧稍隆起并散布小刺；端肢节侧面观近三角形，端部圆润，指向腹侧，内缘具小刺。阳茎背侧具一块骨化板，侧面观骨化板基部平截，端部尖锐，腹面观骨化板近基部较宽，往端部渐细，末端平截。阳茎基膜质，阳基侧突基部窄而端部粗，末端着生有指向背内侧的长刺，形似牙刷；阳茎端呈细管状，略长于阳基侧突。

分布：该种原分布于湖南省，现增加安徽省、河南省与湖北省的采集记录。

命名：中文名根据种名意译新拟。

（12）原石蛾 *Rhyacophila* sp. 1 如图 6.24 所示。

材料：1 雄性，样点 15。

描述：前翅长 12.2 mm(n=1)，体黑褐色，翅棕色。

雄性外生殖器：第九节侧面观长度约为高度的一半，前缘稍突起而后缘中部稍凹陷。第十节侧面观呈三角形，背缘较直而腹缘形成钝角状，腹面观第十节两

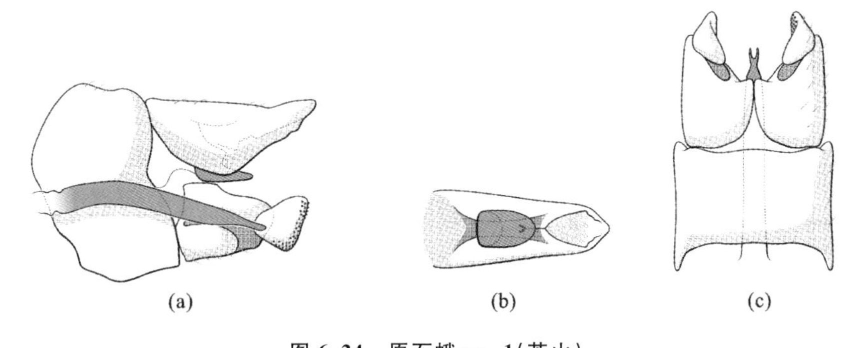

图 6.24　原石蛾 sp. 1(英山)

(a)左侧面观,左下附肢略去;(b)第十节,腹面观;(c)腹面观

侧向下翻折,腹缘端部向背侧形成一三角形的浅凹槽,凹槽内有圆形图案。臀板侧面观呈槽状,腹面观形似子弹。下附肢基肢节基部较宽,端部较窄,腹面观腹侧向内膨大;端肢节侧面观呈三角形,腹面观呈三角形且内部稍凹陷,内缘靠腹缘与端部散布小刺。阳茎基膜质,阳茎端呈筒状,近基部稍向腹部弯曲,近端部收细,腹面观端部分为两叉。

分布:该种仅分布于湖北省英山县。

鉴别:该种属于 *Rhyacophila nigrocephala* 种组,且与 *R. pentagona* 相似,区别在于:①该种第十节侧面观中部较宽且端部圆润,而 *R. pentagona* 第十节侧面观基部较宽且端部平截;②该种臀板腹面观端部圆润,而 *R. pentagona* 臀板腹面观端部平截;③该种阳茎基腹面观端部分叉,而 *R. pentagona* 阳茎基腹面观端部不分叉;④该种下附肢侧面观近三角形,而 *R. pentagona* 下附肢侧面观近矩形。

第五节　枝石蛾科

枝石蛾科 Calamoceratidae Ulmer, 1905 为一较小的科,共 2 亚科,9 现存属,我国的记录有 10 种。此科原本为长角石蛾科的亚科,但创建不久即提升为科。

异距枝石蛾属是异距枝石蛾亚科的唯一属。该属多分布于热带与亚热带地区,东洋界约有 50 种,种数高于其他各区系分布种类之和。Malicky 将此属分为 4 个亚属,但 Oláh 与 Johanson 认为 Malicky 定义的特征不够稳定,仅能用于区分种组。Ito 等人对日本地区的异距枝石蛾进行了修订并详细描述了该属某些种幼期形态与生态特征。该属幼虫刮食性,多食水底枯枝落叶,巢由较大的两片落叶碎片缝合边缘组成,其中背侧叶片较腹侧叶片大。本节术语参考伊藤富子等人的研究。

异距枝石蛾亚科 Anisocentropodinae Lestage，1936。

异距枝石蛾属 *Anisocentropus* McLachlan，1863。

模式种：*Anisocentropus illustris* McLachlan，1863。

下颚须 6 节。胫距式 2,4,3,雄虫后足刚毛列较小。前后翅 R_1 与 R_2 端部不愈合,前翅较后翅窄,后翅基部的毛束较细。

本研究采集到异距枝石蛾属 1 种。

河村异距枝石蛾 *Anisocentropus kawamurai* Iwata，1927 如图 6.25 所示。

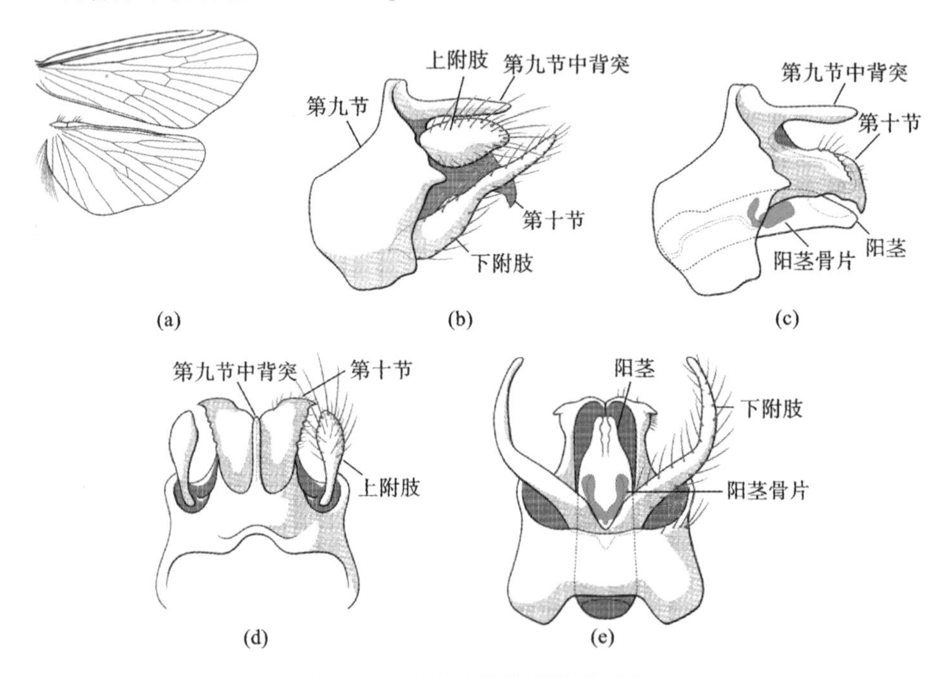

图 6.25　河村异距枝石蛾(红安)

(a)前后翅脉相；(b)左侧面观；(c)左侧面观,上附肢与下附肢略去；(d)背面观；(e)腹面观

Phryganea sp. Kawamura，1918：302，fig. 400。

Kizakia kawamurai Iwata，1927：241-242；Iwata，1927：211，217。

Ganonema munuta Martynov，1930：85-86：figs. 3032。

Anisocentropus kawamurai Ulmer，1951：345；Inazu & Ishida，2011：210；Oláh & Johanson，2010：16-18，figs. 17-21；Ito，et al，2012：2-9，figs. 1-5，8，9；Wityi，et al，2015：44。

Anisocentropus minutus Malicky，1994：69-70，fig. 4。

Anisocentropus sp. Maruyama & Takai，2000：122-123，125，photo. 239，fig. 236；Nozaki，2005：112；Hayashi，et al,2009：41-47。

正模：幼虫，日本。

材料：1 雄性，样点 13(2019-7-7)；2 雄性，样点 17。

描述：前翅长 8.4～9.0 mm(n=2)，翅棕黄色，体棕色。后翅基部具一簇长毛。

雄性外生殖器：第九节侧面观腹半侧宽阔，后缘中央具一三角形突起，背侧具棒状的中背突。第十节中间高两侧低，呈屋脊状，两侧背缘具一排凹凸不平的嵴并具毛，腹侧向内凹陷，末端向下勾起。上附肢侧面观呈卵圆形，背面观呈锤状，基部窄而端部宽，披长毛。下附肢侧面观基部较宽，端部窄，腹面观基半部分指向两侧，端半部分指向后侧，末端稍相向弯曲。阳茎呈筒状，侧面观与腹面观端部稍收窄，并具一纵向裂缝；阳茎骨片腹面观呈"U"形。

分布：该种在亚洲东部分布很广，日本、越南、泰国与缅甸均有分布。我国有记录的地区包括安徽省、江西省、广东省、广西壮族自治区、贵州省、浙江省与台湾省；现增加湖北省的采集记录。

命名：中文名根据种名意译新拟。

第六节　长角石蛾科

长角石蛾科 Leptoceridae Leach, 1815 为毛翅目第二大科，包含了整个目约 15%的种。该科石蛾多样性较高，仅仅巢的形态就有数十种，材料包括沙砾、叶片、幼虫所吐之丝或掏空的树枝。幼虫的生态也极为多样，包括半陆生、卵胎生或营寄生生活的种类。Morse J. C. 最早使用形态学对长角石蛾科进行了全面的系统发育分析，并将长角石蛾科分成了 2 亚科，13 族。后来也有多个学者对该科内的系统发育进行了梳理与修订。Malm 等人用 5 个基因序列对长角石蛾科进行了系统发育分析，其结果与形态学结果基本吻合，而对 Grumichellini 与 Leptorussini 两族的位置则有不同意见，于是这两族被提升为亚科 Grumichellinae 与 Leptorussinae。因此，目前这一科分为 4 亚科，46 现存属，其中歧长角石蛾亚科(Triplectidinae)具 2 族，10 属；长角石蛾亚科(Leptocerinae)则有 10 族，26 现存属，另具三个分类地位不明属。由于这一科过于庞大，仅仅对其中一属的研究就足够完成一篇博士论文，所以大多属的系统发育研究仍显不足。目前系统发育研究完成度较高的属为并脉长角石蛾属 *Adicella* McLachlan, 1877；栖长角石蛾属 *Oecetis* McLachlan, 1877；叉长角石蛾属 *Triaenodes* McLachlan, 1865；姬长角石蛾属 *Setodes* Rambur, 1842；须长角石蛾属 *Mystacides* Berthold, 1827；突长角石蛾属 *Ceraclea* Stephens, 1829。

杨莲芳与 Morse J. C. 对我国长角石蛾科进行了较为全面的修订，本节术语参考他们的研究。目前我国的长角石蛾科分为 2 亚科，11 属，一共 167 种。本研究一共采集到长角石蛾 7 属，19 种。

大别山脉地区长角石蛾科分属检索表

1　后翅 DC 封闭，中脉(M)明显具三分支 ……………………………………………… 歧长角石蛾亚科 Triplectidinae，歧长角石蛾属 *Triplectides*

1'　后翅 DC 开放，中脉具一到两分支………… 长角石蛾亚科 Leptocerinae 2

2(1')　后翅缺第Ⅴ叉 …………………………………………………………………… 3

2'　后翅具第Ⅴ叉 …………………………………………………………………… 4

3(2)　前翅具 MC 与中脉，第Ⅱ叉近矩形 …………… 并脉长角石蛾属 *Adicella*

3'　前翅缺 MC 与中脉，第Ⅱ叉三角形 …………… 叉长角石蛾属 *Triaenodes*

4(2')　中胸侧板下前侧片前部平截 …………………… 突长角石蛾属 *Ceraclea*

4'　中胸侧板下前侧片前部尖锐 …………………………………………………… 5

5(4')　前翅后中脉明显发自 m-cu 横脉或前臀脉，后中脉与前中脉近似一根直而不分叉的中脉 …………………………………… 栖长角石蛾属 *Oecetis*

5'　前翅后中脉明显发自中脉主干 ………………………………………………… 6

6(5)　前翅前缘脉于翅痣处凹陷；体色与翅色深棕色至蓝黑色，翅上不具图案 ……………………………………………………………… 须长角石蛾属 *Mystacides*

6'　前翅前缘脉不于翅痣处凹陷；体色与翅色苍白至浅棕色，翅上常有条纹或点状图案 ……………………………………………………………………… 7

7(6')　触角柄节基部粗壮，向端部渐窄，不长于头，其表面无成丛毛束 ………………………………………………………………… 姬长角石蛾属 *Setodes*

7'　触角柄节呈长圆柱形，长于头，其上附有刷状长毛 ……………………………………………………………… 毛姬长角石蛾属 *Trichosetodes*

1. 长角石蛾亚科 Leptocerinae Leach，1815

1) 并脉长角石蛾属 *Adicella* McLachlan，1877

模式种：*Setodes reducta* McLachlan，1865。

前翅第Ⅱ叉近矩形，具 M 主干脉。雄虫第九节背板不分裂，第十节背支具一直数对突起，腹支侧面观较高。阳茎呈匙状，阳茎孔片具一对端背叶。

本研究采集到并脉长角石蛾属 4 种。

并脉长角石蛾属分种检索表

1　下附肢分叉 ……………………………………………………………………… 2

1'　下附肢不分叉 …………………………………………………………………… 3

2(1)　下附肢分三支 ………………………… 三叉并脉长角石蛾 *A. trichotoma*

2'　下附肢分两支 ………………………… 长肢并脉长角石蛾 *A. longiramosa*

3(1') 下附肢腹面观中部缢缩 …………………… 岛神并脉长角石蛾 *A. kalypso*

3' 下附肢腹面观圆润无缢缩 ………… 椭圆并脉长角石蛾 *A. ellipsoidalis*

(1) 椭圆并脉长角石蛾 *Adicella ellipsoidalis* Yang & Morse, 2000 如图6.26所示。

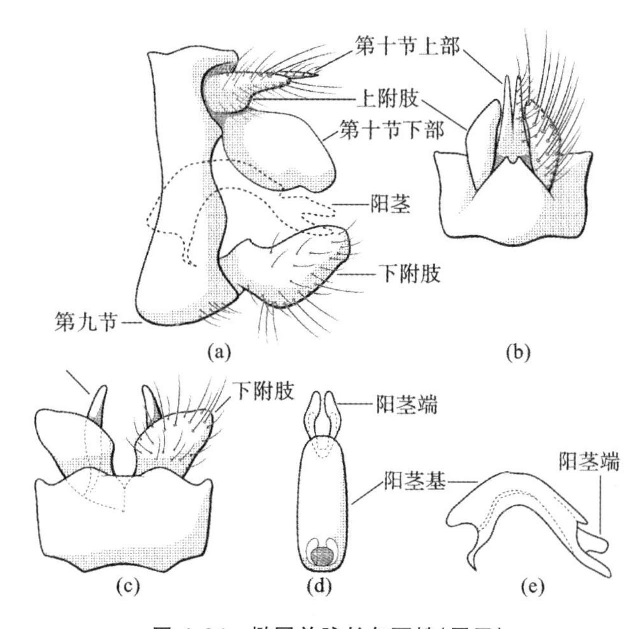

图 6.26 椭圆并脉长角石蛾(罗田)

(a)左侧面观;(b)背面观;(c)腹面观;(d)阳茎,腹面观;(e)阳茎,左侧面观

Adicella ellipsoidalis Yang & Morse, 2000: 93-94, figs. 114a-e。

正模:雄性,江西省,玉山县,三清山,双溪河,玉山南 80 km,28°41′N,118°16′E,海拔 470 m,1990 年 5 月 27—28 日,采集人为 Morse J. C.、杨莲芳和孙长海。

副模:1 雄性,资料同正模;1 雄性,江西省,车盘镇,80 km 地标处,崇安市北 38 km 处,江西省界 2 km,28°4′N,118°3′E,海拔 550 m,1990 年 5 月 29 日,采集人为孙长海;6 雄性,2 雌性,河南省,栾川县,龙峪湾林场,33°42′N,111°30′E,海拔 1000 m,1996 年 7 月 11 日,采集人为王备新。

材料:30 雄性,样点 9(2015-7-11);2 雄性,样点 10;3 雄性,样点 13(2014-7-12);1 雄性,样点 13(2015-7-18);1 雄性,样点 17。

描述:前翅长 5.5～6.7 mm(n=9),翅褐色,体黑褐色。

雄性外生殖器:第九节侧面观后缘呈波浪状,背面观呈三角形,后缘末端稍凹陷。上附肢侧面观基部宽,中部腹缘收窄,背面观呈瓣状,具较长刚毛。第十节上部纤细,背面观从近基部裂为两支,端半部披短毛;下部光滑,侧面观呈椭圆形,腹缘近端部稍凹陷，腹面观扁平。下附肢侧面观圆润，略向背侧弯曲，腹侧相向弯曲使腹面观近梯形。阳茎基侧面观强烈弯曲，端部斜切，末端开口内嵌入"V"形的阳茎端。

分布：该种原分布于江西省、河南省与安徽省，现增加湖北省的采集记录。

命名：中文名根据种名意译新拟。

(2) 岛神并脉长角石蛾 *Adicella kalypso* Malicky, 2002(new record)如图6.27所示。

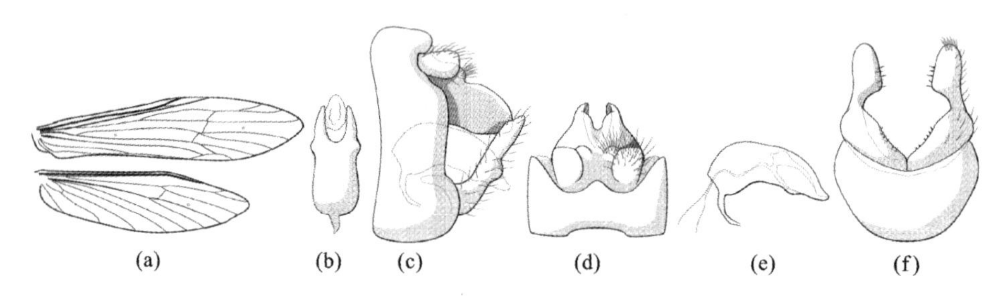

图 6.27 岛神并脉长角石蛾(罗田)

(a)前后翅脉相；(b)阳茎，腹面观；(c)左侧面观；(d)背面观；(e)阳茎，左侧面观；(f)腹面观

Adicella kalypso Malicky, et al, 2002: 24。

正模：雄性，越南，Vinh Phuc Province，Tam Dao National Park，海拔 800～1100 m，1995 年 5 月 19 日—6 月 13 日，采集人为 Malicky。

材料：1 雄性，样点 13(2015-6-10)。

描述：前翅长 6.2 mm(n=1)，翅浅棕色，体褐色。

雄性外生殖器：第九节侧面观背侧后缘上附肢着生处凹陷，腹侧后缘下附肢着生处具一半圆形突起。上附肢短，末端平截，侧面观与背面观近矩形。第十节上部呈一对疣突状，端部生密毛；下部侧面观呈卵圆形，背面观近梨形且裂为两瓣，背侧由一后缘凹陷的膜质连接。下附肢侧面观呈指状，后缘中部具一半圆形突起，末端钝圆，腹面观基部宽且内缘凹陷，其内具少量小刺，中部缢缩，端部膨大并略相向弯曲，端部圆润，内缘平截且散布小刺。阳茎侧面观向腹侧弯曲，端部收窄，末端钝圆，腹面观近中部外侧具小突起，端部强烈凹陷，内有膜质结构。

分布：该种模式产地为越南三岛，现增加湖北省的采集记录。

命名：中文名根据种名意译新拟。

(3) 长肢并脉长角石蛾 *Adicella longiramosa* Yang & Morse, 2000 如图6.28所示。

Adicella longiramosa Yang & Morse, 2000: 86, figs. 108a-d。

正模：雄性，江西省，贵溪县(现为贵溪市)，西溪河，贵溪南 10 km 处，28°18′N，117°12′E，海拔 30 m，1990 年 6 月 4 日，采集人为 Morse J. C.、杨莲芳和孙

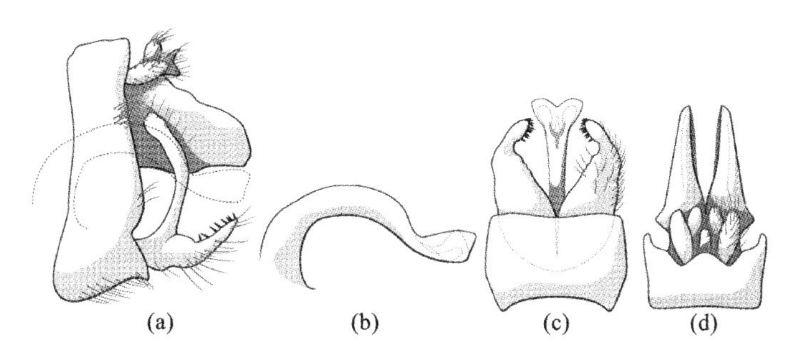

图 6.28　长肢并脉长角石蛾(罗田)

(a)左侧面观;(b)阳茎,左侧面观;(c)腹面观;(d)背面观

长海。

材料:1 雄性,样点 13(2015-7-18)。

描述:前翅长 7.1 mm(n=1),翅棕色,体棕色。

雄性外生殖器:第九节侧面观腹侧较背侧稍长,背面观背侧向后略微突起。上附肢较小,侧面观与背面观呈卵圆形。第十节上部分三支,中支指向背侧,末端圆润,侧支指向后侧,背面观末端圆润,侧面观末端分具浅凹陷;下部宽阔,侧面观末端圆润,背面观裂为两叶,末端渐细,外侧近基部具一角状突起。下附肢裂为两支,背支基部指向背侧,后向前弯曲;腹支侧面观略向背侧弯曲,腹面观基部宽阔,端部渐细并相向弯曲,末端稍膨大,端半部内缘散布指向背侧的小刺。侧面观阳茎基部弯成弧形,近端部缢缩,端部平截,腹面观端部裂为两叶,内具一"丫"形骨片。

分布:该种分布于俄罗斯远东南部及中国江西省与安徽省,现增加湖北省的采集记录。

命名:中文名根据种名意译新拟。

(4) 乳突并脉长角石蛾 *Adicella papillosa* Yang & Morse, 2000 如图 6.29 所示。

Adicella papilosa Yang & Morse, 2000: 94, figs. 115a-e。

正模:雄性,江西省,婺源县,菊径村,源头溪,婺源县西北 70 km,29°12′N,117°32′E,海拔 280 m,1990 年 5 月 26 日,采集人为 Morse J. C.、杨莲芳和孙长海。

副模:1 雄性,江西省,瑞金市,日东乡,洞子口,海拔 380 m,1996 年 8 月 3 日,采集人为冷科明。

材料: 1 雄性,样点 13(2019-7-7)。

描述:前翅长 7.0 mm(n=1),体黄色,翅浅棕色。

雄性外生殖器: 第九节侧面观高,背侧较窄,腹侧较宽,背面观后缘具一宽突

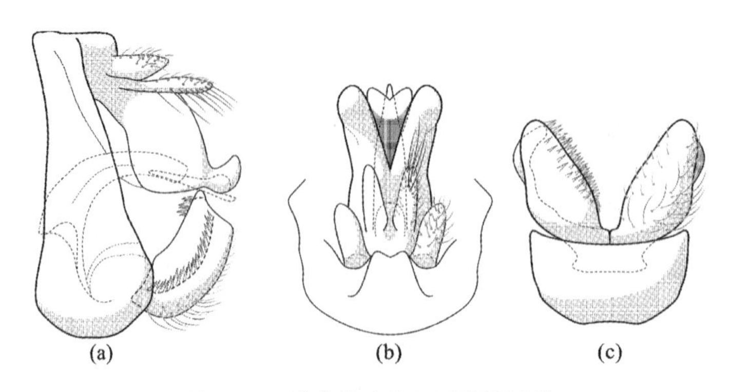

图 6.29　乳突并脉长角石蛾(罗田)

(a)侧面观;(b)背面观;(c)腹面观

起,末端略凹陷。上附肢短,呈指状,第十节上部为一对指状突起,侧面观与背面观较上附肢窄长。第十节下部宽大,侧面观端部向背侧翘起,末端圆润,背面观近矩形,中部稍缢缩,后缘具"V"形深裂。下附肢侧面观近矩形,端部具向内弯曲的指状突起,末端具刺;内侧凹陷,腹面观内缘具成排小刺。阳茎基弯曲呈筒状,阳茎端基部窄,端部裂为三叶。

分布:该种分布于江西省与安徽省。

命名:中文名根据种名意译新拟。

(5) 三叉并脉长角石蛾 *Adicella trichotoma* Ito & Kuhara, 2013 (new record)如图 6.30 所示。

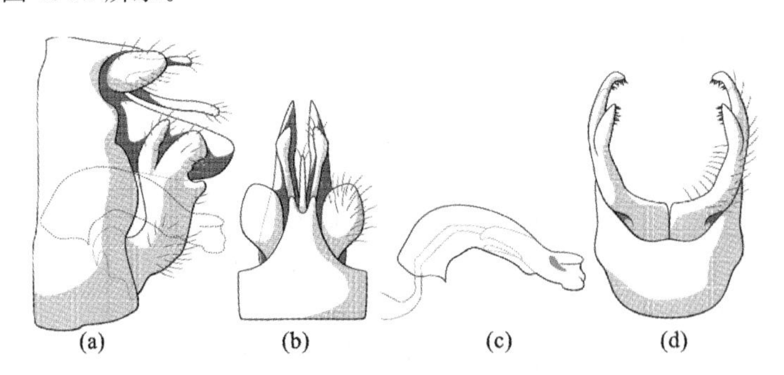

图 6.30　三叉并脉长角石蛾(黄梅)

(a)左侧面观;(b)背面观;(c)阳茎,左侧面观;(d)腹面观

Adicella sp. Kuhara, 1997: 62; Kuhara, 2001: 20; Ito, et al, 2010: 64。

Adicella trichotoma Ito, Kuhara & Katsuma, 2013: 30-31, figs. 2, 3, 6。

正模:雄性,日本,北海道,小樽市,奥沢水源地 43°09′N,140°58′E,1996 年 8 月 26 日,采集人为 Y. Sasaki 和 F. Takahashi。

副模:1 雄性,2 雌性,1996 年 7 月 29 日,其他资料同正模。

材料：1 雄性，样点 12(2015-6-24)。

描述：前翅长 6.0 mm(n=1)，翅浅棕色，体棕黄色。

雄性外生殖器：第九节侧面观在上附肢着生处具一半圆形凹陷，中部后缘具宽扁突起，背面观背侧向后突起并于端部裂为两短突起。上附肢呈卵圆形，第十节上部分三支，三支侧面观均为细长条状，末端披短毛，中支长度与上附肢相当，侧支比中支长 50%左右，背面观末端外侧膨大；第十节下部侧面观近矩形，背面观深裂为两瓣，末端呈三角形。下附肢侧面观宽，基部向背侧弯曲，末端裂为三支，其中中支最宽，后支最短，腹面观下附肢扁，末端略相向弯曲，分支的内缘具小刺。阳茎近基部弯曲，端部膜质，内有一小骨片。

分布：该种原分布于日本，现增加湖北省的采集记录。

命名：中文名根据种名意译新拟。

2) 突长角石蛾属 *Ceraclea* Stephens, 1829

模式种：*Phryganea nervosa* Fourcroy, 1785。

雄虫体色较暗，阳茎基端部腹缘完整且较长，雄虫仅具一对阳基侧突，具肛侧板。

本研究采集到突长角石蛾属 2 种。

突长角石蛾属分种检索表

1　　阳茎大，侧面观高度几近第九节高度的一半 ……………………………………………………………… 隐刺突长角石蛾 *C. nycteola*

1'　　阳茎小，侧面观高度不及第九节高度的一半 ……………………………………………………………… 栖岸突长角石蛾 *C. riparia*

(1) 隐刺突长角石蛾 *Ceraclea nycteola* Mey, 1997 如图 6.31 所示。

Ceraclea nycteola Mey, 1997: 203-204, figs. 124-127。

Ceraclea celata Yang & Morse, 2000: 44-45, figs. 88, 192。

正模：雄性，越南北部，沙坝镇以北 14 km，Fan Si Pan 山脉下，海拔 1100 m，1995 年 3 月 30 日，采集人为 Wolfram Mey。

副模：3 雄性，资料同正模。

材料：1 雄性，样点 13(2014-7-12)。

描述：前翅长 7.8 mm(n=1)，翅浅棕色，体褐色。

雄性外生殖器：第九节腹半部分宽度为背半部分宽度的两倍以上，背面观背侧后缘具一平截突起。上附肢侧面观近半圆形，末端突起，背面观中部向后隆起。第十节侧面观略向背侧弯曲，裂为一对侧支与一中支，末端均有细毛，背面观侧支细，略相向弯曲，中支宽度为侧支的三倍，末端钝圆。下附肢背支指向背侧，末端裂为两短突起，靠腹侧的突起腹缘具小刺；下附肢腹支较背支粗，腹面观基半部呈

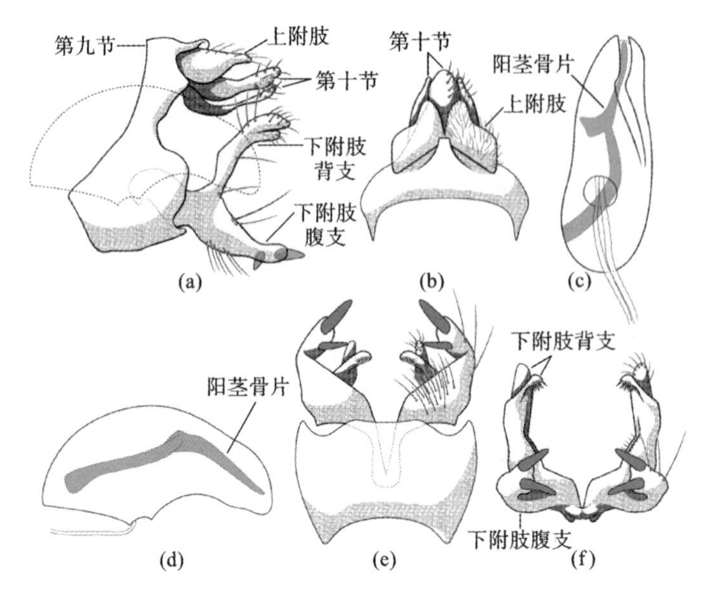

图 6.31 隐刺突长角石蛾(罗田)

(a)左侧面观;(b)背面观;(c)阳茎,腹面观;(d)阳茎,左侧面观;(e)腹面观;(f)下附肢,后面观

三角形,端半部相向弯曲,末端内侧具两根大刺。阳茎侧面观宽度约为第九节宽度的一半,内有前后相连的两根刺状骨片,腹缘距基部 1/3 处具一圆形开口通射精管,端半部具一纵向裂口。

分布:该种的模式产地为越南,在我国仅湖北省有采集记录。

命名:中文名根据该种 2000 年的异名新拟。

(2) 栖岸突长角石蛾 *Ceraclea riparia* (Albarda, 1874)如图 6.32 所示。

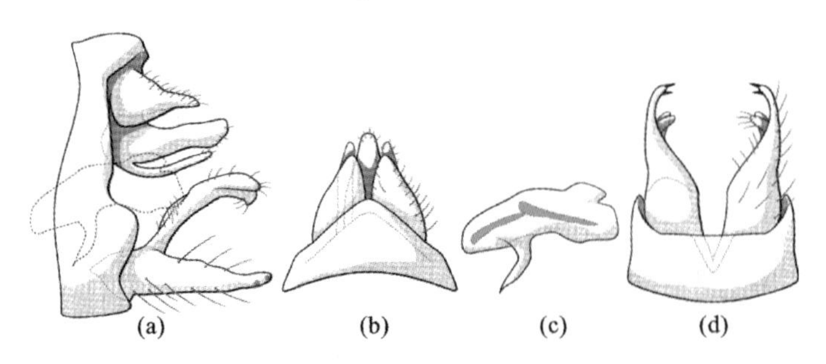

图 6.32 栖岸突长角石蛾(黄梅)

(a)左侧面观;(b)背面观;(c)阳茎,左侧面观;(d)腹面观

Leptocerus riparius (Albarda, 1874): 231-234, plate 14, figs. 8-17。

Ceraclea riparia Morse, 1975: 43, fig. 88; Tian, et al, 1996: 157, figs. 237a-d, plate Ⅱ-4; Urbanic, et al, 2003: 259-267, figs. 1-18; Waringer, et al,

2005：165-166，figs. 1-3；Sipahiler，2005：404；Yang，et al，2005：441-460；Chvojka & Komzak，2008：11-21；Ujvarosi，et al，2008：110-124；Ivanov，2011：199；Kiss，2012：25-31。

正模：荷兰，日耳曼尼亚(现指莱茵河东部一带)。

材料：1 雄性，样点 12(2015-6-24)。

描述：前翅长 8.0 mm(n=1)，翅棕黄色，体棕色，

雄性外生殖器：第九节侧面观腹半部较背半部稍粗，背面观呈三角形；上附肢侧面观与背面观呈三角形。第十节略向背侧弯曲，分为三支，侧面观与背面观中支为侧支的两倍宽。下附肢背支基部指向背后方，后渐弯向后侧，端部裂为两支；腹支基部为背支基部的两倍宽，往端部渐细，腹面观也渐细，端部相向弯曲，内缘着生两根小刺。阳茎侧面观为第九节宽度的 1/4 左右，中部腹缘具膜质条带，端部背缘具一宽短裂叶，内有两根前后相连的骨片。

分布：该种分布于整个古北界。我国有记录的地区为安徽省，现增加湖北省的采集记录。

命名：中文名见《中国经济昆虫志　第四十九册　毛翅目(一)》。

3) 须长角石蛾属 *Mystacides* Berthold，1827

模式种：*Phryganea nigra* Linnaeus，1758。

胫距式 0,2,2。前翅前缘亚端部具一凹陷，第Ⅰ叉具柄，各横脉呈斜形排列，停歇时翅末端沿横脉列稍折叠；后翅缘脉于亚端部弯曲，DC 约为翅长度的 1/3。

本研究采集到须长角石蛾属 2 种。

须长角石蛾属分种检索表

1　　第十节背板不对称 ………………………… 长须长角石蛾 *M. elongatus*

1'　　第十节背板对称 ………………………… 黄褐须长角石蛾 *M. testaceus*

(1) 长须长角石蛾 *Mystacides elongatus* Yamamoto & Ross，1966 如图 6.33 所示。

Mystacides elongata Yamamoto & Ross，1966：630-632，figs. 3a-e；Yang & Morse，2000：192-193，figs. 181a-d，255a-c；Leng，et al，2000：14；Yang，et al，1995：293。

正模：雄性，广东省，广州市，台涌，保存于哈佛比较动物学博物馆。

材料：1 雄性，样点 3；15 雄性，样点 9(2015-7-11)；1 雄性，样点 10；1 雄性，样点 13(2014-7-12)；1 雄性，样点 13(2015-6-10)；5 雄性，样点 15；1 雄性，样点 17。

描述：前翅长 5.9～7.0 mm(n=10)，翅黑褐色，体灰褐色。

雄性外生殖器：第九节侧面观腹侧宽而背侧窄，背侧具一对毛瘤状突起，背面观末端与第十节愈合，腹侧后缘向后形成"丫"形突起。上附肢细长呈棒状，第十

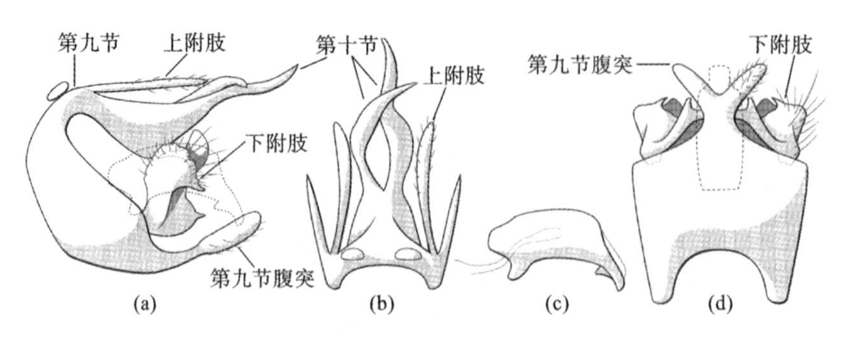

图 6.33 长须长角石蛾(罗田)

(a)左侧面观;(b)背面观;(c)阳茎,左侧面观;(d)腹面观

节侧面观基部窄,中部腹缘膨大呈三角形,端部收细,末端尖锐。背面观为不对称的两支,其中一侧呈波浪状,末端指向后方,另一侧较短并向对侧弯曲,统计第十节右侧弯曲的有 9 个(见图 6.33(b)),左侧弯曲的有 14 个(如图 6.33(b)所示的镜像),其中 1 个左支在右支上方。下附肢侧面观较短,形状近椭圆形,后缘具两个小突起,内侧具一粗短指状突起。阳茎侧面观近矩形,稍弯曲,端部斜切,亚端部腹缘具一小的三角形突起,腹面观呈矩形,端部稍收窄,末端平截。

分布:该种分布较广,在泰国与中国江苏省、安徽省、浙江省、福建省、广东省、江西省、陕西省、四川省、贵州省与云南省均有分布,现增加河南省与湖北省的采集记录。

命名:沿用冷科明等人在 2000 年所拟中文名。

(2) 黄褐须长角石蛾 *Mystacides testaceus* Navás, 1931 如图 6.34 所示。

Mystacides testacea Navás, 1931: 8, fig. 16.

Mystacides testaceus Yang & Morse, 2000: 190, figs. 75, 179A-D, 254 A-C.

正模:雌性,上海市,佘山。

材料:47 雄性,样点 8;1 雄性,样点 17。

描述:前翅长 8.8～10.0 mm(n=10),翅黑褐色,腹部灰色,雄虫活体的中胸背板呈极为鲜艳的橘红色,放入酒精后变为黄褐色。

雄性外生殖器:第九节侧面观背侧较窄,腹侧较宽,后缘从背半部开始收缩,近背侧后缘具一半圆形凹陷,腹侧后缘具一粗壮突起,侧面观突起端部平截,腹面观末端圆润。上附肢呈细长棒状,侧面观与背面观较直。第十节侧面观近半圆形,略向背侧弯曲,背面观近基部具一对指状突起,该突起可能细长呈指状,也可能粗短呈疣状,第十节基半部骨化,背面观骨化部分在正中央与两侧向后延伸呈尖锐的角状突起,围绕着膜质的端半部。下附肢侧面观形似花生,端部具一浅凹槽。阳茎侧面观腹缘中部具一刺状突起,末端斜切,切口内具膜质,背面观膜质中央形成一纵向凹槽;阳基侧突侧面观向腹侧强烈弯曲,背面观呈波浪状,端部强烈

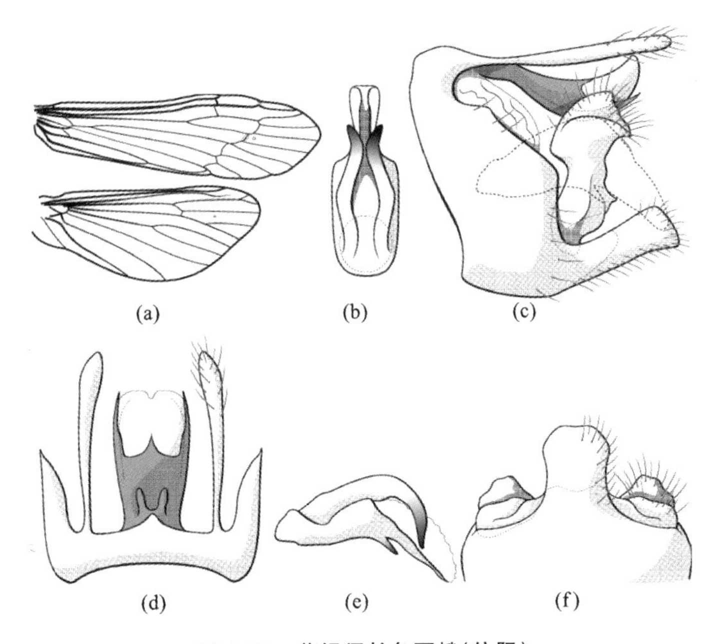

图 6.34　黄褐须长角石蛾(信阳)

(a)前后翅脉相;(b)阳茎,背面观;(c)左侧面观;(d)背面观;
(e)阳茎,左侧面观;(f)腹面观,第九节前半部分略去

骨化。

分布:该种分布于江苏省、浙江省、安徽省及上海市,现增加河南省与湖北省的采集记录。

命名:中文名根据种名意译新拟。

3) 栖长角石蛾属 *Oecetis* McLachlan, 1877

模式种:*Leptocerus ochraceus* Curtis, 1825。

中胸侧板下前侧片背端缘尖锐。前翅第Ⅱ叉近矩形,MP 明显发自 m-cu 横脉或 Cu_1,使 R_4+MA 似一根不分叉的中脉;后翅 DC 开放,明显具两分叉。

本研究采集到栖长角石蛾属 6 种。

栖长角石蛾属分种检索表

1　第八节具蜂巢状板 ………………………………………… 2

1'　第八节不具蜂巢状板 ……………………………………… 3

2(1)　第八节蜂巢状板不向后突出 ……………… 杯形栖长角石蛾 *O. caucula*

2'　第八节蜂巢状板向后突出,完全覆盖第九节 ………………………………………………………… 繁栖长角石蛾 *O. complex*

3(1')　第十节较宽短,不分裂 ……………………………………… 4

3’　　第十节细长，分裂为两支或三支 ………………………………………………… 5
4(3)　　下附肢腹面观基部具钝突 …………………… 湖栖长角石蛾 *O. lacustris*
4’　　下附肢腹面观基部不具钝突………… 黑斑栖长角石蛾 *O. nigropunctata*
5(3’)　　第十节裂为两支，末端具小刺 ……………… 刺栖长角石蛾 *O. spinifera*
5’　　第十节裂为三支，末端不具小刺 …………… 条带栖长角石蛾 *O. taenia*

(1) 杯形栖长角石蛾 *Oecetis caucula* Yang & Morse，2000 如图 6.35 所示。

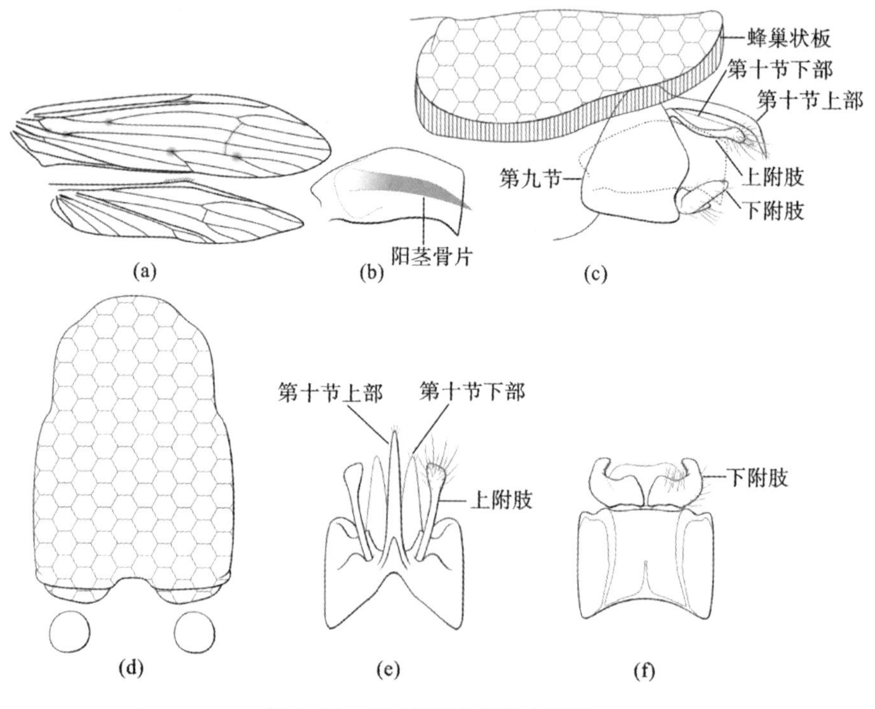

图 6.35　杯形栖长角石蛾(罗田)

(a)前后翅脉相；(b)阳茎，左侧面观；(c)左侧面观；(d)蜂巢状板，背面观；(e)背面观；(f)腹面观

Oecetis caucula Yang & Morse，2000：130-131，figs. 142a-d，227a-b；Nozaki & Nakamura，2002：177；Nozaki & Nakamura，2005：225；Lee，et al，2012：273-274，fig. 2。

正模：雄性，安徽省，青阳县，九华山，30°36′N，117°48′E，海拔 400 m，1988 年 6 月 20 日，采集人为孙长海和田立新。

副模：3 雄性，资料同正模；2 雄性，7 雌性，江西省，婺源县，局进村，源头溪，婺源西北 70 km 处，29°9′N，117°32′E，海拔 280 m，1990 年 5 月 26 日，采集人为 Morse J. C. 、杨莲芳和孙长海；3 雄性，清华河，婺源北 57 km，海拔 250 m，1990 年 5 月 25 日，采集人为 Morse J. C. 、杨莲芳和孙长海；4 雄性，安徽省，泾县，宋村，定西河，泾县东 33 km，30°42′N，118°21′E，海拔 120 m，1990 年 6 月 8 日，采集人为 Morse J. C. 和孙长海，保存于克莱姆森大学；2 雌性，歙县，29°54′N，118°27′E，保存于克莱姆森大学；2 雄性，湖北省，麻城市，zheng-shui-he，应城东北 15 km 处，龟山茶场南 2 km 处，海拔 250 m，1990 年 7 月 13 日，采集人为杨莲芳；6 雄性，贵州省，梵净山，黑湾河，海拔 530 m，1995 年 6 月 3 日，采集人为孙长海和王备新。

材料：65 雄性，样点 9(2015-7-11)；1 雄性，样点 13(2014-5-28)；2 雄性，样点 13(2014-7-12)；13 雄性，样点 13(2015-6-10)；6 雄性，样点 13(2019-7-7)；2 雄性，样点 15；9 雄性，样点 17。

描述：前翅长 5.8～7.5 mm(n=6)，前翅浅黄色，翅脉部分分叉处具斑点，体黄色。

雄性外生殖器：第八节具一大的板状结构，几乎完全覆盖住第九节及其后的部分，该板状结构上有蜂巢状的六边形图案。第九节腹侧很长，背半部剧烈收窄，背面观背侧后缘具一三角形小突起，腹面观近矩形。上附肢细长，端部稍膨大，披毛。第十节上部长于上附肢，侧面观端部尖锐并向腹侧弯曲，背面观呈长条状；第十节下部裂为一对长三角形的突起，侧面观较窄。下附肢侧面观呈指状，腹面观弯曲呈钩状，端部内侧具少量小刺。阳茎宽大呈杯形，端部平截，内有一较大的刺状阳茎骨片。

分布：该种原分布于浙江省、安徽省、江西省、湖北省与贵州省，现增加河南省的采集记录。

命名：中文名根据种名意译新拟。

(2) 繁栖长角石蛾 *Oecetis complex* Huang，1957 如图 6.36 所示。

Oecetis complex Huang，1957：391-392：figs. 83-86；Tian & Li，1985：51；Yang & Morse，2000：131-132，figs. 143a-d，226a-c；Leng，et al，2000：14；Li，et al，1999：454，figs. 14-75a-e。

正模：雄性，福建省，邵武(遗失)。

新模：雄性，安徽省，泾县，泾县东 33 km，宋村，定西河，30°42′N，118°21′E，海拔 120 m，1990 年 6 月 8 日，采集人为 Morse J. C.、李佑文和孙长海。

材料：1 雄性，样点 3。

描述：翅褐色，体棕色，腹部第六、七、八节背板各具一对蜂巢状板。

雄性外生殖器：第九节背侧极窄，前侧向后强烈收缩，腹侧膨大为主体长度的两倍，膨大部分的基部背侧具一细长裂缝与主体隔开。上附肢基部极细，往端部方向渐粗，末端圆润，侧面观末端向腹侧弯曲，背面观两上附肢相对弯曲。第十节上部细长，端部稍膨大；下部较上部稍短，为一对长条状的膜质结构。下附肢骨化强烈，与第九节腹侧长度相当，侧面观基部宽阔，距基部 1/3 处外缘具一指向背侧的圆润裂叶，端部向背侧弯折，腹面观距基部 2/3 处外缘具一小突起，后强烈收细。阳茎深裂为三支，左支侧面观呈丝带状，腹面观细长，末端向外侧勾起；中支

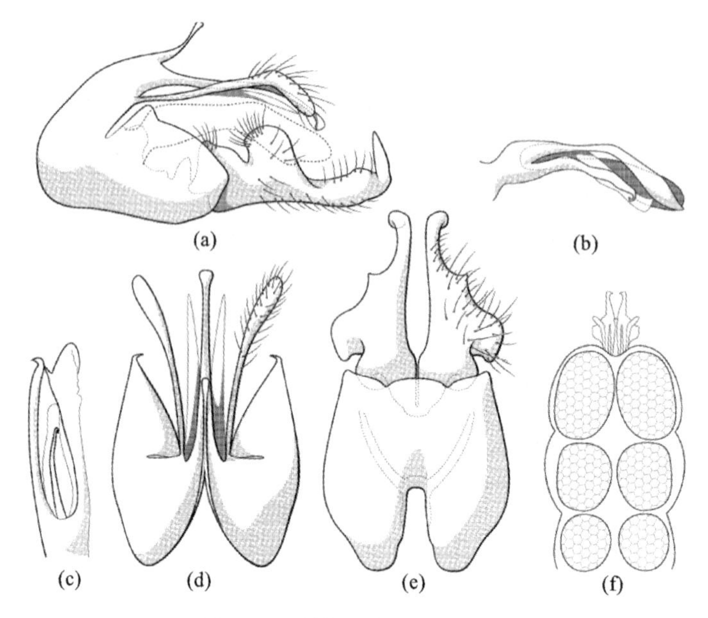

图 6.36　繁栖长角石蛾(六安)

(a)左侧面观;(b)阳茎,左侧面观;(c)阳茎,腹面观;(d)背面观;(e)腹面观;(f)腹部第六节以后,背面观

纤细,长度为左支的 2/3,末端向腹侧勾起;侧支基部细往端部渐粗,近端部内侧具一刺状突起,外侧膜质化,端部圆润。

分布:该种分布于安徽省、福建省、江西省、四川省与贵州省。

命名:沿用冷科明等人在 2000 年所拟中文名。

(3) 湖栖长角石蛾 *Oecetis lacustris* (Pictet, 1934)如图 6.37 所示。

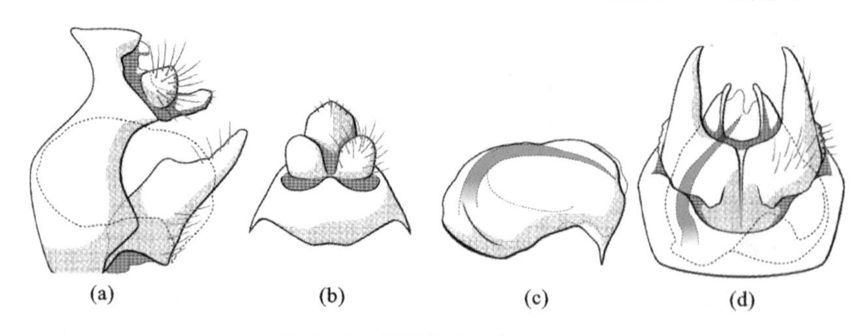

图 6.37　湖栖长角石蛾(罗田)

(a)左侧面观;(b)背面观;(c)阳茎,左侧面观;(d)腹面观

Mystacide lacustris Pictet, 1834: 171-172, plate. 13, fig. 7。

Oecetis lacustris Martynov, 1914: 339; Berland & Mosely, 1936; Leng, et al, 2000: 15; Yang & Morse, 2000: 117-118, figs. 130a-f, 218a-d; Mey, 2005:

284; Ivanov, 2011: 200。

Oecetis lacustris orientalis Martynov, 1935: 248-249, fig. 46(preoccupied by Navas, 1921, newly named *Oecetis lacustris martynovi* and synonymed by Yang & Morse, 2000)。

正模:性别不详,瑞士。

材料:1 雄性,样点 13(2015-7-18)。

描述:前翅长 7.8 mm(n=1),翅褐色,具少量斑点,体褐色。

雄性外生殖器:第九节侧面观前缘近背侧向后凹陷,后缘近背侧与近腹侧各有一个三角形突起。上附肢侧面观与背面观的长与宽相近,形状近方形。第十节长度约为上附肢的两倍,侧面观宽度为上附肢的一半,背面观较上附肢稍宽,端部具少量短毛,中央残留愈合线。下附肢侧面观基半部近矩形,端半部呈指状,腹面观基部膜质,近基部腹侧形成一向前的骨化突起,内缘向外收缩,端半部呈角状。阳茎侧面观椭圆形内具一长刺状骨片,端部腹缘向腹侧形成三角形突起,末端尖锐;腹面观呈桃形,端部呈矩形凹陷开口,开口内有层叠的膜质结构。

分布:该种分布极广,包括整个古北界与东洋界各地,我国有记录的地区包括安徽省、湖南省、广西壮族自治区、四川省、贵州省、云南省与福建省,现增加湖北省的采集记录。

命名:沿用冷科明等人 2000 年所拟中文名。

(4) 黑斑栖长角石蛾 *Oecetis nigropunctata* Ulmer, 1908 如图 6.38 所示。

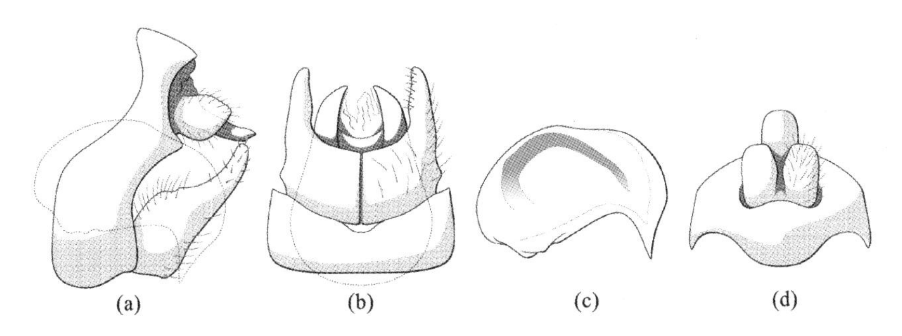

图 6.38　黑斑栖长角石蛾(英山)

(a)左侧面观;(b)腹面观;(c)阳茎,左侧面观;(d)背面观

Oecetis nigropunctata Ulmer, 1908: 345-346, figs. 4-7; Yang, et al, 1995: 293;Park & Bae, 1998: 36; Yang & Morse, 2000: 118-119, figs. 131, 219; Leng, et al, 2000: 14; Nozaki & Nakamura, 2002: 177; Nozaki & Nakamura, 2005: 225; Minakawa, et al, 2004: 55; Ivanov, 2011: 200; Lee, et al, 2012: 275-276, fig. 4。

Oecetis hamochiensis Kobayashi, 1984: 12, figs. 33-38。

Oecetis pallidipunctata Martynov，1935：207，249-253，figs. 47-50（synonymized by Kumanski，1991）。

正模：性别不详，日本神奈川县与内房，保存于德国汉堡市，由 Ulmer 收藏。

材料：2 雄性，样点 9（2015-7-11）；6 雄性，样点 15。

描述：前翅长 7.5～8.1 mm（*n*＝6），翅棕色，具少量斑点，体褐色。

雄性外生殖器：第九节侧面观前侧近端部具浅凹险，后侧中部具三角形突起。上附肢侧面观近五边形，背面观呈矩形。第十节侧面观为上附肢宽度的一半，背面观与上附肢等宽。下附肢侧面观基半部分宽，中部收窄，端半部呈指状；腹面观基半部为矩形，端半部呈指状，内缘具短毛。阳茎侧面观近椭圆形，内具一弯曲成弧形的阳茎骨片，端部腹缘向下形成三角形突起，腹面观近梨形，端部裂口宽大，内具膜质结构。

分布：该种分布很广，从俄罗斯东部、朝鲜半岛、日本到老挝与越南均有分布，我国有记录的地区包括河北省、辽宁省、吉林省、黑龙江省、安徽省、福建省、江西省、湖北省、浙江省、广西壮族自治区与贵州省，现增加河南省的采集记录。

命名：沿用冷科明等人在 2000 年所拟中文名。

（5）刺栖长角石蛾 *Oecetis spinifera* Yang & Morse，2000 如图 6.39 所示。

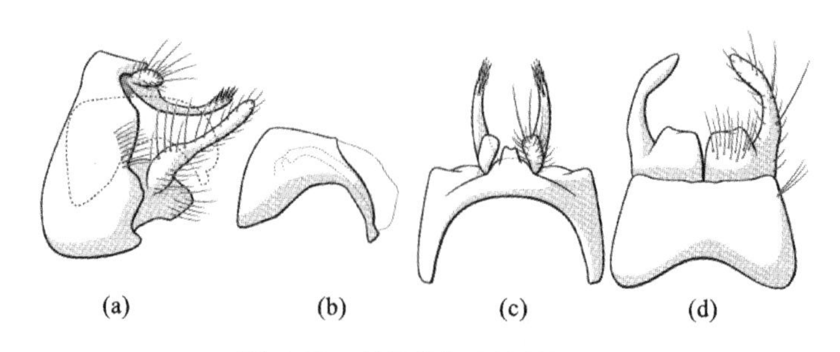

图 6.39　刺栖长角石蛾（罗田）

（a）左侧面观；（b）阳茎，左侧面观；（c）背面观；（d）腹面观

Oecetis spinifera Yang & Morse，2000：125-126，fig. 137；Leng，et al，2000：14.

正模：雄性，四川省，江津县（现为重庆市江津区），四面山，飞龙河，29°15′N，106°18′E，海拔 800 m，1990 年 7 月 7 日，采集人为杨莲芳。

副模：1 雄性，浙江省，安吉县，龙王山，30.6°N，119.6°E，海拔 490～550 m，1996 年 5 月 10 日，采集人为吴鸿。

材料：1 雄性，样点 10；1 雄性，样点 13（2014-7-12）。

描述：前翅长 6.0～7.1 mm（*n*＝2），翅浅棕色，体褐色。

雄性外生殖器：第九节侧面观腹侧宽而背侧窄，背面观背侧强烈收缩呈窄条状。上附肢较小，呈卵圆形。第十节侧面观向背侧弯曲，背面观深裂为一对相向弯曲的突起，末端密布小刺。下附肢基部宽大，背面观与侧面观膨大呈矩形，腹侧具长毛，端部1/3处呈细长指状，侧面观基部稍宽，腹面观相向弯曲。阳茎基部开口宽，端部斜切并有大量膜质结构。

分布：该种原分布于江西省、浙江省与安徽省，现增加河南省与湖北省的采集记录。

命名：沿用冷科明等人在2000年所拟中文名。

与模式标本不同，本研究中该种的第十节分叉很深，几乎到达第十节基部。

(6) 条带栖长角石蛾 *Oecetis taenia* Yang & Morse, 2000 如图6.40所示。

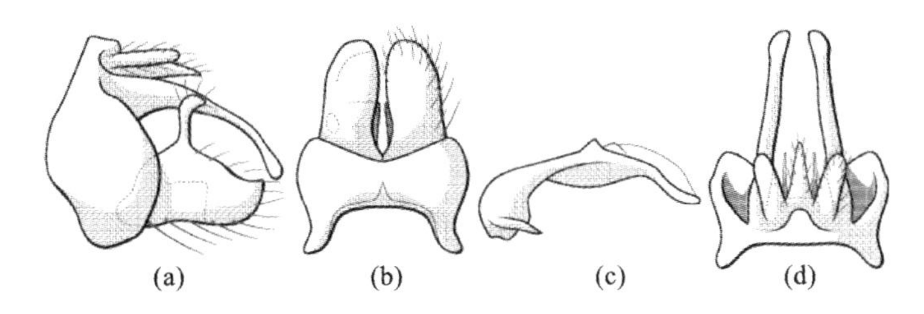

图6.40　条带栖长角石蛾(罗田)

(a)左侧面观；(b)腹面观；(c)阳茎，左侧面观；(d)背面观

Oecetis taenia Yang & Morse, 2000: 115-116, figs. 129, 217。

正模：雄性，四川省，江津县(现为重庆市江津区)，四面山，龙潭湖，29°15′N，106°18′E，海拔900 m，1990年7月7日，采集人为Morse J. C.。

副模：1雌性，资料同正模；1雄性，福建省，武夷山市，庙湾村，jian-xi，27°42′N，117°16′E，海拔840 m，1990年5月30日，采集人为孙长海和Pan。

材料：1雄性，样点4(2014-9-12)；2雄性，样点13(2014-5-28)；19雄性，样点13(2015-6-10)；1雄性，样点13(2015-7-18)；1雄性，样点14。

描述：前翅长4.5～5.7 mm(n=7)，翅浅褐色，体褐色。

雄性外生殖器：第九节中下部侧面观呈卵圆形，背侧强烈收缩，背面观后缘向后具一圆润突起。上附肢呈指状，末端圆润。第十节上部分三叉，中支呈三角形，末端尖锐，侧支纤细，呈棒状；第十节下部深裂为一对棒状突起，侧面观基部较宽，端部渐细并向腹侧弯曲，背面观较直，端部稍膨大。下附肢较宽，侧面观近三角形，腹面观呈卵圆形，中部背缘具一细长突起，末端向后弯曲，内侧具一矩形的嵴。阳茎侧面观较细，基部膨大，中部背缘具一小突起，端部斜切，内为膜质。

分布：该种分布于老挝与中国四川省、福建省及台湾省，现增加安徽省与湖北省的采集记录。

命名：中文名根据种名意译新拟。

4) 姬长角石蛾属 *Setodes* Rambur, 1842

模式种：*Setodes punctellus* Rambur, 1842(= *Phryganea viridis* Fourcroy,

1785)。

前后翅窄,前翅 Sc 与 R 脉没有愈合或加粗,DC 不缩短,中脉明显具两分支,具柄;后翅末端尖,径脉主干退化,仅基部残留,不具肘脉前伪脉。头部盖缝长,背三角区小,触角柄节无毛簇与变形。中胸侧板亚前侧片背端缘尖锐。

姬长角石蛾属分种检索表

1　　第十节背板与上附肢与第九节愈合……… 簇状姬长角石蛾 *S. peniculus*

1'　　第十节背板与上附肢不与第九节愈合 ……………………………………
……………………………………………… 方肢姬长角石蛾 *S. quadratus*

(1) 簇状姬长角石蛾 *Setodes peniculus* Yang & Morse, 2000 如图 6.41 所示。

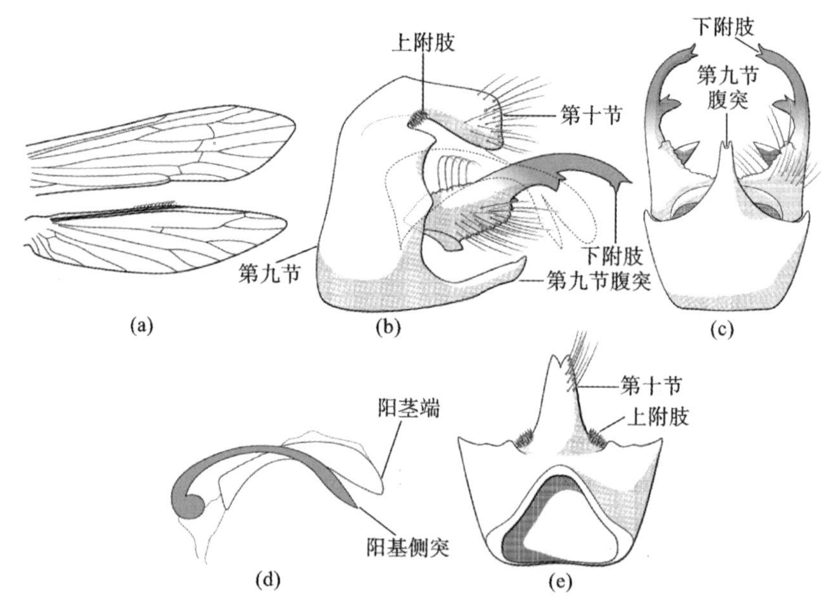

图 6.41　簇状姬长角石蛾(罗田)

(a)前后翅脉相;(b)左侧面观;(c)腹面观;(d)阳茎,左侧面观;(e)背面观

Setodes puniculus Yang & Morse, 2000: 164-165, figs. 169, 246。

正模:雄性,湖北省,麻城市,zheng-shui-he,应城东北 15 km 处,龟山茶场南 2 km 处,海拔 250 m,1990 年 7 月 13 日,采集人为杨莲芳。

副模:2 雄性,资料同正模;2 雄性,资料同正模,保存于克莱姆森大学;1 雌性,龟山茶场南 1 km 处,采集人为 Morse J. C. 和王士达,其余资料同正模。

材料:1 雄性,1 雌性,样点 13(2014-7-12);7 雄性,1 雌性,样点 13(2015-6-10)。

描述:前翅长 6.1～7.0 mm(n=4),翅浅褐色,体褐色。

雄性外生殖器:第九节侧面观中腹侧近矩形,腹侧后缘向后形成长突起,腹面观呈三角形,末端裂为两短突;背侧与上附肢及第十节愈合。上附肢愈合退化成为第十节两侧的一对成簇的小刺。第十节愈合形成第九节背侧的突起状结构,侧面观较宽,端部平截,背面观近梯形,端部裂为一对三角形突起,披长毛。下附肢骨化较强,基部宽阔,侧面观基部近卵圆形,背缘刚毛粗且长,向内侧弯曲,腹缘也密布长毛,腹面观可见内侧具一圆锥形突起;端部骨化更强,形状似鹿角,侧面观向腹侧弯曲,腹面观相向弯曲,中央内侧具一短突起,末端浅裂为两个尖端,下附肢末端也浅裂为 2～3 个尖端。阳茎基呈半圆形,阳基侧突基部呈螺旋形,端部向腹侧弯曲,末端尖锐,阳茎端呈槽状,内有膜质结构。

分布:该种目前仅分布于湖北省。

命名:中文名根据种名意译新拟。

(2) 方肢姬长角石蛾 *Setodes quadratus* Yang & Morse, 1989 如图 6.42 所示。

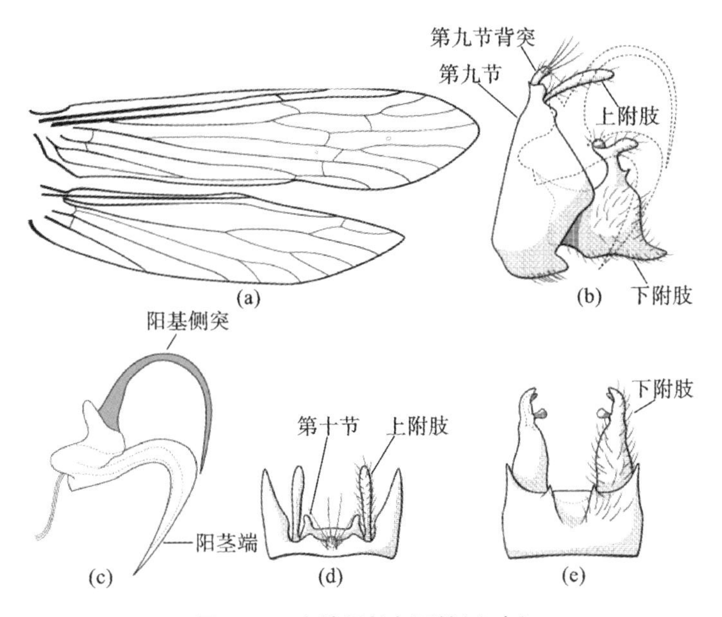

图 6.42　方肢姬长角石蛾(六安)

(a)前后翅脉相;(b)左侧面观;(c)阳茎,左侧面观;(d)背面观;(e)腹面观

Setodes quadratus Yang & Morse, 1989: 34-35, figs. 18a-d; Tian, et al, 1996:180, figs. 268a-d, plate Ⅱ-2。

正模:雄性,贵州省,花溪,26°15′N,106°24′E。

副模:3 雄性,3 雌性,江苏省,宜兴市,31°18′N,119°48′E,1987 年 6 月 4 日,采集人为孙长海。

材料:57 雄性,样点 2;42 雄性,样点 3;8 雄性,样点 9(2015-7-11);1 雄性,样点 13(2019-7-7);1 雄性,样点 17。

描述:前翅长 4.5～5.8 mm(n=10),翅浅棕色,体黄色。

雄性外生殖器:第九节侧面观后缘具一三角形突起,背面具一毛瘤状的背突,腹面观腹侧具一对舵状突起。上附肢细长呈指状,基部较细,往端部方向逐渐变粗。第十节短小,背面观近"U"形。下附肢基部近方形,其中腹后角向后延伸呈角状,背后角后缘具一小突起,向背侧延伸并分叉,腹面观两分支均相向弯曲。阳茎基部膜质,阳基侧突细长,基部指向背侧,后弯曲呈钩状,端部指向腹侧;阳茎端较阳基侧突稍粗,也向腹侧弯曲呈钩状。

分布:该种原分布于江苏省、河南省、贵州省与陕西省,现增加安徽省与湖北省的采集记录。

命名:中文名见《中国经济昆虫志　第四十九册　毛翅目(一)》。

5) 叉长角石蛾属 *Triaenodes* McLachlan, 1865

模式种:*Leptocerus bicolor* Curtis, 1834。

触角柄节具香腺。前翅第二叉呈三角形。下附肢基板不随阳茎基弯曲,弯曲的基板突末端侧面观可见;阳茎基的长度大于高度,阳基侧突缺失,阳茎端缺如或与阳茎基愈合。

本研究采集到叉长角石蛾属 2 种。

叉长角石蛾属分种检索表

1　　下附肢端部具数对突起…………………… 棕红叉长角石蛾 *T. rufescens*

1'　　下附肢端部无突起 …………………… 秦岭叉长角石蛾 *T. qinglingensis*

(1) 秦岭叉长角石蛾 *Triaenodes qinglingensis* Yang & Morse, 2000 如图 6.43所示。

Triaenodes qinglingensis Yang & Morse, 2000: 102-103, figs. 122a-d, 211a-c; Leng, et al, 2000: 15; Nozaki & Nakamura, 2002: 176; Nozaki & Nakamura, 2005: 227。

正模:雄性,陕西省,秦岭,34°12′N,106°48′E,1973 年 7 月 9 日,海拔 1400 m,采集人为 Zhou Yao、Lu zheng 和 Tian Zhu。

副模:4 雄性,45 雌性,福建省,邵武市,南板桥村,蛟溪,邵武市西南 40 km 处,27°13′N,117°16′E,海拔 420 m,1990 年 6 月 2 日,采集人为 Morse J. C.、杨莲芳和孙长海;1 雄性,6 雌性,建阳区,麻沙镇,五福溪,麻沙镇西 28 km 处,27°18′N,118°6′E,海拔 300 m,1990 年 6 月 1 日,采集人为杨莲芳;3 雄性,1 雌性,江西省,婺源县,局进村,源头溪,婺源西北 70 km 处,29°9′N,117°32′E,海拔 280 m,1990 年 5 月 26 日,采集人为 Morse J. C.、杨莲芳和孙长海;1 雄性,3 雌性,贵溪

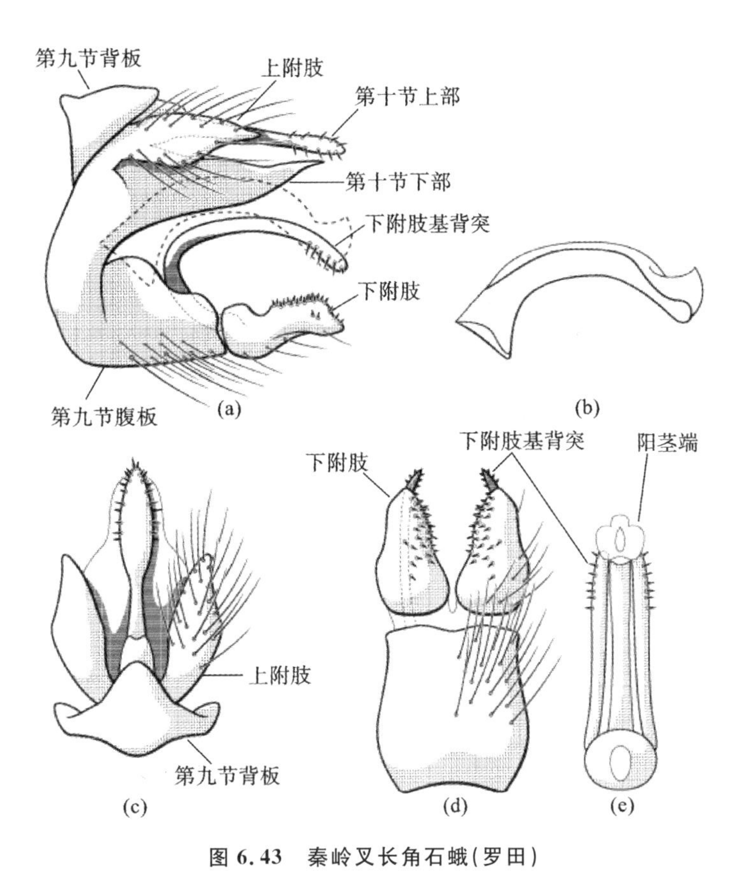

图 6.43　秦岭叉长角石蛾(罗田)

(a)左侧面观;(b)阳茎,左侧面观;(c)背面观;(d)腹面观;(e)阳茎,腹面观

县(现为贵溪市),西溪河,劳动桥,贵溪东南 61 km 处,28°18′N,117°12′E,海拔 240 m,1990 年 6 月 5 日,采集人为 Morse J. C. 和孙长海;1 雄性,距贵溪南 10 km 处,海拔 30 m,1990 年 6 月 4 日,采集人为 Morse J. C. 、杨莲芳和孙长海;1 雄性,车盘镇,80 km 标记,崇安市北 38 km 处,江西省内 2 km,28.07°N,118.05°E,海拔 550 m,1990 年 5 月 29 日,采集人为孙长海;1 雄性,4 雌性,武宁县,"Heng-lu-bai-yang"(疑为武宁县横路乡白杨村),29°12′N,115°E,海拔 160 m,1996 年 7 月 18 日,采集人为冷科明;1 雄性,1 雌性,崇义县,阳岭,海拔 400 m,1996 年 7 月 25 日,采集人为冷科明;1 雄性,1 雌性,四川省,江津县(现为重庆市江津区),四面山,飞龙河,29°15′N,106°18′E,海拔 800 m,1990 年 7 月 7 日,采集人为杨莲芳;1 雄性,河南省,栾川县,龙峪湾林场,海拔 1000 m,1996 年 7 月 10 日,采集人为王备新。

材料:21 雄性,样点 9(2015-7-11);1 雄性,样点 13(2014-5-28);15 雄性,样点 13(2015-6-10);5 雄性,样点 14。

描述：前翅长 6.3～7.8 mm($n=5$)，翅褐色，体棕黄色。

雄性外生殖器：第九节背板没有与腹板完全愈合，背板侧面观呈三角形，背面观近菱形；腹板腹侧向后强烈膨大并生长密毛，腹面观呈矩形，近基部稍膨大。上附肢侧面观与背面观呈叶状，披长毛。第十节上部较下部稍长，端部散布小刺，侧面观呈棒状，背面观基部 1/3 较细，端部 2/3 膨大呈梭形；第十节下部侧面观呈三角形，末端尖锐，背面观近梨形，末端圆润。下附肢基板突细长，基部指向背前侧，后弯成弧形，端部指向腹后侧且具少量小刺；下附肢主体侧面观背缘近基部具一凹陷，腹面观近梨形，内侧散布小刺。阳茎侧面观稍弯曲，背侧至端部膜质，端部具小突起，背面观端部裂为三瓣。

分布：该种分布较广，在日本、老挝与泰国均有记录，我国有记录的地区包括安徽省、福建省、江西省、四川省与陕西省，现增加河南省与湖北省的采集记录。

命名：沿用冷科明等人在 2000 年所拟中文名。

(2) 棕红叉长角石蛾 *Triaenodes rufescens* Martynov，1935 如图 6.44 所示。

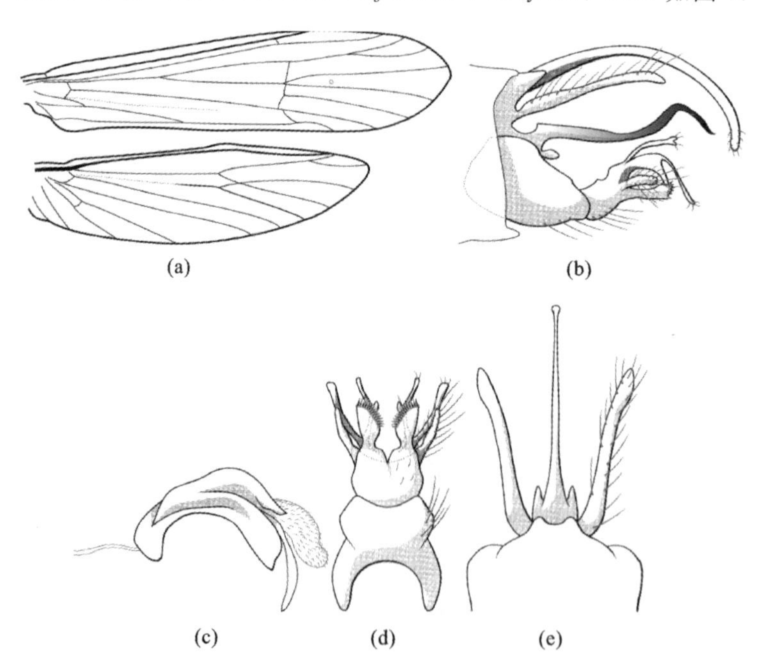

图 6.44 棕红叉长角石蛾(罗田)

(a)前后翅脉相；(b)左侧面观；(c)阳茎，左侧面观；(d)腹面观；(e)背面观

Triaenodes rufescens Martynov，1935：239-240，figs. 38-40；Yang，et al，1995：293；Yang & Morse，2000：108-109，fig. 126；Ivanov，2011：201.

正模：雄性，俄罗斯南乌苏里江流域。

材料：1 雄性，样点 13(2014-7-12)；20 雄性，样点 13(2015-6-10)。

描述：前翅长 6.3～7.2 mm（$n=8$），翅褐色，体褐色。

雄性外生殖器：第九节背板退化为极短的条状，背面观后缘形成一对疣状突起；第九节腹板几乎与下附肢等长，侧面观呈卵圆形，腹面观中部稍缢缩。上附肢细长，背面观略相对弯曲。第十节上部分三支，中支极细长，侧面观长度约为上附肢的两倍，向腹部弯曲，侧支很短，侧面观呈三角形；第十节下部分两支，右支细长，长于上附肢，端部骨化，常常被阳茎的膜质包裹；左支极短小，呈指状。下附肢基部较粗，腹面观相互愈合，末端分为四支，背支最纤细，侧面观末端浅裂为两支，中背支稍粗，从中部裂为两根条状分支，中腹支最短，呈指状，腹支腹面观中部缢缩，端部斜切，内缘密布小刺。阳茎具大量褶皱，末端具一披短毛的圆润突起，以及一长条状突起。

分布：该种分布于俄罗斯远东南部，以及中国四川省与贵州省，现增加湖北省的采集记录。

命名：中文名根据种名意译新拟。

注：本研究中发现的种与杨莲芳等人在 2000 年描述的有所不同，第十节上部中支极细长，可能为种内变异。

6）毛姬长角石蛾属 *Trichosetodes* Ulmer，1915

模式种：*Trichosetodes argentolineatus* Ulmer，1915。

雄虫触角柄节与头近等长，内缘具一簇长毛，可能折入触角内部，可打开呈扇形；梗节小，呈半圆形，鞭节第一节长为梗节的六倍以上，具毛簇。雌虫触角柄节与头近等长，形态简单。胫距式 0，2，2。

本研究中未采集到毛姬长角石蛾，但大别山脉地区有采集记录。

锯毛姬长角石蛾 *Trichosetodes serratus* Yang & Morse，2000 如图 6.45 所示。

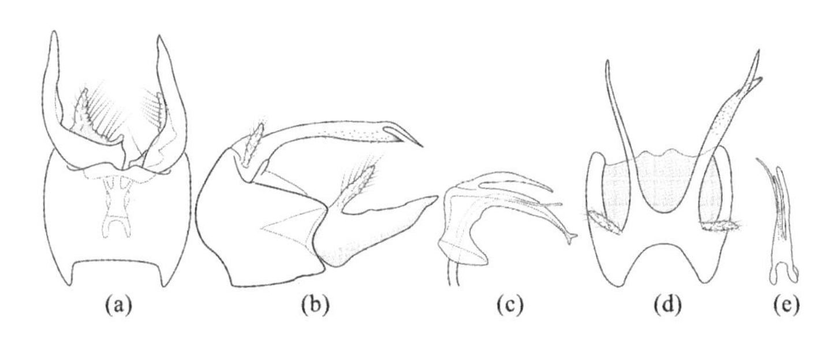

图 6.45　锯毛姬长角石蛾（孙长海，根据模式标本重绘）

（a）腹面观；（b）左侧面观；（c）阳茎，侧面观；（d）背面观；（e）阳茎，腹面观

Trichosetodes serratus Yang & Morse，2000：176-178，183，figs. 172a-j，249a-c.

正模：雄性，湖北省，麻城市，桐枧冲，31°6′N，115°0.6′E，海拔 150 m，1990 年

7月12日，采集人为Morse J. C.和杨莲芳。

分布：Morse J. C.与杨莲芳在2000年的麻城市报道此种，本研究中未采集到此种。

命名：中文名根据种名意译新拟。

2. 歧长角石蛾亚科 Triplectidinae Ulmer, 1906

歧长角石蛾属 *Triplectides* Kolenati, 1859。

模式种：*Mystacides gracilis* Burmeister, 1839。

前翅DC端部较宽，s横脉凹陷，TC远比DC长，雄虫具第Ⅰ、Ⅱ、Ⅴ叉，雌虫具第Ⅰ、Ⅱ、Ⅲ、Ⅴ叉，后翅均缺第Ⅵ叉。胫距式2,2,2;2,2,4或2,4,4。

本研究采集到歧长角石蛾属1种。

伪马氏歧长角石蛾 *Triplectides deceptimagnus* Yang & Morse, 2000 如图6.46所示。

Triplectides deceptimagnus Yang & Morse, 2000: 32-33, figs. 81a-d, 188a-c。

正模：雄性，云南省，盈江县，24°36′N，97°54′E，1983年5月25日，采集人为胡春林。

副模：2雄性，5雌性，资料同正模；1雌性，1雄性，资料同正模，保存于克莱姆森大学；1雄性，四川省，成都市，30°42′N，104°4′E，1933年7月3日—5日，1700，采集人为D. C. Graham；1雄性，1雌性，江西省，Hong-san，28°21′N，116°36′E，1936年6月22日，采集人为D. C. Gressitt；1雌性，广东省，Tai-yong，22°30′N，113°15′E，1936年8月5日，采集人为L. Gressitt。

材料：2雄性，样点9(2015-7-11)；1雄性，样点10；1雄性，样点11；1雄性，样点14。

描述：前翅长11.5～12.7 mm(n=3)，翅棕色，体浅黄色，雄性前翅S_4+MA与MP形成的叉具柄。

雄性外生殖器：第九节背板侧面观近三角形，后缘中部具一短小突起，背侧宽，背面观后缘略凹陷；第九节腹板侧面观背侧后缘与第十节轻微愈合。上附肢呈指状，披毛，端部钝圆。第十节基部背侧膜质，端部侧面观呈椭圆形，背面观端半部裂为一对指状突起，仅有膜质连接。下附肢主体粗壮，具大量长毛，下附肢内脊腹面观近矩形；腹基叶基部较细，后增粗为原来的两倍，腹面观指向两侧；亚端背叶呈指状，较上附肢粗且长；下附肢端肢节骨化较强，侧面观向腹侧弯曲，腹面观相向弯曲，端部裂为两尖端。阳茎侧面观基部指向背后方，后部向腹侧弯曲，渐粗，端部平截，具膜质，腹面观内具窄凹陷并有一对倒水滴形的阳茎骨片。

分布：该种原分布于福建省、江西省、四川省与云南省，现增加河南省与湖北

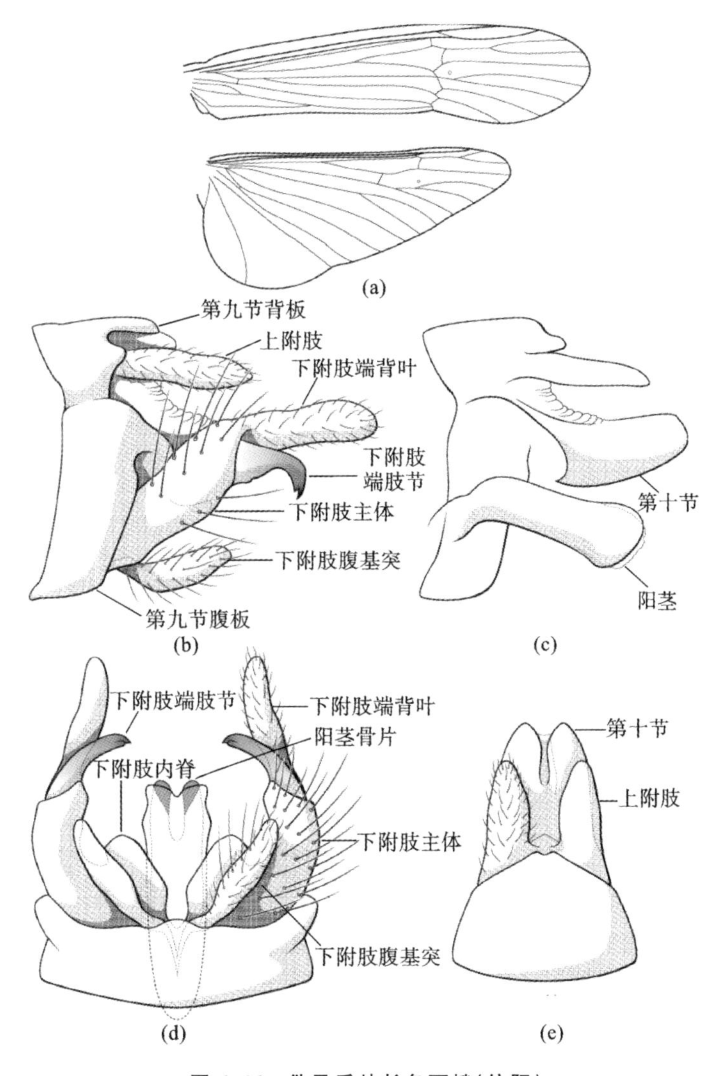

图 6.46　伪马氏歧长角石蛾(信阳)

(a)前后翅脉相;(b)左侧面观;(c)左侧面观,下附肢略去;(d)腹面观;(e)背面观

省的采集记录。

命名:中文名根据种名意译新拟。

第七节　细翅石蛾科

细翅石蛾科 Molannidae Wallengren, 1891 种类较少,一共 2 属,42 种,我国

记录了 2 属，5 种。Wiggins 在 1968 年基于对印度地区标本的研究建立了 *Indomolannodes* 属，但 *Malicky* 认为其为拟细翅石蛾属 *Molannodes* McLachlan, 1866 的异名。细翅石蛾属 *Molanna* Curtis, 1834 部分种下颚须第一节生有香腺。细翅石蛾属与拟细翅石蛾属的分布区有重叠，相对而言细翅石蛾属多分布于热带地区，而拟细翅石蛾属在北方地区更为常见。此科 2 属的雌虫与幼虫均有相关描述，其幼虫所筑巢形态独特，背侧明显较腹侧宽，形似屋檐，为沙砾或植物碎片制成。部分种成虫在停歇时翅膀末端向上翘起，与停歇面形成一定的角度，这是一种拟态行为，可使虫体形似短树枝。

大别山脉地区细翅石蛾科分属检索表

1　头部背侧具两对侧毛瘤，毛瘤小，呈卵圆形；前翅 M_{3+4} 与 Cu_{1a} 部分愈合，M_3 发自 M_{3+4}，R_5 与 M_{1+2} 愈合部分达 R_5 长度的一半以上 ……………………………………………………………………… 细翅石蛾属 *Molanna*

1'　头部背侧具一对侧毛瘤，毛瘤长条形，从头前缘延伸到后缘；前翅 M_{3+4} 与 Cu_{1a} 完全愈合，M_3 发自 Cu_{1a}，R_5 与 M_{1+2} 愈合部分不及 R_5 长度的一半 ………………………………………………………… 拟细翅石蛾属 *Molannodes*

1. 细翅石蛾属 *Molanna* Curtis, 1834

模式种：*Molanna angustata* Curtis, 1834。

头部具四对毛瘤，雄虫下颚须第二节具一簇毛，第三节稍扭曲。胫距式 2，4，4，前胸背板具一对较大的横向毛瘤。翅细长，雌虫翅较雄虫更加纤细；前翅 R 脉主干分二叉，M 主干在雄虫中分三叉，在雌虫中分四叉，DC 与 MC 开放，具两个臀室，A_{1+2+3} 长，延伸至与 Cu_1 相交；后翅翅脉较少，前缘具特化钩状的毛，称为翅缰钩。

本研究采集到细翅石蛾属 1 种。

暗褐细翅石蛾 *Molanna moesta* Banks, 1906 如图 6.47 所示。

Molanna moesta Banks, 1906: 110-111, figs. 5-6; Botosaneanu, 1970: 316; Yoon & Kim, 1988: 540; Kumanski 1991: 28; Park & Bae, 1998: 38; Nozaki & Nakamura, 2002: 178; Nozaki & Nakamura, 2005: 227; Mey, 2005: 284; Minakawa, et al, 2004: 55; Ivanov, 2011: 195。

正模：雄性，日本。

材料：1 雄性，样点 8；10 雄性，样点 9(2015-7-11)；2 雄性，样点 10；2 雄性，样点 13(2014-7-12)；5 雄性，样点 14；3 雄性，样点 17。

描述：前翅长 8.5～10.1 mm(n=5)，翅黑灰色，体褐色。

雄性外生殖器：第九节侧面观腹半侧宽阔，前缘具一个半圆形突起，后缘具两个圆润突起，背面观呈窄条状，腹面观中央收窄。第十节膜质。上附肢呈二叉状，

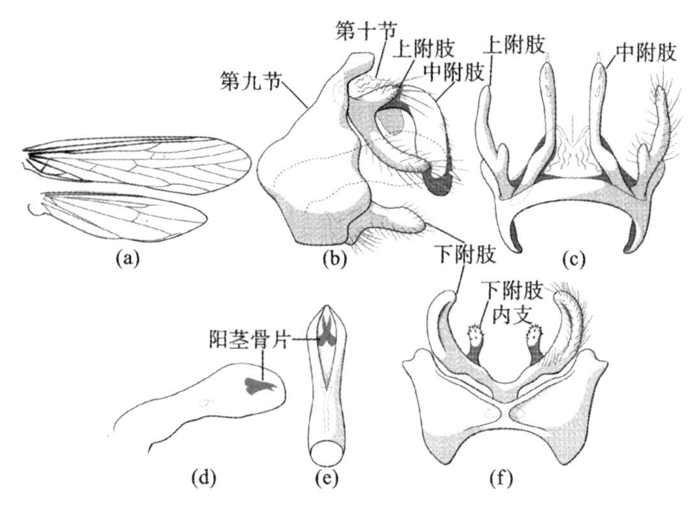

图 6.47 暗褐细翅石蛾(罗田)

(a)前后翅脉相;(b)左侧面观;(c)背面观;(d)阳茎,左侧面观;(e)阳茎,腹面观;(f)腹面观

背支较短,腹支长度为背支的三倍左右,略向后弯曲,两支均呈指状。中附肢骨化较强,基部指向后侧并在中部向下弯曲,背面观窄,基部互相靠拢,端部指向后侧,后缘具少量小刺,端部圆润。下附肢侧面观呈"L"形,腹面观弯曲呈圆弧形,中央凹陷,内侧近基部具一指状突起,末端有小刺。阳茎呈筒状,端部膨大,腹面观具一纵向裂口,端部具一对角状骨刺。

分布:该种分布很广,在日本、朝鲜半岛、俄罗斯东部与越南均有分布,我国有记录的地区为黑龙江省、江西省、广东省、四川省、贵州省与云南省,现增加河南省与湖北省的采集记录。

命名:中文名根据种名意译新拟。

2. 拟细翅石蛾属 *Molannodes* McLachlan, 1866

模式种:*Molannodes zelleri* McLachlan, 1866(=*Molannodes tinctus* Zetterstedt, 1840)。

头具三对毛瘤,中间一对形成半月形。胫距式 2,4,4。前胸背板具两对圆形毛瘤,雄虫中间一对毛瘤可能特化为香腺。翅脉与细翅石蛾属相似,但翅面较宽,前翅 A_{1+2+3} 较短,终止于翅的边缘。

本研究采集到拟细翅石蛾属 2 种。

拟细翅石蛾属分种检索表

1　　上附肢侧面观较宽,不分叉 ………………… 拟细翅石蛾 *Molannodes* sp. 1

1'　　上附肢侧面观较窄,分长短两支 ………… 多叶拟细翅石蛾 *M. ephialtes*

(1) 多叶拟细翅石蛾 *Molannodes ephialtes* Malicky，2000 如图 6.48 所示。

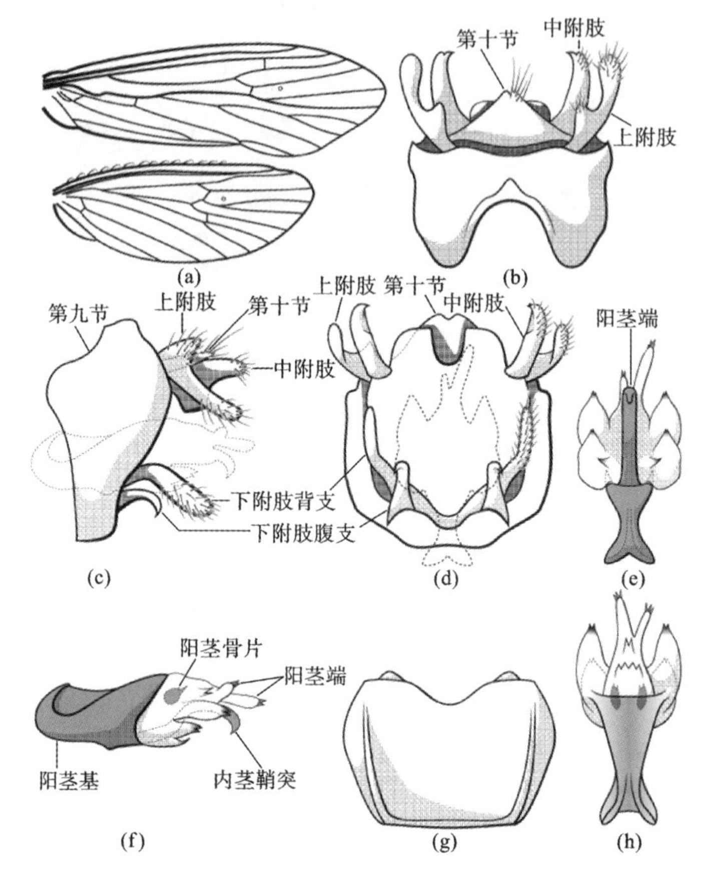

图 6.48　多叶拟细翅石蛾(红安)

(a)前后翅脉相;(b)背面观;(c)左侧面观;(d)后面观;(e)阳茎,腹面观;(f)阳茎,左侧面观;(g)第八节腹板,腹面观;(h)阳茎,背面观

Molannodes ephialtes Malicky，2000：39。

正模:雄性,河南省,罗山县,灵山,海拔 300～500 m,31°54′N,114°13′E,1989 年 5 月 27 日,采集人为 Kyselak。

副模:2 雄性,1 雌性,采集资料同正模。

材料:2 雄性,样点 17。

描述:前翅长 6.2 mm(n=1),翅黑灰色,体褐色。

雄性外生殖器:第九节侧面观背半侧宽阔,前缘具一半圆形突起,后缘也具一宽扁突起。上附肢呈二叉状,背支呈三角形,腹支呈指状,两分支端部均披毛。第十节背面观呈三角形,端部具浅凹陷并着生少量毛。中附肢侧面观端部圆润,腹缘近基部具一矩形突起;背面观呈指状并略相向弯曲,端部具一细小的角状突起。

下附肢背支呈指状，侧面观近基部向腹侧弯折；腹支向腹侧弯曲，呈角状。阳茎基侧面观基部开口圆润，背缘愈合呈板状，端部开口呈杯状，腹缘具一小突起；内茎鞘突骨化较强，端部呈角状，向腹侧勾起；内茎鞘发达，中部分出两对裂叶，端部皆收窄、骨化并轻微分叉，背缘也具少量骨化刺；阳茎端膜质，分为大小两支，末端皆披毛。

分布：该种模式产地为河南省，现增加湖北省的采集记录。

命名：中文名根据特征新拟，意指阳茎的内茎鞘裂叶数量较多。

（2）拟细翅石蛾 *Molannodes* sp. 1 如图 6.49 所示。

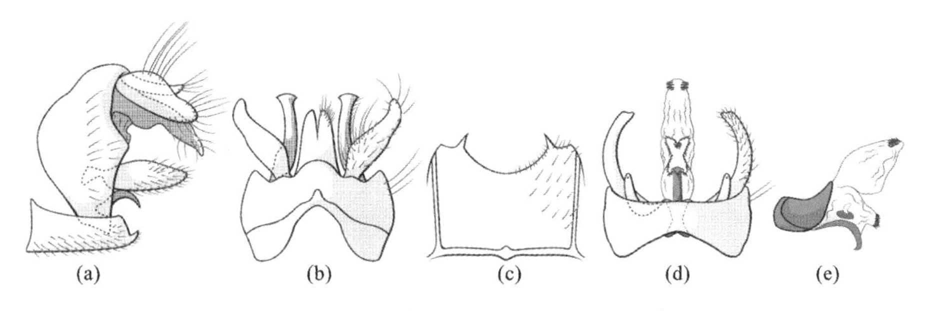

图 6.49　弯枝拟细翅石蛾（麻城）

(a)左侧面观；(b)背面观；(c)第八节腹板，腹面观；(d)腹面观；(e)阳茎，左侧面观

正模：雄性，样点 14。

描述：前翅长 6.5 mm($n=1$)，翅棕黄色，体棕色。

雄性外生殖器：第八节腹板后缘中央凹陷，两侧各具一刺突。第九节侧面观前缘具一宽半圆形突起，后缘具一三角形突起；背面观后缘中央也具一圆润突起。第十节背板扁平，侧面观略向背侧弯曲，背面观端部深裂达背板长度一半。上附肢侧面观呈指状，背缘稍膨大；背面观端部略向内勾起，端部圆润。中附肢侧面观指向腹后侧，腹缘近基部稍膨大，背面观略弯曲，端部呈斧形。下附肢背支侧面观近橄榄形，腹面观弯曲呈弧形，端部稍缺刻；腹支长度约为背支的一半，侧面观向腹侧弯曲，呈角状。阳茎基骨化，阳茎端膜质，分两叶，背叶与腹叶端部各具一簇小刺，内茎鞘突骨化，呈钩状，阳茎骨片侧面观呈椭圆形。

鉴别：该种与 *Molannodes epaphos* Malicky, 2000 相似，区别在于：①该种第十节背面观末端不向外弯曲，而 *M. epaphos* 第十节背面观末端向外弯曲；②该种下附肢侧面观近橄榄形，而 *M. epaphos* 下附肢侧面观呈指状；③该种阳茎基背侧无指状突起，而 *M. epaphos* 阳茎基背侧具一指状突起；④该种下附肢腹支较为细长，而 *M. epaphos* 下附肢腹支较为粗短。

分布：该种模式产地为湖北省。

第八节　齿角石蛾科

齿角石蛾科 Odontoceridae Wallengren，1891 包括 2 亚科，15 属，其中齿角石蛾亚科（Odontocerinae）包括 14 属，我国记录了 4 属。海齿角石蛾属在热带地区较为常见，当前在新热带界的多样性最高。这一属中不同种之间雄性外生殖器形态相近，常常难以区分，而 Oláh 和 Johanson 观察了东洋界的标本后总结了更多来自身体其他部位的可用特征。根据杨莲芳等人在 2017 年的修订结果，我国目前有 6 种海齿角石蛾。裸齿角石蛾属在古北界更为常见，全世界目前有 66 种裸齿角石蛾，我国记录有 32 个。袁红银等人修订了我国的裸齿角石蛾属，并将这一属划分为 5 种组，并发表了多个新种，但划分方式与 Oláh 和 Johanson 有出入。本书将对两者的方法进行讨论。本节分类术语参考袁红银的研究成果。

大别山脉地区齿角石蛾科分属检索表

1　前后翅 DC 狭长，前翅第Ⅰ叉起自 DC 近中部，翅端部圆润；雄虫头顶具毛瘤，复眼彼此远离 ………………………………… 裸齿角石蛾属 *Psilotreta*

1'　前后翅 DC 较短，前翅第Ⅰ叉起自 DC 近端部，翅端部平截；雄虫头顶缺毛瘤，复眼大而彼此接近 ……………………………… 海齿角石蛾属 *Marilia*

1. 海齿角石蛾属 *Marilia* Mueller, 1880

模式种：*Marilia major* Mueller，1880。

全身披毛，雄虫复眼巨大，球状，几近接触，头部无毛瘤；雌虫复眼较小，头部具三对毛瘤。触角细，比前翅长，第一节膨大。下颚须各节纤长。中胸背板呈鼓起状，小盾片较大，形成尖顶，前后足较短，中足较长，胫距式 2,4,4。

本研究采集到海齿角石蛾属 1 种。

平行海齿角石蛾 *Marilia parallela* Hwang，1957 如图 6.50 所示。

Marilia parallela Hwang，1957：395-396，figs. 100-103；Tian & Li，1985：51；Li et al，1999：453，figs. 14-74a-d；Yang，et al，2017：88-90，figs. 6，7。

Marilia albofusca Schmid，1959：326-327（synonymized by Yang，et al，2017）。

正模：雄性，福建省，邵武市，1943 年 5 月 3 日，采集人为傅重光。

材料：2 雄性，样点 10。

描述：前翅长 7.8～8.1 mm（$n=2$），翅棕色，体棕褐色。

雄性外生殖器：第九节侧面观近矩形，前缘靠腹侧稍凹陷，后缘上附肢着生处具一半圆形凹陷。第十节侧面观厚，端部圆润，背面观稍分裂，背缘膜质化。上附

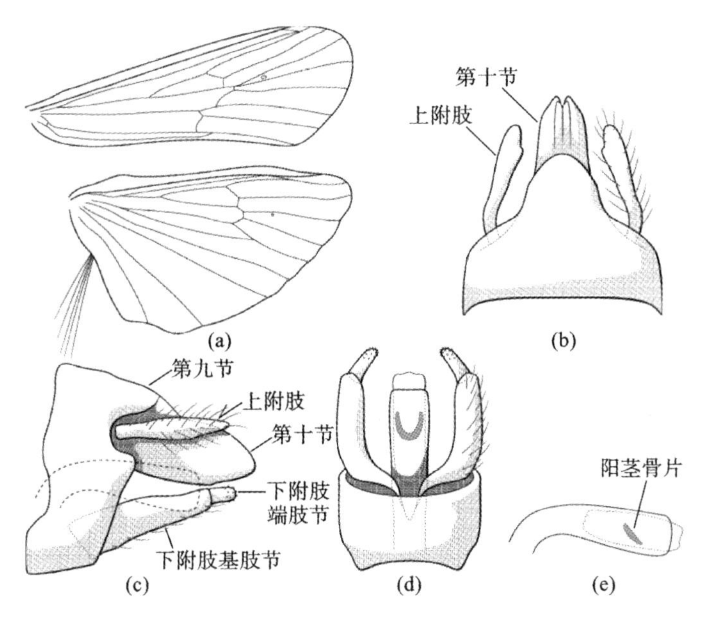

图 6.50 平行海齿角石蛾(信阳)

(a)前后翅脉相;(b)背面观;(c)左侧面观;(d)腹面观;(e)阳茎,左侧面观

肢侧面观直,中部稍粗,端部渐细;背面观略相向弯曲,端部比基部稍宽,内侧具一小突起。下附肢基肢节呈圆柱形,侧面观与腹面观直;端肢节呈短指状,端部分布小短刺。阳茎呈筒状,基部向腹侧弯曲,端部膜质,内具一骨片,腹面观呈"U"形。

分布:该种分布于浙江省、福建省与云南省,现增加河南省的采集记录。

命名:沿用李佑文等人所拟中文名。

2. 裸齿角石蛾属 *Psilotreta* Banks, 1899

模式种:*Psilotreta frontalis* Banks, 1899。

头短而宽,雄虫复眼较雌虫大,头部具三对毛瘤,脸区平整或轻微凹陷;触角仅略长于前翅;下颚须披密毛,前两节较短,后两节较细。足较短,胫距式 2,4,4。

本研究采集到裸齿角石蛾属 3 种。

裸齿角石蛾属分种检索表

1　第九节背板不与第十节愈合 ·· 2

1'　第九节背板与第十节愈合 ··············· 短刺裸齿角石蛾 *P. brevispinosa*

2(1)　第十节背面观分叉呈"V"形 ················· 双叉裸齿角石蛾 *P. furcata*

2'　第十节背面观不分叉 ························ 内钩裸齿角石蛾 *P. daidalos*

(1) 短刺裸齿角石蛾 *Psilotreta brevispinosa* Qiu, 2020 如图 6.51 所示。

Psilotreta brevispinosa Qiu & Yan, 2020: 8-9, fig. 3。

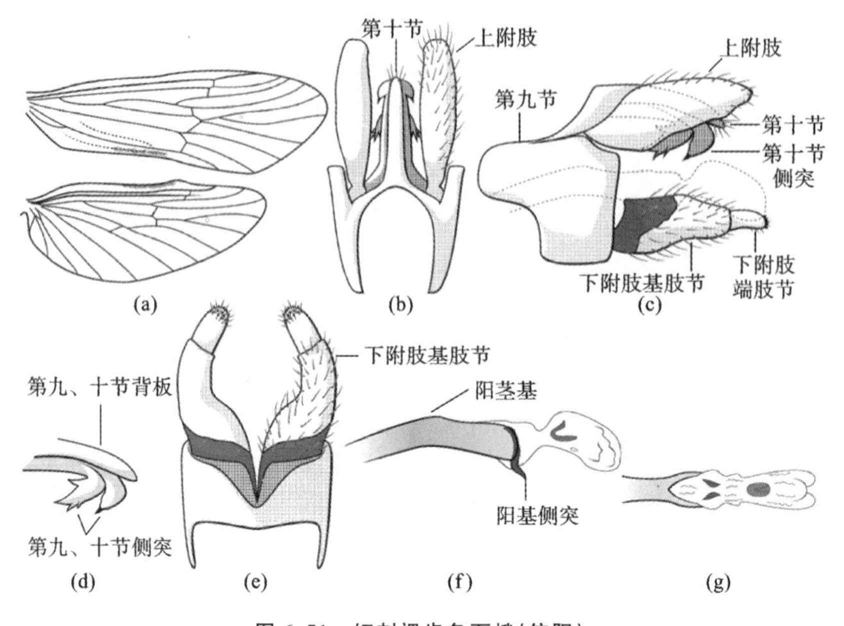

图 6.51 短刺裸齿角石蛾(信阳)

(a)前后翅脉相;(b)背面观;(c)左侧面观;(d)第九、十节背板与侧突;
(e)腹面观;(f)阳茎,左侧面观;(g)阳茎,腹面观

正模:雄性,样点 8。

描述:前翅长 7.7 mm($n=1$),翅黑褐色,体棕黄色。

雄性外生殖器:第九节前侧中央具一近矩形突起,腹侧较宽,侧面观平截。第九节背板与第十节愈合呈一指状突起,侧面观略向下弯曲,背面观直,末端圆润。侧突具两对向前勾起的突起,近端部的突起末端分为四叉,末端尖锐;端部突起稍膨大,末端具一小刺。下附肢基肢节基部宽,最底部一圈骨化强烈,中部收窄,腹面观内缘收窄,端部平截;下附肢端肢节呈短指状,端部具细毛与小黑刺。阳茎基呈筒状,侧面观中间稍弯折,腹面观腹侧后缘凹陷;阳基侧突稍长于阳茎基高度,侧面观末端向后弯曲,尖锐;阳茎端膜质,侧面观中部缢缩;阳茎骨片侧面观弯曲呈"U"形,腹面观呈椭圆形。

鉴别:该种与单刺裸齿角石蛾 *Psilotreta monacantha* Yuan & Yang, 2013 相似,区别在于:①该种第十节侧突具短的末端带短刺的突起,而 *P. monacantha* 第十节侧突具细长、不分叉的突起;② 该种第十节侧突背侧无毛瘤,而 *P. monacantha* 第十节侧突近基部背侧具一对毛瘤;③该种下附肢基部具深色的骨化带,而 *P. monacantha* 下附肢基部无深色的骨化带;④该种 R_{4+5} 与 R_3 不愈合,而 *P. monacantha* R_{4+5} 与 R_3 愈合。

分布:该种模式产地为湖北省。

命名:拉丁语“brevi-”意为“短”;“spinosa”意为“刺”,是指第十节侧突分叉上的短刺。

(2) 内钩裸齿角石蛾 *Psilotreta daidalos* Malicky, 2000 如图 6.52 所示。

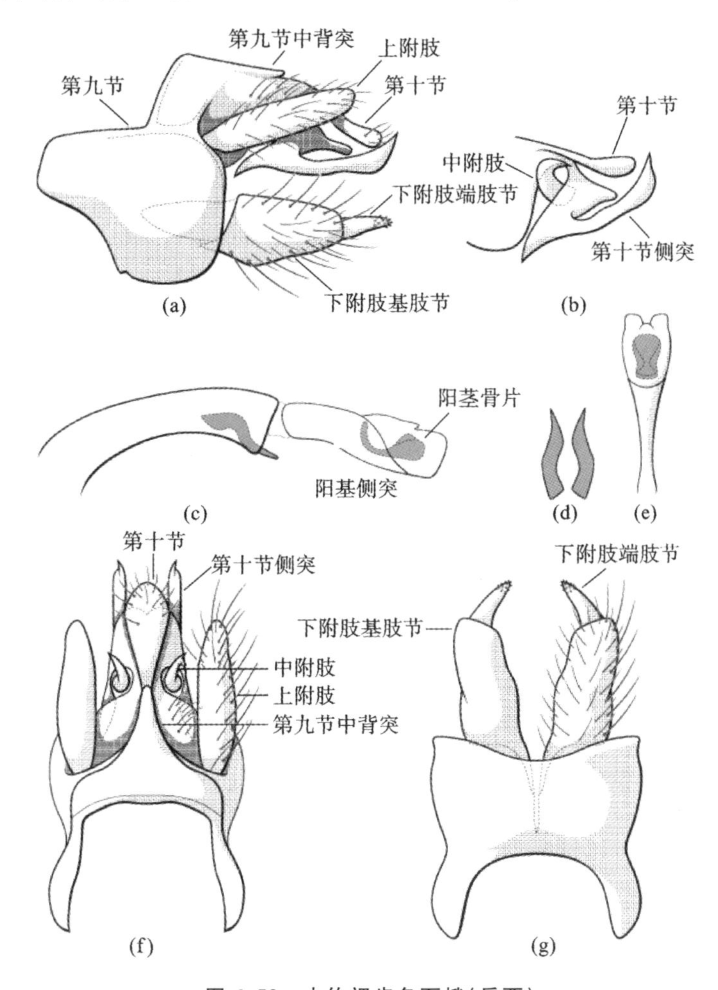

图 6.52　内钩裸齿角石蛾(岳西)

(a)左侧面观;(b)第十节背板与侧突,左侧面观;(c)阳茎,左侧面观;(d)阳基侧突,腹面观;(e)阳茎端,背面观;(f)背面观;(g)腹面观

Psilotreta daidalos Malicky, 2000: 36。

正模:雄性,河南省,罗山县,灵山,31°54′N,114°13′E,海拔 350 m,1989 年 5 月 26 日,采集人为 Kyselak。

材料:1 雄性,样点 6;2 雄性,样点 12(2015-6-24)。

描述:前翅长 7.4～8.0 mm(n=2),翅黄色,体棕色。

雄性外生殖器:第九节前侧中央具一近矩形突起,腹侧较宽。第九、十节背板背侧为一扁形突起，侧面观基部窄，往端部渐宽，末端圆润；第十节侧突近基部往背后方深裂，裂口内着生一倒钩状的中附肢，近端部着生一对长突起，侧面观指向背侧，末端尖，背面观直，呈指状；端部侧面观收窄，呈指状，背面观圆润，中央具浅凹陷。下附肢近基肢节粗大，侧面观近梯形，背面观近矩形，披长毛；下附肢端肢节呈指状，端部稍窄，具短小黑刺。阳茎基部呈筒状；阳基侧突一对，侧面观基半部向背侧隆起，腹面观呈“S”形，端部尖锐；阳茎端基部为透明骨化片，侧面观斜切，背面观基部很窄，端部膜质；阳茎骨片侧面观基部向背侧弯曲，端部膨大，背面观近倒葫芦形。

分布：该种模式标本分布于河南省，现增加湖北省的采集记录。

命名：中文名根据特征新拟。

(3) 双叉裸齿角石蛾 *Psilotreta furcata* Qiu，2020 如图 6.53 所示。

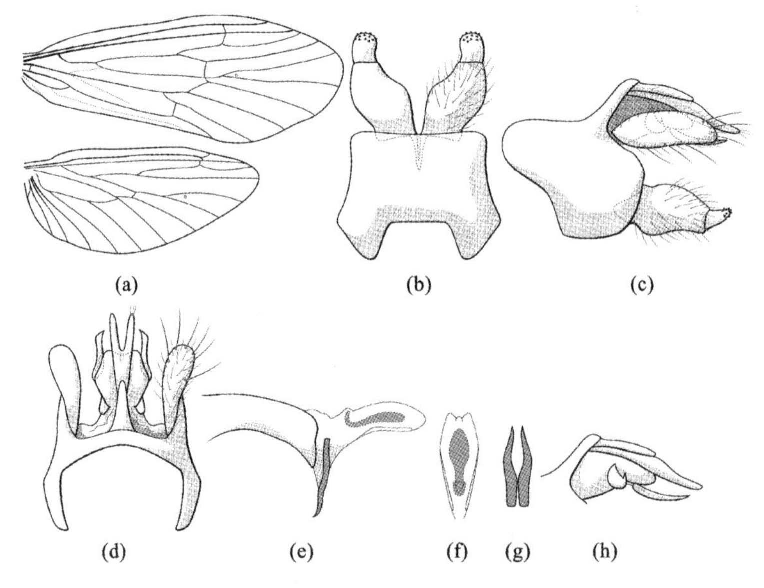

图 6.53　双叉裸齿角石蛾(英山)

(a)前后翅脉相；(b)腹面观；(c)左侧面观；(d)背面观；(e)阳茎，左侧面观；(f)阳茎端，背面观；(g)阳基侧突，腹面观；(h)第九、十节背板与侧突，左侧面观

Psilotreta furcata Qiu & Yan，2020：6-7 fig. 2。

正模：雄性，样点 15。

副模：雄性，资料同正模。

描述：前翅长 8.9～9.2 mm(n=2)，翅棕色，体棕褐色。

雄性外生殖器：第九节前侧突圆润，腹侧较宽。第九节背板为一扁形突起，侧面观基部窄，往端部渐宽，末端圆润。第十节背板背面观呈“V”形。侧突侧面观基部宽而端部窄，腹侧具一长条形突起；背面观两侧突近六边形，末端突起略相向弯折。中附肢粗短，呈月牙状。下附肢侧面观基肢节粗壮，端肢节呈指状，末端具少量小刺；腹面观基肢节末端内侧收窄。阳茎基呈管状；阳基侧突略短于阳茎端；阳茎端内骨片侧面观基部指向背侧，端部略膨大，背面观形似汤匙。

鉴别：该种与 *Psilotreta quinlani* Kimmins, 1964 相似，区别在于：①该种第十节主体细长，长为宽的三倍以上，而 *P. quinlani* 第十节主体短，长度约等于宽度；②该种第十节侧突腹支长，超过第十节，而 *P. quinlani* 第十节侧突腹支短，不超过第十节；③该种上附肢侧面观与腹面观末端圆润，不似三角形，而 *P. quinlani* 上附肢侧面观与腹面观末端尖锐；④该种下附肢基肢节短于上附肢，呈三角形，而 *P. quinlani* 下附肢基肢节长于上附肢。

分布：该种模式产地为湖北省。

命名：拉丁文"*furcata*"，指第十节裂为二叉状。

第九节　幻石蛾科

幻石蛾科 Apataniidae Wallengren, 1886 目前具 2 亚科，17 现存属，以及 204 现存种，其中 4 属的分类地位不明确。该科发表时独立为科，但长时间被毛翅目昆虫学家认为是沼石蛾的亚科，直到 20 世纪 90 年代才被重新确立为科。幻石蛾科主要分布于古北界、东洋界与新北界。我国记录幻石蛾科 4 属，35 种。本研究采集到 2 种幻石蛾属 *Apatania* Kolenati, 1847；1 种腹突幻石蛾属 *Apatidelia* Mosely, 1942 与 1 种长刺幻石蛾属 *Moropsyche* Banks, 1906。

幻石蛾属为幻石蛾科的模式属，目前包括 100 种，是幻石蛾科最大属。我国记录幻石蛾属 25 种。Schmid 很早就对幻石蛾科的系统发育进行了修订整理，并将幻石蛾属的种按形态学特征划分种组，本节术语参考 Schmid 的研究。近期一次幻石蛾科的修订由 Chuluunbat 完成。幻石蛾属包含孤雌生殖种，故部分正模为雌性，且另有许多对雌虫的描述。幻石蛾属巢为沙砾筑成的前宽后窄呈圆筒形，圆筒稍向背侧拱起，前开口处背侧稍长，可保护头部，后开口处覆以丝网，仅留一通气小孔。

腹突幻石蛾属是幻石蛾亚科下一小属，由 Mosely 在 1942 年建立，其主要特征为第五腹板两侧各具一向后的突起，称为侧后突。该属共有 5 种，均产于我国。

长刺幻石蛾属为长刺幻石蛾亚科，一共有 31 种，均分布于东古北界与东洋界。我国有 2 种长刺幻石蛾的记录。

大别山脉地区幻石蛾科分属检索表

1　　前翅缺 R_1-C 横脉，Sc 终止于翅的边缘；R_4 与 R_5 于 DC 近中部分开；雄性外生殖器下附肢端肢节呈单个或二分叉的长刺状 ……………………………………………………………… 长刺幻石蛾属 *Moropsyche*

1' 前翅具 R_1-C 横脉，Sc 终止于该横脉；R_4 与 R_5 于 DC 近端部分开；雄性外生殖器下附肢端肢节呈指状 ……………………………………………… 2

2(1') 第五节腹板两侧向背方延伸成一对突起 …… 腹突幻石蛾属 *Apatidelia*

2' 第五节腹板不具突起 ……………………………… 幻石蛾属 *Apatania*

1. 幻石蛾亚科 Apataniinae Wallengren，1886

1) 幻石蛾属 *Apatania* Kolenati，1847

模式种：*Apatania wallengreni* McLachlan，1871。

前翅 Sc 终止于 R_1-C 横脉，翅痣明显，DC 较短，末端略向前弯曲；后翅 DC 开放，F_1 很短。腹部第五节两侧不具突起。

本研究采集到幻石蛾属 2 种。

幻石蛾属分种检索表

1 下附肢基肢节较端肢节长……………………… 长肢幻石蛾 *A. protracta*

1' 下附肢基肢节较端肢节短………………… 半圆幻石蛾 *A. semicircularis*

(1) 长肢幻石蛾 *Apatania protracta* Qiu，2017 如图 6.54 所示。

Apatania protracta Qiu & Yan，2017：12-15，figs. 1a-h。

正模：雄性，样点 13(2015-3-24)。

副模：11 雄性，样点 13(2015-3-24)。

描述：前翅长 7.5～8.3 mm(n=10)，翅棕灰色，体近黑色。

雄性外生殖器：第九节侧面观前缘呈波浪状，后缘向前形成宽凹陷，背面观背侧中央缢缩，腹面观腹侧后缘一块三角形区域骨化减弱。第十节侧面观宽短，末端弯向腹侧，背面观第十节内支较侧支短，末端膨大呈菱形，侧支呈短棒状，中部稍细，端部呈三角形。上附肢侧面观与背面观呈指状。下附肢基肢节极长，披粗壮毛发，近端部腹侧具一排梳状栉毛，内侧骨化相对较弱，毛更柔软细长；端肢节骨化弱，无毛。阳基侧突分叉，侧面观基部呈三角形，背支细长，端部尖，腹支短，端部圆润；阳茎端基部宽，后深裂为四叉，背侧一对叉较长，末端尖锐，腹侧一对叉长度约为背支的一半，主体呈轻微波浪状，端部尖锐。

鉴别：该种属于 *Apatania fimbriata* 种组，与 *Apatania bicruris* Leng & Yang，1998 相似。区别在于：①该种下附肢基肢节近圆柱形，侧面观长度为宽度的 7 倍以上，而 *A. bicruris* 下附肢基肢节近圆形，侧面观长度为宽度的 1 倍左右；②该种第十节内支端部膨大呈菱形，而 *A. bicruris* 第十节内支端部不膨大；③该种第十节侧支较上附肢短，而 *A. bicruris* 第十节侧支较上附肢长。

分布：该种目前仅在湖北省有采集记录。

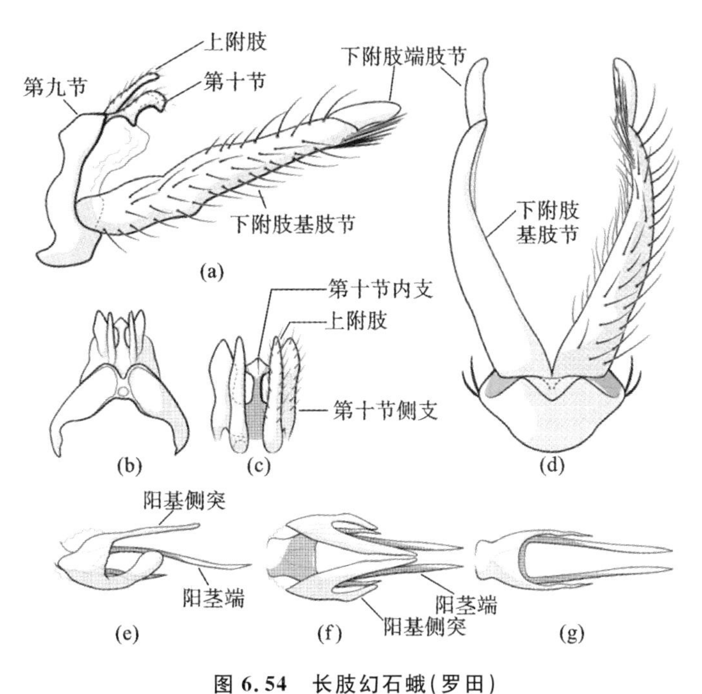

图 6.54　长肢幻石蛾(罗田)

(a)左侧面观;(b)背面观;(c)第十节与上附肢放大,背面观;(d)腹面观;
(e)阳茎,左侧面观;(f)阳茎,背面观;(g)阳茎端,腹面观

(2) 半圆幻石蛾 *Apatania semicircularis* Leng & Yang, 1998 如图 6.55 所示。

Apatania semicircularis Leng & Yang, 1998: 23, fig. 1。

正模:雄性,浙江省,安吉县,龙王山,海拔 490～500 m,1996 年 4 月 6—11 日,采集人为吴鸿。

副模:22 雄性,资料同正模。

材料:2 雄性,样点 13(2015-3-24)。

描述:前翅长 7.3～7.5 mm($n=2$),翅棕灰色,体棕灰色。

雄性外生殖器:第九节侧面前缘近腹侧具一宽的圆润突起,前缘微凹陷。第十节内支背面观直,侧面观弯成半圆形;第十节侧支呈棒状。上附肢短小。下附肢基肢节粗壮,侧面观向背侧弯曲,端部具长毛;下附肢端肢节基部宽而往中部渐细,中部弯向背后方,端半部直,披毛。阳茎基部膜质,阳基侧突侧面观直,末端尖锐,背面观相向弯曲,在背侧相互交叉;阳茎端侧面观基部较宽,中部腹侧具一对尖刺,紧贴于阳茎端上,端部变细并弯成钩状,背面观可见端部裂为两支。

分布:该种原分布于浙江省,现增加湖北省的采集记录。

命名:中文名根据种名意译新拟。

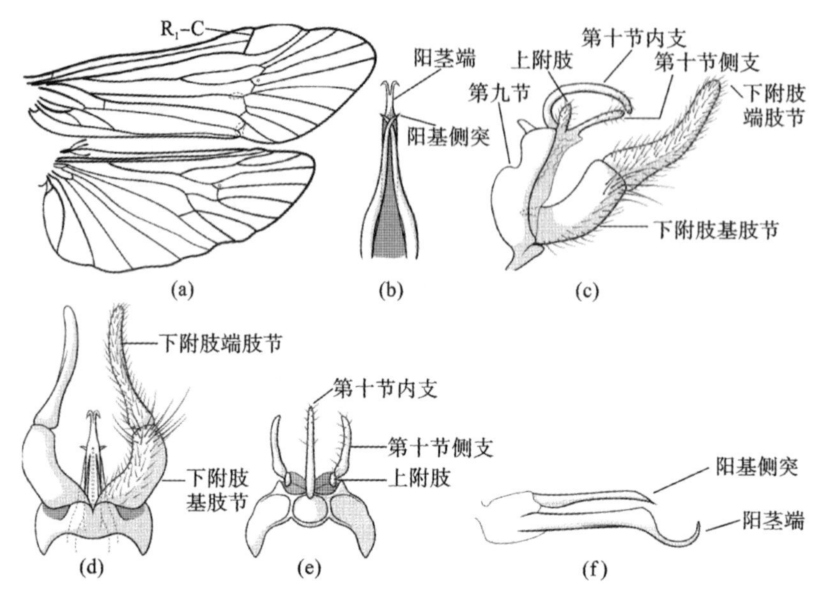

图 6.55 半圆幻石蛾(罗田)

(a)前后翅脉相;(b) 阳茎,背面观;(c)左侧面观;(d)腹面观;(e)背面观;(f)阳茎,左侧面观

2) 腹突幻石蛾属 *Apatidelia* Mosely，1942

模式种:*Apatidelia martynovi* Mosely，1942。

本属特征与幻石蛾属相似,但第Ⅴ节腹板两侧具一向后的突起。

本研究采集到腹突幻石蛾属 1 种。

拟马氏腹突幻石蛾 *Apatidelia paramartynovi* Qiu，2017 如图 6.56 所示。

正模:雄性,样点 13(2015-3-24)。

副模:1 雄性,样点 13(2015-3-24);1 雄性,湖南省,桃源县,沙坪镇,28°38′40.20″N，111°19′23.16″E,海拔 89 m,2017-3-25,采集人为邱爽和袁梦良。

描述:前翅长 7.4～8.0 mm(n=3),翅棕色,体棕色。第五节腹板侧面具侧后突。

雄性外生殖器:第九节侧面观前缘圆润,后缘凹陷,背侧强烈收窄,腹侧较宽,腹面观腹侧后缘具倒钟形的弱骨化区;第九节背突细小,端部分裂。第十节主体膜质,侧面观呈三角形,背面观呈椭圆形;第十节内支为一对细小指状突起,末端具少量毛,第十节侧支粗壮,侧面观近三角形,末端向腹侧弯曲,背面观背缘为一对相向弯曲的指状突起,腹缘也相向弯折。上附肢侧面观呈指状,背面观近肾形。下附肢基肢节呈矩形,近端部具一圈长刚毛;下附肢端肢节约为基肢节的两倍长,基部宽而往端部渐细并略向背侧弯曲,腹面观呈柳叶状,内缘具一排刚毛。阳茎基膜质,呈矩形;阳基侧突分叉,背支侧面观直而腹面观相向弯曲,腹支侧面观向

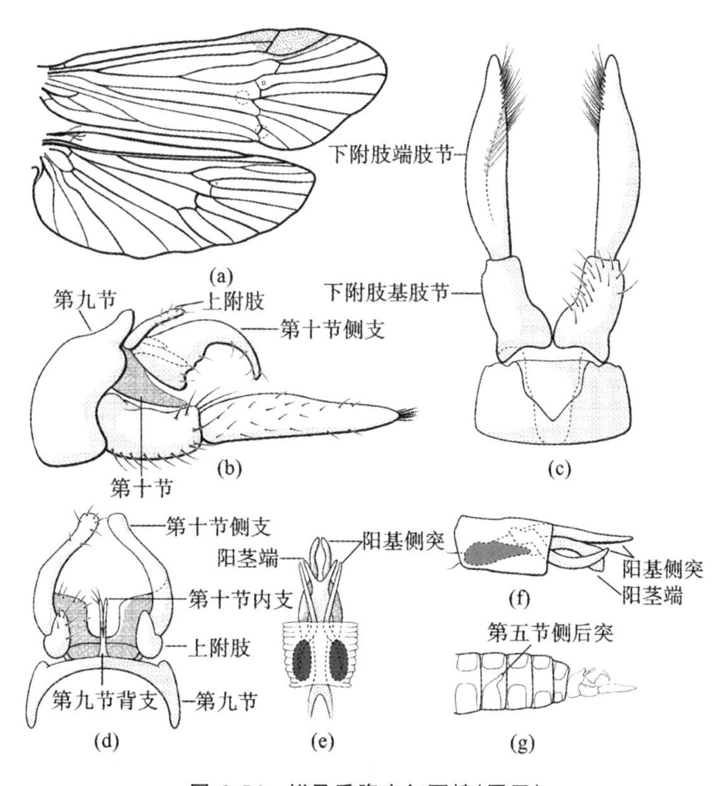

图 6.56　拟马氏腹突幻石蛾(罗田)

(a)前后翅脉相;(b)左侧面观;(c)腹面观;(d)背面观;(e)阳茎,腹面观;

(f)阳茎,左侧面观;(g)腹部后半段,左侧面观

背侧弯曲,腹面观在中部相对弯折,阳茎端侧面观末端平截,腹面观末端分裂。

鉴别:该种与 *Apatania martynovi* Mosely, 1942 相似,区别在于:①该种的上附肢背面观近肾形,而 *A. martynovi* 上附肢背面观呈指状且更纤细;②该种第十节侧支背面观呈指状,末端不具明显膨大,而 *A. martynovi* 第十节侧支背面观细,末端明显膨大;③该种的第九节背叶长度小于第十节内支的一半,而 *A. martynovi* 第九节背叶长度大于第十节内支的一半;④该种的下附肢端肢节侧面观呈长三角形,末端略向背侧弯曲,而 *A. martynovi* 下附肢端肢节侧面观呈卵形,末端不向背侧弯曲;⑤该种下附肢端肢节内侧略凹陷,而 *A. martynovi* 下附肢端肢节内侧略突起;⑥该种阳茎端末端分叉深,分支腹面观纤细,而 *A. martynovi* 阳茎端末端分叉不如该种深,分支腹面观较宽。

分布:该种分布于湖北省与湖南省。

2. 长刺幻石蛾亚科 Moropsychinae Schmid, 1953

长刺幻石蛾属 *Moropsyche* Banks, 1906。

模式种:*Moropsyche parvula* Banks, 1906。

前翅缺 R_1-C 横脉，Sc 终止于翅的边缘。雄性外生殖器下附肢端肢节呈长刺状。

本研究采集到长刺幻石蛾属 1 种。

大悟长刺幻石蛾 *Moropsyche dawuensis* Qiu，2018 如图 6.57 所示。

Moropsyche dawuensis Qiu & Yan，2018：16-18，figs. 3a-f。

正模：雄性，样点 11。

副模：34 雄性，样点 11；1 雄性，样点 13(2015-3-24)；2 雄性，湖南省，桃源县，沙坪镇，28°38′40.20″N，111°19′23.16″E，海拔 89 m，2017-3-25，采集人为邱爽和袁梦良。

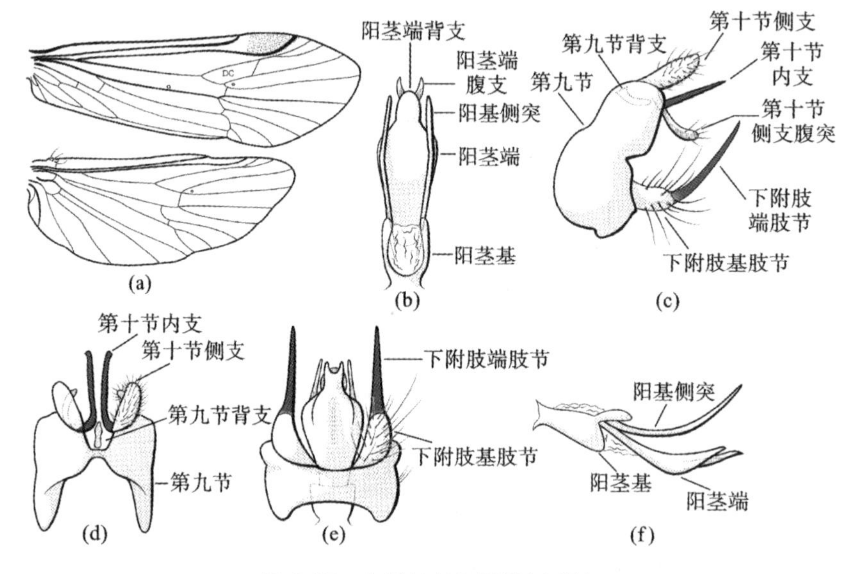

图 6.57 大悟长刺幻石蛾(大悟)

(a)前后翅脉相；(b)阳茎，背面观；(c)左侧面观；(d)背面观；(e)腹面观；(f)阳茎，左侧面观

材料：1 雄性，样点 17。

描述：前翅长 4.5～5.3 mm(n=10)，翅浅棕色，DC 闭合或开放，体棕色。

雄性外生殖器：第九节侧面观呈葫芦形，侧前方近腹侧具一半圆形突起，侧后方中部具一三角形凹陷；第九节背突极短小，着生于强烈缢缩的第九节背侧后缘。第十节侧支呈短棒状，近基部着生一匙形腹突，披毛；第十节内支骨化较强，侧面观直，背面观端部外侧具一小突起。下附肢基肢节短，具较长刚毛；端肢节约为基肢节的两倍长，骨化较强。阳茎基呈杯状，背侧凹陷并于侧后方具一对指状突起；阳基侧突细长，侧面观向背侧弯曲，背面观略相向弯曲；阳茎端骨化较强，侧面观与背面观均为中部最宽，端部裂为两层，背支呈卵形，腹支又裂为两支短突起。

鉴别：该种与 *Moropsyche primigena* Mey，1997 相似，区别在于：①该种第九

节侧面观后缘具一三角形缺刻，而 *M. primigena* 第九节侧面观后缘不具三角形缺刻；②该种第九节背面观中央强烈缢缩，而 *M. primigena* 第九节背面观中央无强烈缢缩；③ 该种第九节背支极小，长度约为第十节侧支的一半，而 *M. primigena* 第九节背支长度与第十节侧支近等长；④该种第十节侧支较粗短，而 *M. primigena* 第十节侧支较细长；⑤该种阳茎端部具一对突起，而 *M. primigena* 阳茎端部不具突起。

分布：该种分布于湖北省与湖南省。

第十节　瘤石蛾科

瘤石蛾科 Goeridae Ulmer, 1903 包括 3 亚科，11 属，其中模式属为瘤石蛾属 *Goera* Stephens, 1829，为瘤石蛾科最大的属，也是我国唯一属。瘤石蛾属在全世界超过 100 种，我国记录了 29 种。部分科学家曾为这一属的少量种划定了种组，Gall 则对世界不同地区的种进行了修订，并对系统发育进行了分析，但并不包括当时的所有种。本节术语参考 Yang 和 Armitage 的研究成果，他们对我国的种类进行了修订并总结了更多种组，但可能由于缺少对其他地区种的描述与对比，所以该文献中部分种组没有命名。日本地区的瘤石蛾属为野岐和谷田所修订，其中许多种的雌性也一同被描述。这一属雄虫第五节与第六节腹板常形成骨化突起，下颚须末节也可发生强烈膨大。瘤石蛾幼虫巢呈圆筒状，其两侧可能会附着于稳定与平衡的两块较大的沙砾。

瘤石蛾属 *Goera* Stephens, 1829。

模式种：*Phryganea pilosa* Fabricius, 1775。

头部较短，复眼较大，雄虫下颚须两节，末节常特化膨大。胫距式 2,4,4。第五节和第六节腹板具单根或多根刺状骨化突起，雌虫突起较短小；腹节具单根管状的气管鳃。

本研究采集到瘤石蛾 4 种。

瘤石蛾属分种检索表

1　　第十节主体裂为一对分离的刺状突起 ………………………………… 2
1'　　第十节主体不分离为一对刺状突起 ………………………………… 3
2(1)　　第十节刺状突起末端背面观分叉 …………………… 裂背瘤石蛾 *G. fissa*
2'　　第十节刺状突起末端背面观不分叉 ………… 马氏瘤石蛾 *G. martynowi*
3(1')　　第十节两侧具一对细长突起 ……………………… 细条瘤石蛾 *G. naphtu*
3'　　第十节两侧具两对粗长刺 …………………… 塞氏瘤石蛾 *G. sehaliah*

(1) 裂背瘤石蛾 *Goera fissa* Ulmer，1926 如图 6.58 所示。

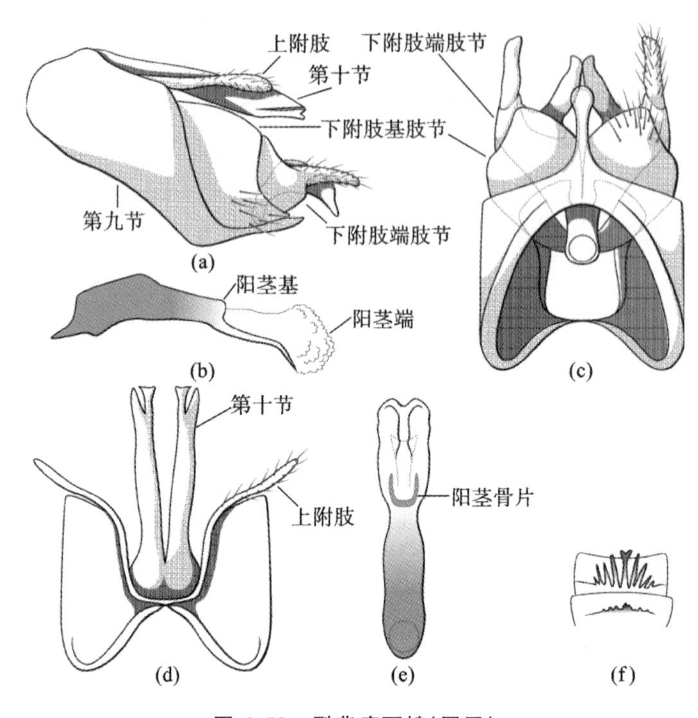

图 6.58　裂背瘤石蛾(罗田)

(a)左侧面观；(b)阳茎，左侧面观；(c)腹面观；(d)背面观；
(e)阳茎，背面观；(f)腹部第五节与第六节，腹面观

Goera fissa Ulmer，1926：76-77，figs. 63-65；Li，et al，1999：443-444，figs. 14-60a-d；Mey，2005：283。

Goera altofissura Hwang，1957：397-398，figs. 112-117；Tian & Li，1985：51；Yang，et al，1995：292；Yang & Armitage，1996：557，566，figs. 4a-d，12a-c；Leng，et al，2000：15；Armitage & Arefina，2003：102，figs. 2a-j。

正模：雄性，广东省。

材料：2 雄性，样点 4(2015-10-3)；1 雄性，样点 13(2013-7-13)；13 雄性，样点 13(2014-5-28)；3 雄性，样点 13(2014-7-12)；1 雄性，样点 13(2017-7-17)；10 雄性，样点 13(2019-7-7)；2 雄性，样点 14；1 雄性，样点 15。

描述：前翅长 6.7～8.5 mm(n=7)，翅棕色，体棕黄色，第六节腹板中央向后突起形成骨化冠状刺突，第五节腹板中央也具少量小骨化突起。

雄性外生殖器：第九节背侧极窄，侧面观侧缘近背侧处最宽，往腹部渐窄，腹侧后缘具一指状突起，末端稍膨大，腹面观呈圆形。第十节背面观裂为两支，末端又各裂为两支，侧支呈角状，内支浅呈二叉状，强烈骨化。上附肢呈细长指状，侧

面观较直，腹面观向两侧弯曲。下附肢基肢节侧面观近矩形，端部凹陷；端肢节着生于凹陷处，基部较宽，近基部分裂为两支，侧支呈指状，披毛，内支光滑，骨化更强，侧面观向腹部弯曲，端部渐细。阳茎基骨化，阳茎端膜质，背面观背侧具一凹槽，内具一弯曲的阳茎骨片。

分布：该种为广布种，我国与越南均有采集记录，在浙江省、安徽省、江西省、福建省、湖北省、广东省、广西壮族自治区均有分布，现增加河南省的采集记录。

命名：沿用李佑文等人在 1999 年所拟中文名。

该种的第十节背板有少量种内变异，但本研究中采集到的这一种形态较为稳定。

（2）马氏瘤石蛾 *Goera martynowi* Ulmer，1932 如图 6.59 所示。

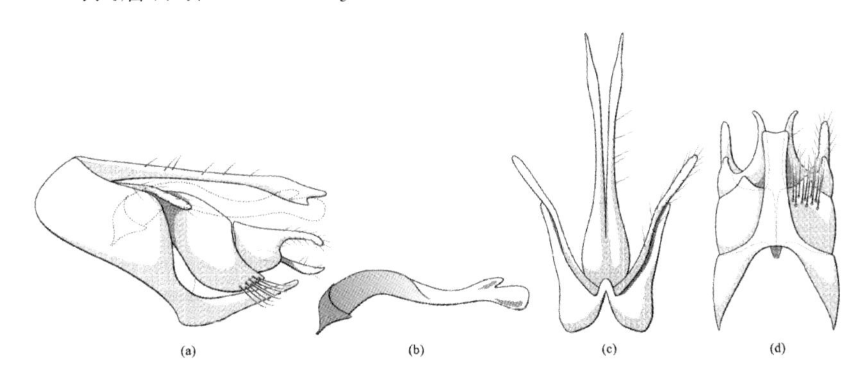

图 6.59　马氏瘤石蛾（红安）

(a)左侧面观；(b)阳茎，左侧面观；(c)背面观；(d)腹面观

Goera martynowi Ulmer，1932：69-70，figs. 44-45；Yang & Armitage，1996：560-562，figs. 8a-e，16a-c；Yang，Sun & Wang，1997：984，figs. 14a-f；Leng，et al，2000：15。

正模：雄性，北京市。

材料：17 雄性，样点 9(2015-7-11)；4 雄性，样点 10；1 雄性，样点 11；95 雄性，样点 17。

描述：前翅长 7.0～8.7 mm(n=10)，翅棕色，体黄色，第六节腹板中央向后突起形成骨化冠状刺突，第五节腹板中央也具少量短小的骨化突起。

雄性外生殖器：第九节背侧向后稍突起，侧面观侧缘近背侧处最宽，往腹部渐窄，腹侧后缘具一扁形突起，腹面观中部稍窄，末端平截。第十节背面观裂为两支，基部宽，中部收窄具少量毛，近端部稍膨大，末端尖锐，侧面观端部腹侧具一向后小突起。上附肢呈细长棒状，背面观略相对弯曲。下附肢基肢节粗壮，腹侧具一簇粗壮刚毛，端部略凹陷；下附肢端肢节基部粗壮，后裂为两支，侧支骨化较弱，侧面观向腹侧弯曲，腹面观呈指状，披毛，基部具一小突起；内支骨化较强，侧面观近柳叶状，腹面观端部渐细，向侧面弯曲呈月亮状。

分布：该种为广布种，在江苏省、浙江省、安徽省、江西省、湖北省、湖南省、四川省、贵州省、黑龙江省、甘肃省与北京市均有分布，现增加河南省的采集记录。

命名：沿用杨莲芳等人在1997年所拟中文名。

(3) 细条瘤石蛾 *Goera naphtu* Malicky, 2012 如图6.60所示。

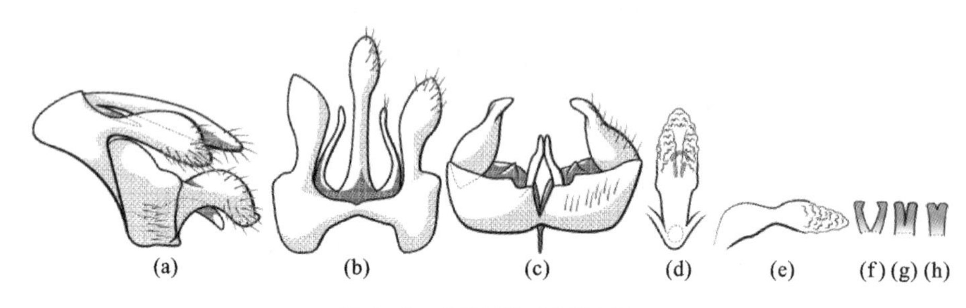

图6.60 细条瘤石蛾(罗田)

(a)左侧面观；(b)背面观；(c)腹面观；(d)阳茎，背面观；
(e)阳茎，左侧面观；(f～h)腹部第五节突起，具不同形状

Goera naphtu Malicky, 2012: 1280, plate 15。

正模：雄性，安徽省，Ciu Hua Mountains，2000年7月26日，采集人为Kyselak，由Malicky私人收藏。

材料：4雄性，样点4(2015-10-3)；11雄性，样点5；1雄性，样点12(2015-6-24)；1雄性，样点13(2013-7-13)；119雄性，样点13(2014-5-28)；2雄性，样点13(2014-7-12)；11雄性，样点13(2019-7-7)；9雄性，样点14；2雄性，样点15。

描述：前翅长4.4～5.5 mm(n=10)，翅棕色，体浅黄色，第五节腹板中央向后突起形成二叉状的骨化刺突，端部平截，刺突多呈“V”形(见图6.60(f))，少数呈“丫”形(见图6.60(g))，极少数几乎不分叉(见图6.60(h))。

雄性外生殖器：第九节侧面观呈倒三角形，腹侧极窄，后缘近背侧最宽。第十节中背突呈窄长条状，背面观末端稍宽，或稍膨大形成头状；第十节侧突纤细，长度约为中背突的一半，背面观弯曲呈“S”形。上附肢呈瓣状，基部窄而中部膨大，末端圆润。下附肢基肢节粗壮，腹面具少量毛，内侧具一细长突起，侧面观向腹侧弯曲，腹面观相向弯曲；后缘中央具一三角形突起；下附肢端肢节侧面观稍扭曲，腹面观近瓶形，末端相向弯曲。阳茎基骨化，阳茎端膜质，背侧中央具一竖向凹槽，内具一对短棒状骨片与一弯曲骨片。

分布：该种模式产地为安徽省，现增加湖北省的采集记录。

命名：中文名根据特征新拟，意指第十节细条状的侧突。

(4) 塞氏瘤石蛾 *Goera sehaliah* Malicky, 2017 如图 6.61 所示。

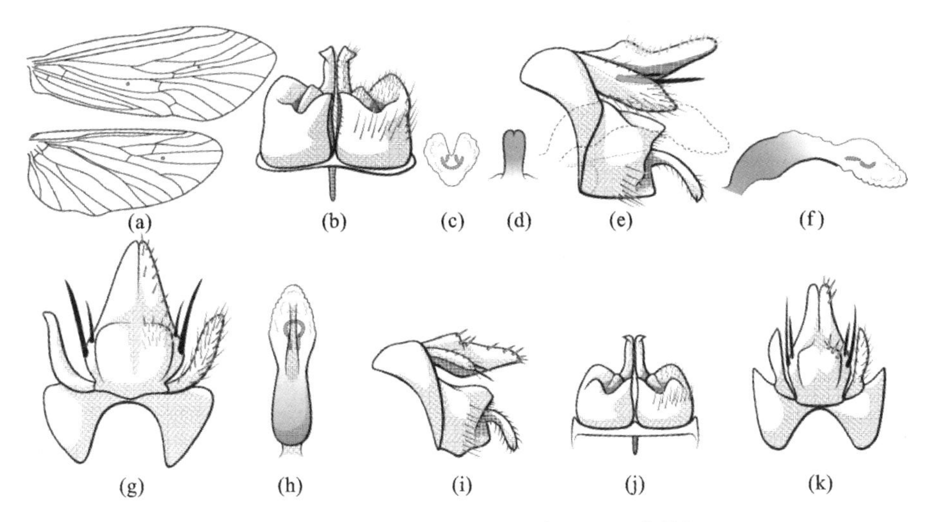

图 6.61 塞氏瘤石蛾(a～h 岳西,i～k 黄梅)

(a)前后翅脉相;(b)腹面观;(c)阳茎,后面观;(d)第五节腹突;(e)左侧面观;(f)阳茎,左侧面观;(g)背面观;(h)阳茎,背面观;(i)左侧面观;(j)腹面观;(k)背面观

Goera sehaliah Malicky, 2017: 22, figs.。

正模:雄性,河南省,罗山县,灵山,31°54′N,114°13′E,海拔 350 m,1989 年 5 月 26 日,采集人为 Kyselak,由 Malicky 私人收藏。

材料:14 雄性,样点 6;1 雄性,样点 12(2015-6-24);3 雄性,样点 14;2 雄性,样点 15;4 雄性,样点 17。

描述:前翅长 6.8～7.5 mm(n=8),翅棕色,体棕黄色,第五节腹板中央向后突起形成舌状的骨化刺突,端部具小缺刻。

雄性外生殖器:第九节背侧与腹侧极窄,侧面观近背侧处具三角形突起,后渐细。第十节背面观近三角形,背侧散布小刺,近基部背侧隆起,两侧各具两根长刺,端部深裂直达中部。上附肢侧面观呈指状,端部呈三角形,背面观稍向后弯曲。下附肢基肢节近矩形,后缘凹陷;端肢节着生于凹陷处内侧,基部具一三角形突起,端部直,末端向外勾起,披细毛。阳茎基骨化,阳茎端膜质,背侧具竖向凹槽,内具一对短棒状骨片与一弧形骨片。

分布:该种模式产地为河南省,现增加安徽省与湖北省的采集记录。

命名:中文名根据种名音译新拟。

注:湖北省采集到的标本与安徽省的在大小和形状上有少许差别,本书作者认为这些差别属于种内的变异。

第十一节　沼石蛾科

沼石蛾科 Limnephilidae Kolenati, 1848 是全幕骨下目最大科，分 4 亚科，68 属。此科昆虫尤其常见于冷凉流水环境，多分布于高纬度或高海拔地区，热带少见。沼石蛾科昆虫多体型较大，翅上具复杂花纹，因此较易于捕捉与观察，林奈在《自然系统》(第十版)中最早描述的石蛾中即包括沼石蛾科的种类。

长须沼石蛾属 *Nothopsyche* Banks, 1906 属于沼石蛾科双序沼石蛾亚科 Dicosmoecinae Schmid, 1955，被认为是沼石蛾科中最古老的一支。目前该属具 20 个种，均分布于亚洲东部，我国记录了 9 种，本研究采集到 1 种。该属所含种不多，但其幼虫的行为与生物学习性体现出了较高的多样性，甚至发展出了陆生种类。野岐对日本地区的长刺沼石蛾属进行了修订，添加了许多种的完整世代描述。

双序沼石蛾亚科 Dicosmoecinae Schmid, 1955。

长须沼石蛾属 *Nothopsyche* Banks, 1906。

模式种：*Nothopsyche pallipes* Banks, 1906。

具单眼，雄虫复眼较雌虫的大；雄虫下颚须三节，第二、三节长，雌虫下颚须分五节。触角腹面凹凸不平，雄虫触角较雌虫的长。胫距式 0,2,2 或 1,2,2。腿胫节与跗节具粗黑毛。前胸背板具一对大毛瘤，中胸背板毛瘤形状各异，中胸小盾片具圆形毛孔或小毛瘤。

本研究采集到长须沼石蛾属 1 种。

挪氏长须沼石蛾 *Nothopsyche nozakii* Yang & Leng, 2004 如图 6.62 所示。

Nothopsyche nozakii Yang & Leng, 2004: 516-517, figs. 1-8。

正模：雄性，浙江省，安吉县，龙王山水渠南小木桥，海拔 660 m，1995 年 10 月 18 日，采集人为王备新。

副模：1 雌性，资料同正模。

材料：2 雄性，样点 17。

描述：前翅长 18～19 mm($n=2$)，翅黑色，体橘色，腿基节橘色，其他节黑色。

雄性外生殖器：第九节侧面观呈半圆形，背侧伸长。第十节膜质，背面观裂成一对三角形裂叶。上附肢宽扁，披毛，中附肢呈指状，侧面观向腹侧弯曲，背面观更宽短，末端圆润。下附肢粗壮，侧面观中部外侧具一条弯曲浅沟，腹侧具大量长毛，内侧微凹陷，端部平截，背缘披密毛。阳茎基骨化较弱；阳基侧突粗壮，基部较宽，端部平截，比阳茎端略长，末端向背侧勾起；阳茎端侧面观基部较宽，往端部渐窄，背面观中部收窄而端部浅裂为两支。

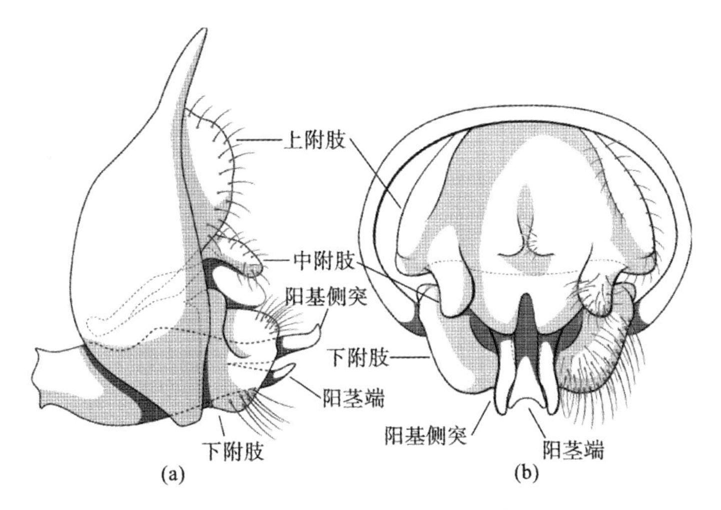

图 6.62　挪氏长须沼石蛾(红安)

(a)左侧面观;(b)背面观

分布:该种原分布于浙江省,现增加湖北省的采集记录。

命名:沿用杨莲芳与冷科明在 2004 年所拟中文名。

第十二节　乌石蛾科

乌石蛾科 Uenoidae Iwata, 1927 曾作为毛石蛾科(Sericostomatidae)的亚科发表,后来提升为科,目前乌石蛾科共有 4 属。乌石蛾科的修订,包括系统发育与各属各世代的详细描述,均有一定研究。其中模式属乌石蛾属 *Uenoa* Iwata, 1927 包括 12 种,均分布于亚洲东部。乌石蛾属的巢为丝制或丝网与细沙制成的黑色管状巢,故部分文献也称其为黑管石蛾。我国有 2 种乌石蛾。

乌石蛾属 *Uenoa* Iwata, 1927。

模式种:*Uenoa tokunagai* Iwata, 1927。

具单眼,复眼具细毛,雄虫下颚须 1～2 节,触角柄节几乎与头长度相等。翅脉具毛,雌雄虫翅脉相似,前翅具第Ⅳ叉,DC 宽短;后翅仅具第Ⅱ、Ⅴ叉,DC 开放。胫距式 1,3,4。

本研究采集到乌石蛾属 1 种。

乌石蛾 *Uenoa* sp. 1 如图 6.63 所示。

正模:雄性,样点 15。

副模:1 雄性,样点 13(2014-5-28);55 雄性,样点 15。

描述:前翅长 4.5～5.5 mm(n=10),翅浅黄色,体棕黄色。

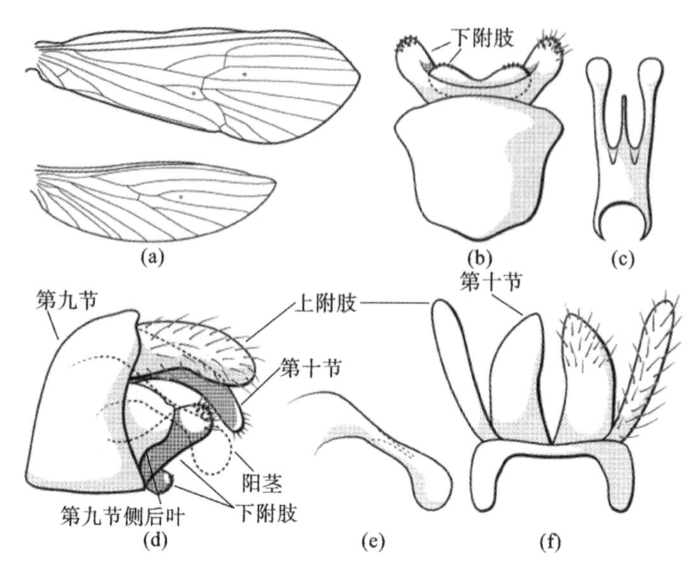

图 6.63 乌石蛾 sp.1(英山)

(a)前后翅脉相;(b)腹面观;(c)阳茎,腹面观;(d)左侧面观;(e)阳茎,左侧面观;(f)背面观

雄性外生殖器:第九节背侧窄,侧面与腹面均宽阔,腹面观呈倒钟形,侧面后缘具一半圆形侧后叶。第十节侧面观呈指状,弯向腹面,背面观为一对较宽裂叶,长度与上附肢相近。上附肢呈指状,侧面观较背面观更宽,稍弯向腹侧。下附肢宽短,两侧呈短棒状,端部具小刺,中部后缘凹陷,着生一对相互愈合的圆润突起,末端也有小刺。阳茎侧面观基部较宽,中部收窄,端部膨大呈锤状;腹面观呈三叉形,中支较短,呈管状,两侧支呈锤状。

鉴别:该种与 *Uenoa lobata* Hwang, 1957 相似,其区别在于:①该种上附肢侧面观较宽,而 *U. lobata* 上附肢侧面观较窄;②该种第十节背面观大,端部呈三角形,而 *U. lobata* 第十节背面观小,端部呈圆形。

分布:该种目前仅分布于湖北省。

注:第九节侧后叶与第九节之间存在愈合线这一点在其他乌石蛾属中很少见到,但在 *U. lobata* 的图中也有体现,可能为一个我国种独有的特征。

第十三节 短石蛾科

短石蛾科 Brachycentridae Ulmer, 1903 共有 7 个现存属,我国共有 3 属。小短石蛾属 *Micrasema* McLachlan, 1876 包括 74 个种,在古北界、东洋界与新北界均有一定分布。我国此类群记录不多,因此相关研究较少。Ito 曾对日本与我国

蒙古地区的 *Micrasema gelidum* 做过较为全面的研究，该种幼虫常见于山间溪流或近河树下腐殖质丰富处，幼虫取食苔藓与腐木，巢为稍弯曲的圆锥形，以沙砾、苔藓碎片或丝线筑成，末龄幼虫可将巢改为直圆筒形。Chapin 对北美地区的小短石蛾做了修订并建立了部分种组，同时描述了许多种幼虫。对小短石蛾的观察发现，不同种小短石蛾的雄虫外生殖器可能差别不大，但幼虫差别很大，体现了幼虫研究之于分类学的重要性。

小短石蛾属 *Micrasema* McLachlan, 1876。

模式种：*Oligoplectrum morosum* McLachlan, 1868。

雄虫下颚须较长，可延伸至触角处，下唇须与下颚须近等长。胫距式 2,2,2。雄虫前翅缺第Ⅳ叉，雌虫不缺；后翅仅具第Ⅰ、Ⅴ叉，中脉可能不分叉。

本研究采集到小短石蛾属 3 种。

小短石蛾属分种检索表

1	下附肢不分叉 ……………………………………………………	2
1'	下附肢分三叉…………………………………………	卡氏小短石蛾 *M. carsiel*
2(1)	下附肢末端具缺刻 ………………………………	拉氏小短石蛾 *M. raaziel*
2'	下附肢末端无缺刻 ………………………………	加氏小短石蛾 *M. gabriel*

(1) 卡氏小短石蛾 *Micrasema carsiel* Malicky, 2017 如图 6.64 所示。

Micrasema carsiel Malicky, 2017: 21, fig. on plate 24。

正模：雄性，河南省，罗山县，灵山，31°54′N，114°13′E，海拔 350 m，1989 年 5 月 26 日，采集人为 Kyselak，由 Malicky 私人收藏。

材料：23 雄性，样点 11。

描述：前翅长 4.6～5.2 mm($n=4$)，翅浅褐色，体棕褐色，第六节腹板中央后缘具一舌状突起。

雄性外生殖器：第九节背侧与腹侧长度相近，侧面观中部前缘具一大三角形突起。第十节背板裂为两叶，侧面观与后面观均呈指状，基部中央具两根长刚毛。上附肢侧面观腹缘膨大，端部尖锐并向腹侧弯曲，背面观近三角形，侧缘圆润，披细毛。下附肢呈指状，基部具长毛，端部裂为三叶，背支最短，末端圆润；中支稍细长，末端尖锐；腹支最长，末端圆润。阳茎呈筒状，端部斜切，阳茎端膜质，内具一对短小、弯曲的指状骨片。

分布：该种模式产地为河南省，现增加湖北省大悟县的采集记录。

命名：中文名根据种名意译新拟。

(2) 加氏小短石蛾 *Micrasema gabriel* Malicky, 2012 如图 6.65 所示。

Micrasema gabriel Malicky, 2012: 1279, plate 14。

正模：雄性，陕西省，大巴山，Shou-Man 村南 15 km，海拔 1800 m，32°08′N，

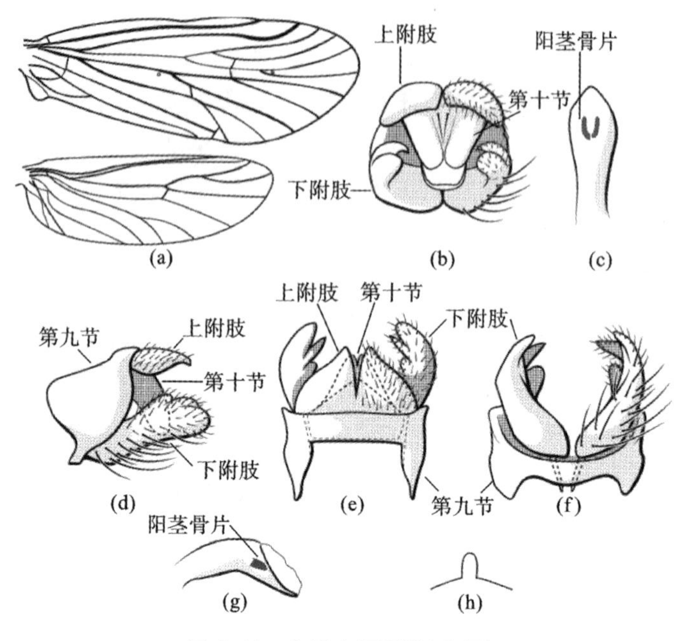

图 6.64　卡氏小短石蛾(大悟)

(a)前后翅脉相;(b)后面观;(c)阳茎,腹面观;(d)左侧面观;(e)背面观;(f)腹面观;(g)阳茎,左侧面观

108°37′E,2000 年 5 月 25 日—6 月 14 日,采集人为 Siniaiev 和 Plutenko,保存于柏林自然历史博物馆。

材料:10 雄性,样点 6。

描述:前翅长 5.5～6.7 mm(n=6),翅浅褐色,体黑褐色,第六节腹板中央后缘具一舌状突起。

雄性外生殖器:第九节背侧膜质,侧面观中部较宽。第十节背板侧面观整体向腹侧倾斜,基部背侧具一对微小突起,生有少量刚毛;中部后缘具一对指状突起,背面观呈梯形,披较长毛;侧面观亚端部收缩,端部呈叶状,末端尖锐,背面观端部轻微分裂。上附肢较小,侧面观呈圆形,背面观呈指状。下附肢腹面观基部较粗,末端渐细,相向弯曲,端部具少量小刺;侧面观呈指状,腹缘中部轻微突起,端部向尾端弯折,末端平截。阳茎呈筒状,末端斜切,端部膜质,内具一槽状骨片。

分布:该种原分布于陕西省,现增加安徽省的采集记录。

命名:中文名根据种名意译新拟。

(3) 拉氏小短石蛾 *Micrasema raaziel* Malicky, 2017 如图 6.66 所示。

Micrasema raaziel Malicky, 2017: 21-22。

正模:雄性,河南省,罗山县,灵山,31°54′N,114°13′E,海拔 300 m,1989 年 5 月 27 日,采集人为 Kyselak,由 Malicky 私人收藏。

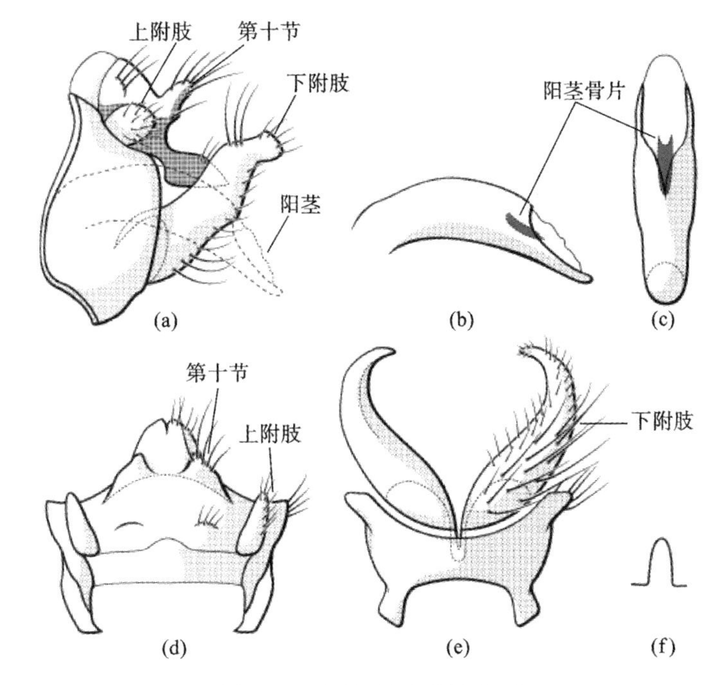

图 6.65 加氏小短石蛾(岳西)

(a)左侧面观;(b)阳茎,左侧面观;(c)阳茎,背面观;(d)背面观;(e)腹面观;(f)第六节腹突,腹面观

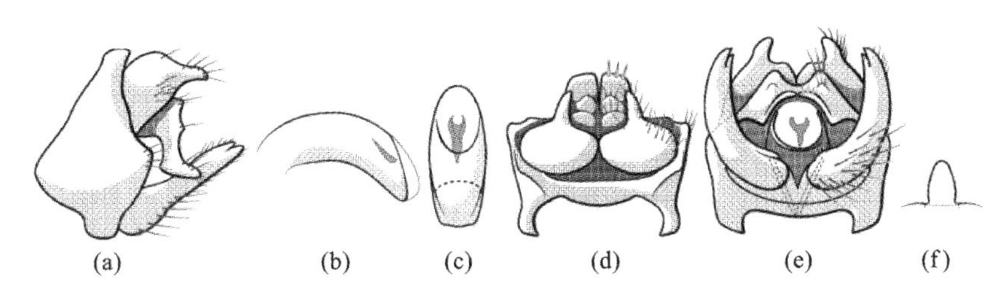

图 6.66 拉氏小短石蛾(英山)

(a)左侧面观;(b)阳茎,左侧面观;(c)阳茎,背面观;(d)背面观;(e)腹面观;(f)第六节腹突,腹面观

材料:3 雄性,样点 15;1 雄性,样点 12(2015-6-24);2 雄性,样点 13(2019-7-7)。

描述:前翅长 5.2～5.6 mm(n=4),翅灰褐色,体褐色,第六节腹板中央后缘具一卵圆形突起。

雄性外生殖器:第九节背侧与腹侧窄,侧面观中部靠下的前缘与后缘各具一三角形突起。第十节背板裂为两半,侧面观基部宽,端部向腹部弯折成直角,端部又向后弯折;末端背面观平截并有三根小齿排成一排。上附肢侧面观基部宽,背缘膨起,端部收窄;背面观上附肢呈椭圆形,端部为一指状突起。下附肢腹面观基部指向外侧,后弯向尾端,侧面观较直;基部较宽,中部稍窄,端部裂为两根短小角状裂叶。阳茎呈柱状,侧面观向腹部弯曲,端部斜切,内具一骨片,侧面观骨片呈水滴形,腹面观呈葫芦形,末端具一圆形缺刻。

分布:该种模式产地为河南省,现增加湖北省的采集记录。

命名:中文名根据种名意译新拟。

第十四节　鳞石蛾科

鳞石蛾科 Lepidostomatidae Ulmer, 1903 共 2 亚科,7 现存属与 4 化石属。我国仅有鳞石蛾属 *Lepidostoma* Rambur, 1842 与 *Paraphlegopteryx* Ulmer, 1907。本科成虫常在头、翅、腹部生有大量鳞片。鳞石蛾属下颚须形状多有变化,触角柄节也膨大变形,前翅 M 脉与 Cu 脉变化也大,常形成一长条形重叠区,这些变化均为重要的分类依据。由于其他大多数科,触角、下颚须与翅脉的形态往往用于分属,所以鳞石蛾属的分类一度非常混乱,仅异名就有 62 个。Ross 在 1944 年对鳞石蛾属进行了一次修订,他以雌雄外生殖器结构为指导,合并了新北界几乎所有异名。之后,Weaver 进行了进一步修订,合并了其余异名及 1944 年后新建异名。当前鳞石蛾属是一个包含近 500 种的大属,广泛分布于除澳大利亚界以外的所有生物地理区。该种幼虫以沙砾或植物碎片筑巢,巢形态多样,也有较初龄的幼虫使用沙砾而老熟后改用植物碎片。我国采集到的绝大多数鳞石蛾科属于鳞石蛾属,杨莲芳与 Weaver 在 2002 年对我国的鳞石蛾属进行了修订,重新描述了我国许多已知的鳞石蛾并发表了多个新种,大幅提高了我国鳞石蛾属的物种记录。

鳞石蛾属 *Lepidostoma* Rambur, 1842。

模式种:*Lepidostoma squamulosum* Rambur, 1842(=*Lepidostoma hirtum* Fabricius, 1775)。

头部短,无单眼,复眼无毛,头部与翅膀常具明显的性二型现象。雄虫触角柄节与梗节常膨大、延长或分叉变形,具密毛与鳞片;下颚须一至三节,常膨大,披密毛或鳞片。雌虫触角柄节细长,但少见膨大与密毛,下颚须五节。胫距式 2,4,4,具鳞片或毛。腹部具少量气管鳃,第五节不具腺体。

本研究采集到鳞石蛾属 5 种。

鳞石蛾属分种检索表

1　触角粗而长,腹缘膨大,具一粗管状突起;下颚须第二节呈盂状 ……………………………………………………… 盂须鳞石蛾 *L. propriopalpum*

1' 触角细长,下颚须第二节不呈盂状 …………………………………………… 2
2(1') 第十节形成两对细长突起 ………………………………………………… 3
2' 第十节形成两对短突起 ………………………………………………… 4
3(2) 第十节外侧突起长于内侧 ……………………… 黄纹鳞石蛾 *L. flavum*
3' 第十节外侧突起短于内侧 ……………………… 角茎鳞石蛾 *L. buceran*
4(2') 第九节背面观后缘突起大,呈三角形 ………… 内钩鳞石蛾 *L. maruth*
4' 第九节背面观后缘突起极小……………………… 尖锐鳞石蛾 *L. acutum*

(1) 尖锐鳞石蛾 *Lepidostoma acutum* Yang & Weaver,2002 如图 6.67 所示。

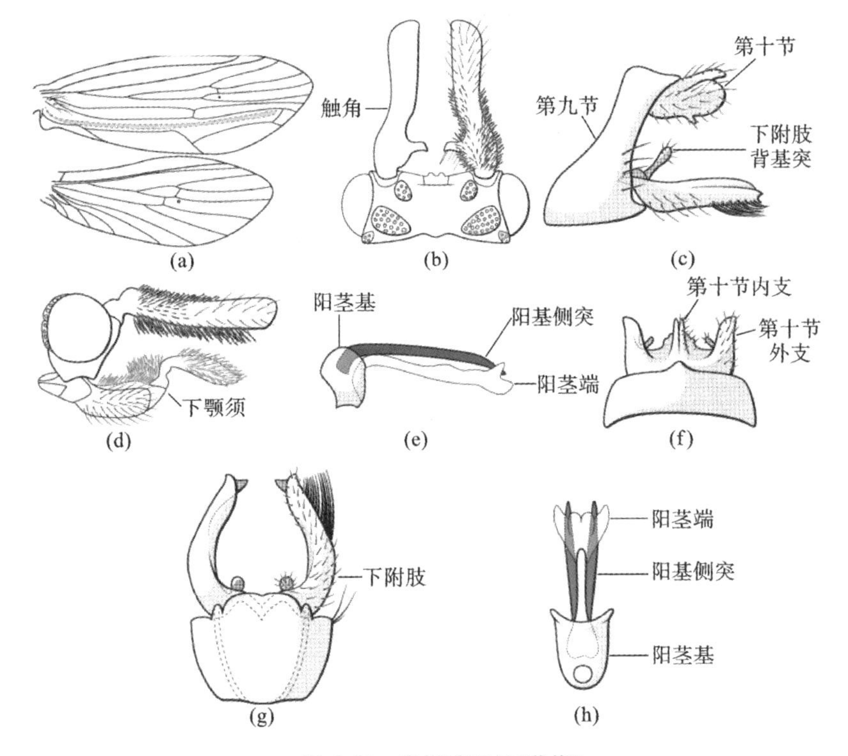

图 6.67 尖锐鳞石蛾(黄梅)

(a)前后翅脉相;(b)头部,背面观;(c)雄性外生殖器,左侧面观;(d)头部,右侧面观;(e)阳茎,左侧面观;(f)雄性外生殖器,背面观;(g)雄性外生殖器,腹面观;(h)阳茎,腹面观

Lepidostoma acutum Yang & Weaver,2002:293,figs. 265-271。

正模:雄性,河南省,内乡县,宝天曼,33°N,11°48′E,1998 年 7 月 15 日,海拔 1300 m,采集人为王备新。

副模:4 雌性,资料同正模。

材料:1 雄性,样点 1;2 雄性,样点 4(2015-10-3);3 雄性,样点 7;2 雄性,样点

12(2015-4-22)。

描述:前翅长 6.5~7.2 mm(n=3),翅棕黄色,前翅后部具一条竖向贯通前翅的重叠区,体棕黄色,触角呈圆柱状,且长度与头的宽度相当,基半部披鳞片,端半部披毛,近基部内侧具一角状突起,突起后缘具一排小刺,下唇须两节,第一节披毛,第二节披鳞片。

雄性外生殖器:第九节腹侧约为背刺的两倍宽。第十节侧支侧面观呈卵圆形,腹缘具一指状小突起;内支侧面观与背面观呈指状。下附肢侧面观近矩形,背基突呈指状,末端稍膨大,披毛;下附肢主体腹面观相向弯曲,中部分叉,背支扁平,末端平截,相向弯曲,腹支粗壮,端部侧面观具一小缺刻,腹面观端部相对稍弯曲,侧缘具一排粗刚毛,刚毛末端排成一条直线。阳茎基呈杯状,阳基侧突呈长角状,与阳茎近等长,端部向内下方弯曲,阳茎端膜质,膨大,裂为一对叶状突起与一对卵圆形突起。

分布:该种模式产地为河南省,现增加湖北省与安徽省的采集记录。

命名:中文名根据种名意译新拟。

鉴别:本研究所采集的标本与模式标本外形有少量不同点,但与南京农业大学的老师讨论后认为是同一种,区别在于:①该种上附肢腹缘为一小突起,而模式标本腹缘较宽并相向弯曲;②该种下附肢两分支紧贴,而模式标本下附肢两分支间有较宽距离;③该种下附肢侧缘具一排端部对齐的刚毛,而模式标本下附肢侧缘仅具一根刚毛。

(2) 角茎鳞石蛾 *Lepidostoma buceran* Yang & Weaver, 2002 如图 6.68 所示。

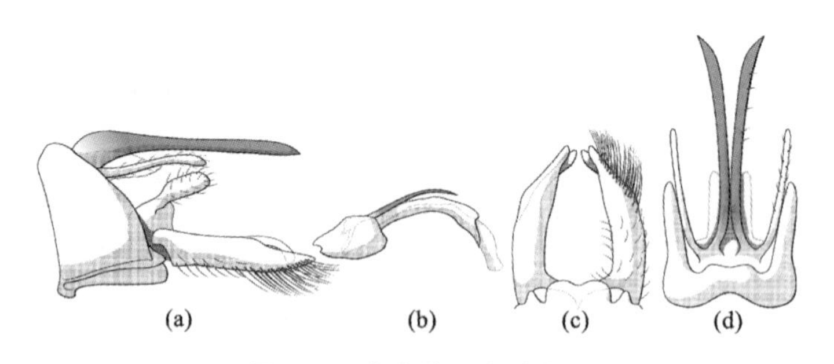

图 6.68 角茎鳞石蛾(大悟)

(a)左侧面观;(b)阳茎,左侧面观;(c)腹面观;(d)背面观

Dinarthrum bucerum Yang, et al, 1995: 292。

Lepidostoma buceran Yang & Weaver, 2002: 283, figs. 138-144。

正模:雄性,浙江省,庆元县,百山祖,1994 年 4 月 20 日,海拔 1100 m,采集人为吴鸿。

副模：2 雄性，3 雌性，资料同正模。

材料：6 雄性，样点 4(2015-10-3)；1 雄性，样点 6；1 雄性，样点 11；2 雄性，样点 17。

描述：前翅长 6.5～7.0 mm(n=3)，翅棕灰色，前翅后部具一条竖向贯通全翅的重叠区，体黄色。触角柄节呈圆柱形；长度与头宽相近，触角柄节基部内缘具一横向突起，突起末端向前弯曲，收细。下颚须两节，披鳞片。

雄性外生殖器：第九节侧面观近梯形，腹侧宽度约为背侧的三倍。第十节主体膜质，内支骨化，长度与宽度约大于侧支，侧面观直，背面观略向外弯曲，端部尖锐，侧缘具少量毛；侧支呈指状，骨化较内支弱，披毛。下附肢背基突基部膨大，端部呈指状，具毛；主体末端呈矩形，中部分叉，背支较细，呈指状，侧面观向腹侧弯曲，腹面观相向弯曲；腹支呈三角形，腹面观相向弯曲，侧缘具大量较长毛发。阳茎基膨大，阳基侧突纤细，长度约为阳茎的一半，侧面观略向腹侧弯曲，阳茎主体轻微骨化，端部斜切，阳茎端膜质。

分布：该种原分布于浙江省，现增加安徽省与湖北省的采集记录。

命名：中文名沿用杨莲芳等在 1995 年所拟中文名。

(3) 黄纹鳞石蛾 *Lepidostoma flavum* Ulmer, 1926 如图 6.69 所示。

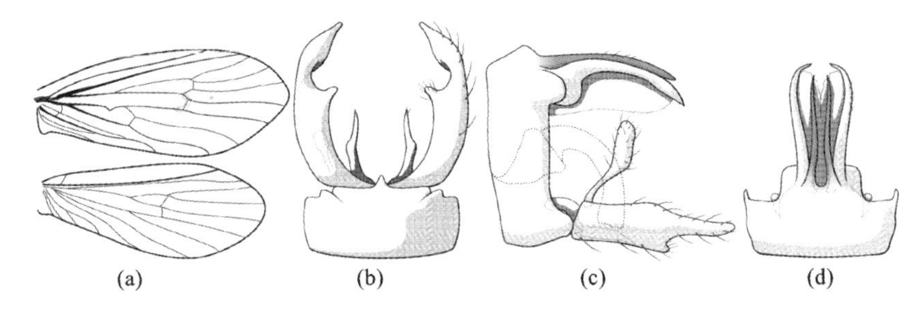

图 6.69　黄纹鳞石蛾(罗田)

(a)前后翅脉相；(b)腹面观；(c)左侧面观；(d)背面观

Crunoeciella flava Ulmer, 1926: 83-85, figs. 75-79。

Goerodes flava Schmid, 1965: 154。

Goerodes flavus Fischer, 1970: 20; Yang & Weaver, 1997: 481, 485。

Lepidostoma flavus Yang, et al, 1995: 293。

Lepidostoma flavum Li, et al, 1999: 446, 14-64a-d; Weaver, 2002: 184; Yang & Weaver, 2002: 296, figs. 324-329; Yang & Yang, 2002: 62-64, figs. 1-3。

Lepidostoma flava Leng, et al, 2000: 15。

正模：雄性，广东省，Mahn tsi 山。

副模：2 雄性，3 雌性，资料同正模。

材料：23 雄性，样点 6；1 雄性，样点 8；2 雄性，样点 9(2015-7-11)；18 雄性，样

点 10;1 雄性,样点 11;1 雄性,样点 12(2015-6-24);3 雄性,样点 13(2013-7-13);4 雄性,样点 13(2014-5-28);15 雄性,样点 13(2014-7-12);1 雄性,样点 13(2015-3-24);13 雄性,样点 13(2015-6-10);1 雄性,样点 13(2015-7-18);11 雄性,样点 13(2019-7-7);2 雄性,样点 14;15 雄性,样点 15;1 雄性,样点 16;3 雄性,样点 17。

描述:前翅长 5.3～6.2 mm(n=10),翅棕灰色,MC 前缘脉向后弯曲具凹陷,不具重叠区,体黄色,触角柄节呈圆柱形,长度与头长相近。下颚须两节,第二节极短。

雄性外生殖器:第九节侧面观近矩形,后缘近背侧与腹侧各具一半圆形突起,腹侧宽度与背侧的相当。第十节主体膜质,内支骨化,纤细,比外支稍短,侧面观与背面观仅略微弯曲,末端尖锐;外支侧面观基部腹侧膨大,主体向腹侧弯曲,背面观端部相向弯曲,末端尖锐。下附肢基部近矩形,背基突基部窄,端部膨大呈指状,基部内侧具一对细小内突,其外缘轻微突起,末端尖锐;下附肢中部腹侧内缘具一短小分支,后收窄,侧面观呈指状,背面观呈橄榄形并相向弯曲。阳茎基呈三角形,阳基侧突缺失,阳茎端向腹侧弯曲,膜质。

分布:该种分布于安徽省、福建省、河南省、江西省、四川省、广东省与浙江省,现增加湖北省的采集记录。

命名:沿用杨维芳与杨莲芳在 2002 年所拟中文名。

(4) 内钩鳞石蛾 *Lepidostoma maruth* Malicky, 2015 如图 6.70 所示。

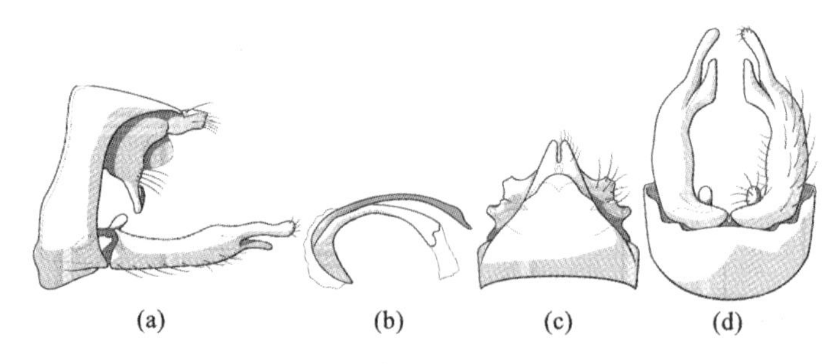

图 6.70 内钩鳞石蛾(罗田)

(a)左侧面观;(b)阳茎,左侧面观;(c)背面观;(d)腹面观

Lepidostoma maruth Malicky, 2015: 674-675, plate 6。

正模:雄性,江西省,武夷山,鹰潭市东南 50 km 处,海拔 1600 m,2002 年 3 月,采集人为 Siniaiev,保存于柏林自然历史博物馆。

副模:2 雄性,江西省和福建省边界,鹰潭市东南 50 km 处,27°56′N, 117°25′E,海拔 1600 m,2002 年 3 月,采集人为 Siniaiev。

材料:3 雄性,样点 13(2014-4-3)。

描述:前翅长 6.7～7.6 mm(n=2),翅棕灰色,不具重叠区,体黑褐色,触角柄节呈圆柱形,长度与头长相近。下颚须两节,第二节纤细。

雄性外生殖器:第九节背侧背面观呈三角形,宽度为腹侧的两倍。第十节主体膜质,圆润;内支呈三角形,中间凹陷为两叶,凹陷长度约为第十节长度的一半;外支向腹侧延伸,在最底部相向弯折,形成一角状内突。下附肢背基突短小,呈指状,下附肢主体基部较直,端部二分叉并相向弯曲;背支靠外侧,较长,呈指状,末端具少量毛;腹支靠内侧,腹面观基部相向弯曲,端部弯折向尾端。阳基侧突与阳茎近等长,末端侧面观似鸟头,阳茎轻微骨化,弯曲成弧形,末端膜质。

分布:该种分布于江西省,现增加湖北省的采集记录。

命名:中文名根据特征新拟,指第十节侧支向内形成的角状突起。

(5) 盂须鳞石蛾 *Lepidostoma propriopalpum* (Hwang, 1957)如图 6.71 所示。

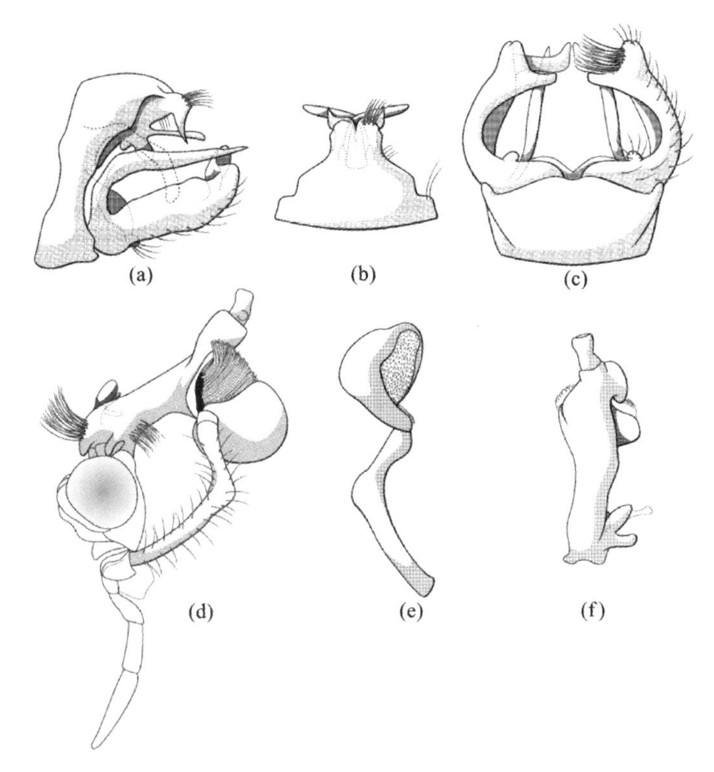

图 6.71 盂须鳞石蛾(罗田)

(a)左侧面观;(b)背面观;(c)腹面观;(d)头部,右侧面观;(e)下颚须,腹面观;(f)左触角基节与梗节,背面观

Goerinella propriopalpus Hwang, 1957: 400-402, figs. 128-133; Fischer, 1970: 23; Tian & Li, 1985: 51(misspelled as *proptipalpa*); Yang & Weaver, 1997: 481, 485。

Lepidostoma propriopalpa Yang, et al, 1995: 293。

Goerodes propriopalpa Li, et al, 1999: 445-446, figs. 14-63a-e。

Lepidostoma propriopalpus Leng, et al, 2000: 16。

Lepidostoma propriopalpatum Weaver, 2002: 186; Yang & Weaver, 2002: 296, figs. 309-315; Mey, 2005: 283。

正模:雄性,福建省,邵武市,1945 年 5 月 23 日,采集人为傅重光。

材料:1 雄性,样点 4(2015-10-3);7 雄性,样点 6;2 雄性,样点 7;8 雄性,样点 10;2 雄性,样点 13(2014-4-3);1 雄性,样点 13(2014-5-28);4 雄性,样点 13(2014-7-12);1 雄性,样点 13(2015-3-24);1 雄性,样点 13(2015-6-10);15 雄性,样点 13(2019-7-7);1 雄性,样点 15;2 雄性,样点 17。

描述:前翅长 10.6～11.5 mm(n=7),翅棕灰色,前翅后部具一竖向贯通前翅的重叠区,体黄色。触角柄节粗大,长度与头宽相近,基部内缘生有一三分叉的指状突起,其中背侧的分叉最粗,末端具一膜质横向内突。亚端部腹侧膨大形成一碗状结构,其中密生淡黄色长条状物。下颚须两节,第一节较长,向背侧形成约 90°的弯折;第二节特化形成口袋状,内生小齿,可覆盖于触角柄节的膨大处。

雄性外生殖器:第九节背面观近梯形,侧面观中部靠腹侧处收窄,背侧长度明显大于腹侧的。第十节背部两侧形成一对指向腹侧的角状突起,背面观突起指向尾端,两侧向下延伸形成一对长条状突起,背面观该突起相对弯折达 80°,互相交叉,侧面观长条状突起的腹侧具两个圆润突起。下附肢基部极宽,侧面观几乎为第九节高度的一半,分为两叉,背支指向背侧并于距基部 1/4 处弯折向尾侧,端部渐细,腹面观呈条带状;腹支侧面观宽且直,腹面观相向弯曲,基部具一圆形小突起,端部裂为粗短两支,内支呈指状,侧支更粗,腹侧向内着生密毛,内缘具一横向舌状突起,该突起末端向尾端弯曲。

分布:该种分布于江西省、福建省、安徽省、云南省、广西壮族自治区、四川省、浙江省,现增加湖北省与河南省的采集记录。

命名:沿用冷科明等人在 2000 年所拟中文名,意指下颚须第二节的盂状结构,李佑文在 1999 年与李佑文等人在 2002 年标注的中文名可能有误。

注:本次研究采集到的种与模式标本有少许不同,即下附肢背支不分叉。

第十五节　拟石蛾科

拟石蛾科 Phryganopsychidae Wiggins, 1959 的原名为 *Phryganopsis* Martynov, 1924,原为石蛾科 Phryganeidae Leach, 1815 一属,由于这一属名与鳞翅目一属重名,并具有多个与石蛾科相异的特征,因此 1959 年 Wiggins 将这一类

群从石蛾科中分离并确立为科，同时废除原名，新拟属名 *Phryganopsyche*。这一科与石蛾科有多个相同特征，但 Wiggins 在确立该科时从成虫与幼虫形态上列举了 15 条特征以供鉴别。拟石蛾科昆虫全世界有 1 属，4 种，虽种类不多，却在东洋界与东古北界较为常见。

拟石蛾属 *Phryganopsyche* Wiggins，1959。

模式种：*Phryganea latipennis* Banks，1906。

一般而言，成虫特征包括：雄虫下颚须四节，雌虫下颚须五节，具单眼，头背侧前单眼后方具一中毛瘤，中毛瘤两侧后方各具一三角形毛瘤。前幕骨窝位于额唇基的腹侧角。前翅分径室前缘强烈弯曲，前翅第一叉与第二叉基部接近；Cu_1 基部强烈弯曲，与基部一横脉连成一线，形成一类似 M 主干与 Cu_2 之间的横脉的结构；臀脉 $A_1+A_2+A_3$ 长度为各臀室的两倍以上；前后翅 m-cu 横脉粗，几乎呈纵向，与分径室近等长。胫距式 2,4,4。

本研究中采集到拟石蛾属 1 种。

宽羽拟石蛾 *Phryganopsyche latipennis*（Banks，1906）如图 6.72 所示。

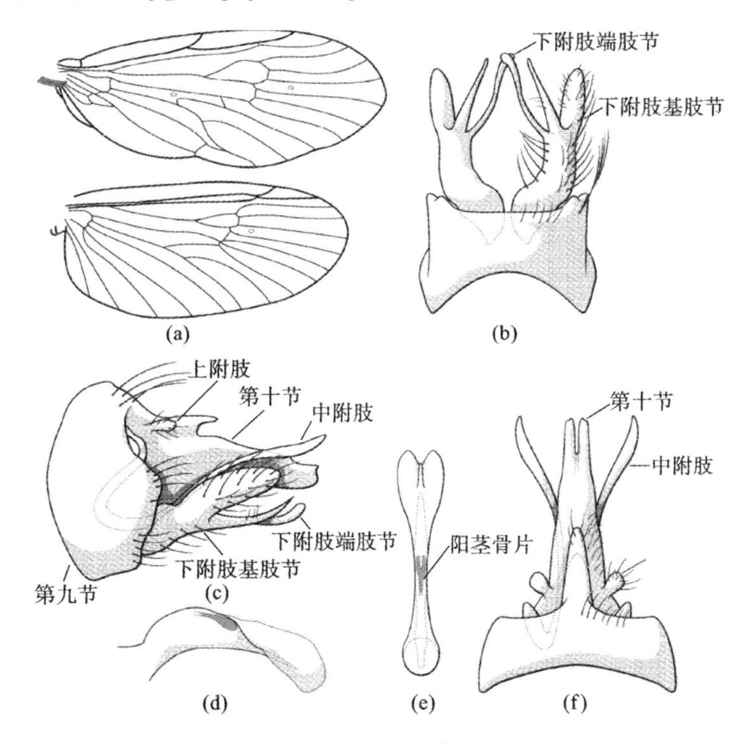

图 6.72 宽羽拟石蛾（罗田）

(a)前后翅脉相；(b)腹面观；(c)左侧面观；(d)阳茎，左侧面观；(e)阳茎，背面观；(f)背面观

Phryganopsyche latipennis Banks，1906：107；Oláh，1985：137；Yoon &

Kim，1988：506；Kumanski，1991：17；Park & Bae，1998：40；Li，et al，1999：450-451，figs. 14-69a-c；Nozaki，et al，19999：348；Yang & Yang，2002：64，figs. 4-6；Nozaki & Nakamura，2002：175；Mey，2005：283；Armitage，et al，2005：32；Kimura，et al，2007：163-168；Nozaki & Tanida，2007：248；Vshivkova，et al，2007：322，figs. 10-11，44-52；Nozaki & Nakamura，2007：96；Ivanov，2011：196；Wityi，et al，2015：50。

正模：雄性，日本。

材料：1 雄性，样点 13(2014-4-3)。

描述：前翅长 14.1 mm(n=1)，翅棕黄色，边缘颜色稍暗，体棕色。前翅背侧基部具一簇 4 根并排的管状结构，可能为性激素相关腺体或接收器。

雄性外生殖器：第九节背侧与第十节愈合，侧管管中部后缘向后稍突起。第十节侧面观近矩形，中部背侧向前凹陷，亚端部背侧略收窄，端部平截；背面观背缘呈指状，主体呈长梯形，端部分裂，末端具一小突起。上附肢短小，呈指状。中附肢细长，基半部弯成"乙"形，端部呈柳叶状，背面观略相对弯曲。下附肢基肢节粗壮，端部外侧具两个突起，靠外侧的突起呈指状，末端圆润，靠内侧的突起呈角状，末端尖锐；下附肢端肢节纤细，端部稍膨大，末端圆润。阳茎基半部骨化较强，端部骨架弱，背面观中央具一"丫"形骨片，侧面观骨片端半部膨大。

分布：该种为广布种，从俄罗斯南方、朝鲜半岛至东南亚的印度、泰国、越南等地均有分布，我国有记录的地区有浙江省、安徽省、福建省、江西省和陕西省。现增加湖北省的采集记录。

命名：沿用杨维芳与杨莲芳在 2002 年所拟中文名。

注：根据 Kimmins 的描述，本次研究中作者采集到的种下附肢类似 *P. latipennis praecisa* 亚种，而其他部分的形态更类似指名亚种。

总结与展望

本书描述了大别山脉地区 23 科，51 属，133 种毛翅目昆虫并对其进行了绘图，其中包括 121 个已知种和 12 个未定种。另记录 7 种为前人在大别山脉地区发现而本次研究未采集到的种，共记录 140 种。本研究获得了大别山脉地区毛翅目的种类组成资料，并编制了检索表。大别山脉地区毛翅目种类占中国已知毛翅目科的 76.67%、属的42.98%与种的 9.94%，多样性较高。

大别山脉地区的毛翅目以东亚种为主，东洋种、古北种与跨两区分布种各占一部分，极少有跨三个大区及以上的世界性广布种，体现其作为南北地理区过渡带的特征，也在一定程度上反映了我国昆虫地理区的特殊性。从中国地理区划分析来看，大别山脉地区的毛翅目与我国华中区关系更为紧密，与华南区、西南区的关系较弱，与华北区、东北区、蒙新区与青藏区的关系更弱，这种差异与这些地区的气候差异密切相关。大别山脉地区与各行政地区的相似性系数差异也体现了这一点。同时，我国华北区的毛翅目昆虫研究相对其他地区更为薄弱。对我国 34 个省级行政区进行基于毛翅目昆虫分布的聚类分析的结果显示，我国东南地区与西北地区大致聚集在一起，而研究较为完善的云南省、四川省与台湾省则各自形成一支。部分南方地区由于记录较少而与北部地区聚集为一支，此类偏差极有可能是由于研究不足造成的。这在一定程度上体现了我国毛翅目在南部与北部、东南与西南地区的差异性。

大别山脉地区的毛翅目特有种达到 40 种。较高比例的特有种可能意味着大别山脉地区为毛翅目的一个次级起源中心，但也有可能只是研究不足的结果，这就需要对周边地区的区系研究得较为透彻之后才能确定。另一方面，大别山脉地区的毛翅目昆虫与华中区的关系最为紧密。

对大别山脉地区毛翅目昆虫的垂直分布分析发现，毛翅目昆虫种类最丰富的是海拔高度为 500～1000 m 的中高海拔地区，低海拔地区的种类数次之，海拔更高地区的种类数则明显下降。推测这是由于中海拔地区相对高海拔地区气候温暖，水量充沛，人类干预较低海拔地区少，因此更有利于毛翅目昆虫生存，也更利于采集。此外，大别山脉地区的部分种对海拔表现出了高度的适应性，例如星期四小石蛾（*Hydroptila thuna*）与长须长角石蛾（*Mystacides elongatus*）。

本研究中的各个样点之间的物种差异较大，17 个样点的相似性系数仅为

0.11,但各样点的采集时间并不完全一致,因此这种差异可能包含时间因子的影响。从采样时间与物种的关系可以看出,不同季节采集到的标本种类在科级有明显差异。大别山脉地区多数科在炎热的夏季能采集到更多的种类与数量;而原石蛾科、沼石蛾科与幻石蛾科等古北界常见的类群,在春季与秋季相对更容易采集到;还有一些类群,如舌石蛾科与鳞石蛾科,在各个季节的种类数量更为相近。对采样点进行聚类分析后发现,大别山东南侧与西北侧的样点各自聚在一起,而位于中部的罗田县天堂寨地区则独自成为一支。推测南北两侧的差异和气候与水系有关,而天堂寨地区的特别之处则与该地区的适宜采样的环境条件和较高的采样强度密切相关。

结合古地理学与古气候学等资料对大别山脉地区毛翅目昆虫的起源与演化进行了分析,我们认为:①大别山脉地区的毛翅目昆虫最初起源于中国东部,因此绝大多数为中国特有种;②青藏高原形成后,大别山成为地理屏障,对冰川期与间冰期昆虫的迁移造成了阻碍,截留了许多昆虫并令其在此繁衍生息;③我国东南方由于温暖潮湿,淡水丰富,适宜毛翅目的演化发展,并且毛翅目成虫在夏季活跃,受东南季风影响更容易往西北方扩散,因此除去所在地,大别山脉地区的毛翅目昆虫区系与我国东南地区最为相似。

大别山脉地区具有很高的毛翅目昆虫多样性,这一地区值得多加关注,同时,周边地区的区系研究也应同时加强,以便于取得更加全面的研究数据。

参考文献

[1] Barnard P C, Dudgeon D. The larval morphology and ecology of a new species of *Melanotrichia* from Hong Kong (Trichoptera: Xiphocentronidae)[J]. Aquatic Insects, 1984, 6(4): 245-252.

[2] 龙建国,张建云. 兼长角纹石蛾的生态特征[J]. 生态学杂志, 2002, 21(3): 25-28.

[3] Wiggins G B. Larvae of the North American caddisfly genera (Trichoptera) [M]. 2nd ed. Toronto: University of Toronto Press, 1996.

[4] Ross H H. The evolution and past dispersal of the Trichoptera[J]. Annual Review of Entomology, 1967, 12: 169-206.

[5] Mccabe D J, Gotelli N J. Caddisfly diapause aggregations facilitate benthic invertebrate colonization [J]. Journal of Animal Ecology, 2003, 72: 1015-1026.

[6] Nakano D, Yamamoto M, Okino T. Ecosystem engineering by larvae of net-spinning stream caddisflies creates a habitat on the upper surface of stones for mayfly nymphs with a low resistance to flows[J]. Freshwater Biology, 2005, 50(9): 1492-1498.

[7] Ivanov V D. Contribution to the Trichoptera phylogeny: new family tree with considerations of Trichoptera-Lepidoptera relations[J]. Nova Supplementa Entomologica, 2002, 15: 277-292.

[8] Kristensen N P. The phylogeny of hexapod "orders". A critical review of recent accounts[J]. Journal of Zoologische Systematic and Evolutionnary Research, 1975, 13: 1-44.

[9] Kristensen N P. Early evolution of the Lepidoptera + Trichoptera lineage: phylogeny and the ecological scenario[M]// Grandcolas P. The origin of biodiversity in insects: phylogenetic tests of evolutionary scenarios. Paris: Mémoires du Muséum national d'histoire naturelle, Éditions du Muséum, 1997: 253-271.

[10] Morse J C. Phylogeny of Trichoptera[J]. Annual Review of Entomology,

1997，42(1)：427-450.
[11] Weaver J S I. The evolution and classification of Trichoptera. Part Ⅰ：the groundplan of Trichoptera[C]The Hague：Dr. W. Junk，1984.
[12] Ivanov V D，Sukatcheva I D. Order Trichoptera Kirby，1813. The caddisflies (=Phryganeida Latreille，1810)[M]// Rasnitsyn A P，Quicke D L J. History of Insects. Dordrecht，The Netherlands：Kluwer Academic Publishers，2002：199-222.
[13] 解焱，李典谟，John Mackinnon. 中国生物地理区划研究[J]. 生态学报，2002，22(10)：1599-1615.
[14] 汤加富，周存亭，侯明金，等. 大别山及邻区地质构造特征与形成演化：地幔差速环流与陆内多期造山 [M]. 北京：地质出版社，2003.
[15] 汤家富，侯明金. 大别山及邻区若干重要基础地质问题的再认识：再论大别造山带非板块碰撞造山过程[J]. 地学前缘，2016，23(4)：1-21.
[16] 方元平，蔡三元，项俊，等. 鄂东大别山生物多样性研究[J]. 华中师范大学学报(自然科学版)，2007，41(2)：268-273.
[17] 王新卫. 河南大别山两栖动物多样性及繁殖生态研究[D]. 新乡：河南师范大学，2010.
[18] 卞娟娟，郝志新，郑景云，等. 1951—2010 年中国主要气候区划界线的移动[J]. 地理研究，2013，32(7)：1179-1187.
[19] 杨建. 安徽大别山地区地质环境和资源评价与可持续发展研究[D]. 合肥：合肥工业大学，2003.
[20] 许国权，段海生，刘亦仁. 大别山主峰天堂寨地区蝶类资源及区系组成研究[J]. 湖北大学学报(自然科学版)，2010，32(3)：330-334.
[21] 赵冰，张杰，孙希华. 基于 GIS 的淮河流域桐柏-大别山区生态脆弱性评价[J]. 水土保持研究，2009，16(3)：135-138.
[22] 方元平，蔡三元，项俊，等. 鄂东大别山区生物多样性及其保护对策[J]. 安徽农业科学，2007，35(17)：5246-5248.
[23] 王岐山. 安徽动物地理区划[J]. 安徽大学学报(自然科学版)，1986，1(1)：45-58.
[24] 高震. 大别山区明堂山、天堂寨的植被和生态的研究[C]// 中国植物学会七十周年年会论文摘要(1933—2003). 北京：高等教育出版社，2003.
[25] 刘鹏，吴国芳. 大别山植物区系的特点和森林植被的研究[J]. 华东师范大学学报(自然科学版)，1994，1(1)：76-81.
[26] 钟玉林，郑坚，郑哲民. 湖北大别山蝗虫区系研究[J]. 华中师范大学学报(自然科学版)，2001，35(4)：459-463.

[27] 张荣祖. 中国动物地理 [M]. 北京：科学出版社，1999.
[28] Wallace A R. The geographical distribution of animals[M]. London：R. Clay，sons，and Taylor，Printers，1878.
[29] Morse J C. The Trichoptera world checklist[J]. Zoosymposia，2011，5：372-380.
[30] 马世骏. 中国昆虫生态地理概述 [M]. 北京：科学出版社，1959.
[31] 杨星科. 秦岭西段及甘南地区昆虫 [M]. 北京：科学出版社，2005.
[32] de Moor F C，Ivanov V D. Global diversity of caddisflies (Trichoptera：Insecta) in freshwater[J]. Hydrobiologia，2008，595(1)：393-407.
[33] MorseJ C，Frandsen P B，Graf W，et al. Diversity and Ecosystem Services of Trichoptera[J]. Insects，2019，10(5)：125.
[34] Masly J P. 170 Years of "Lock-and-Key"：Genital Morphology and Reproductive Isolation[J]. International Journal of Evolutionary Biology，2012：1-10.
[35] Ross H H. Evolution and classification of the Mountain Caddisflies[M]. Urbana：University of Illinois Press，1956.
[36] Milne M J，Milne L J. Evolutionary trends in caddis worm case construction[J]. Annals of the Entomological Society of America，1939，32：533-542.
[37] Schmid F. The insects and arachnids of Canada，part 7，Genera of the Trichoptera of Canada and adjoining or adjacent United States[M]. Ottawa，Ontario：NRC Research Press，1998.
[38] Hennig W. Phylogenetic systmatics[J]. Annual Review of Entomology，1965，10(1)：97-116.
[39] Weaver J S I，Malicky H. The genus *Dipseudopsis* Walker from Asia (Trichoptera：Dipseudopsis)[J]. Tijdschrift voor Entomologie，1994，137：95-142.
[40] Weaver J S I，Morse J C. Evolution of feeding and case-making behavior in Trichoptera[J]. Journal of the North American Benthological Society，1986，5：150-158.
[41] de Moor F C. A cladistic analysis of character states in twelve families here considered as belonging to the Sericostomatoidea[J]. Annals of the Cape Provincial Museums (Natural History)，1993，18：347-352.
[42] Mey W. Beitrag zur Kenntnis der Köcherfliegenfauna der Philippinen，Ⅰ. (Trichoptera)[J]. Deutsche Entomologische Zeitschrift für Natur

Forschung, 1995, 42(1): 191-209.

[43] MeyW. Die Köcherfliegenfauna des Fan Si Pan-Massivs in Nord-Vietnam. 1. Deschreibung neuer und endemischer arten aus den Unterordunugen Spicipalpia und Annulipalpia (Trichoptera) [J]. Beiträge zur Entomologie, 1996, 46: 39-65.

[44] Mey W. Contribution to the knowledge of the caddisflies of the Philippines 2. The species of the Mt. Agtuuganon range on Mindanao (Insecta: Trichoptera)[J]. Nachrichten des Entomologischen Vereins Apollo Supplementum, 1998, 17: 537-576.

[45] Malicky H, Chantaramongkol P. Neue Trichopteren aus Thailand. Teil 1: Rhyacophilidae, Hydrobiosidae, Philopotamidae, Polycentropodidae, Ecnomidae, Psychomyidae, Arctopsychidae, Hydropsychidae (Arbeiten uber thailandische Kocherfliegen Nr. 12) [J]. Linzer Biologische Beiträge, 1993, 25: 433-487.

[46] Malicky H, Chantaramongkol P. Neue Trichopteren aus Thailand. Teil 2: Rhyacophilidae, Philopotamidae, Polycentropodidae, Ecnomidae, Psychomyidae, Xiphocentronidae, Helicopsychidae, Odontoceridae (Arbeiten uber thailandische Kocherfliegen Nr. 12) (Fortsetzung)[J]. Linzer Biologische Beiträge, 1993, 25: 1137-1187.

[47] Morse J C. Earth's ignored majority: endangered invertebrates[M]// Lee G. Endangered Wildlife of the World. New York: Marshall Cavendish Corporation, 1993.

[48] Morse J C, Bae Y J, Munkhjargal G, et al. Freshwater biomonitoring with macroinvertebrates in East Asia[J]. Front Ecol Environ, 2007, 1 (5): 33-42.

[49] Ito T. Descriptions of four new species of Lepidostomatid caddisflies (Trichoptera) from Honshu, Central Japan[J]. Japanese Journal of Entomology, 1994, 62(1): 79-92.

[50] Ito T. A new species of the genus *Molanna* Curtis (Trichoptera, Molannidae) from the Yaeyama Islands, the southernmost part of Japan [J]. Limnology, 2006, 7(3): 205-211.

[51] Ito T, Hayashi Y, Shimura N. The genus *Anisocentropus* McLachlan (Trichoptera, Calamoceratidae) in Japan[J]. Zootaxa, 2012, 3157: 1-17.

[52] Ito T, Ohkawa A. The genus *Ugandatrichia* Mosely (Trichoptera, Hydroptilidae) in Japan[J]. Zootaxa, 2012, 3394: 48-58.

[53] Ito T, Wisseman R W, Morse J C, et al. The genus *Palaeagapetus* Ulmer (Trichoptera, Hydroptilidae, Ptilocolepinae) in North America [J]. Zootaxa, 2014, 3794(2): 201-221.

[54] 南京农业大学发展史编委会. 南京农业大学发展史:历史卷 [M]. 北京: 中国农业出版社, 2012.

[55] Morse J C. Following a dream[C]// Bae Y J. The 21st Century and Aquatic Entomology in East Asia. Proceedings of the 1st Symposium of AESEA. Chiaksan, Korea: The Korean Sociaty of Aquatic Entomology Korea, 2000: 3-7.

[56] Morse J C, Yang L F, Tian L X. Aquatic insects of China useful for monitoring water quality[M]. Nanjing: Hohai University Press, 1994.

[57] 寿建新. 蝴蝶分类系统及最新数据[J]. 西安文理学院学报(自然科学版), 2010, 13(3): 91-102.

[58] 王治国. 中国蜻蜓分类名录(蜻蜓目)[J]. 河南科学, 2017, 35(1): 48-77.

[59] 桂富荣,杨莲芳. 云南毛翅目昆虫区系研究[J]. 昆虫分类学报, 2000, 22(3): 213-222.

[60] Ross H H. The caddisflies or Trichoptera of Illinois[J]. Bulletin of the Illinois Natural History Survey, 1944, 23: 34-67.

[61] Frandsen P. Using DNA barcode data to add leaves to the Trichoptera tree of life[J]. Zoosymposia, 2016, 10: 193-199.

[62] Geraci C J, Zhou X, Morse J C, et al. Defining the genus *Hydropsyche* (Trichoptera: Hydropsychidae) based on DNA and morphological evidence[J]. Journal of the North American Benthological Society, 2010, 29(3): 918-933.

[63] Geraci C J, Kjer K M, Morse J C, et al. Phylogenetic relationships of Hydropsychidae subfamilies based on morphology and DNA sequences data[C]// Tanida K, Rossiter A. Proceedings of the 11th International Symposium on Trichoptera. Kanagawa, Japan: Tokai University Press, 2005.

[64] Malm T, Johanson K A. A new classification of the long-horned caddisflies (Trichoptera: Leptoceridae) based on molecular data[J]. BMC Evolutionary Biology, 2011, 11(10): 1-17.

[65] Kjer K M, Blahnik R J, Holzenthal R W. Phylogeny of Trichoptera (caddisflies): characterization of signal and noise within multiple datasets [J]. Systematic Biology, 2001, 50(6): 781-816.

[66] Kjer K M, Blahnik R J, Holzenthal R W. Phylogeny of caddisflies (Insecta, Trichoptera)[J]. Zoologica Scripta, 2002, 31(31): 83-91.

[67] Balint M, Botosaneanu L, Ujvarosi L, et al. Taxonomic revision of *Rhyacophila aquitanica* (Trichoptera: Rhyacophilidae), based on molecular and morphological evidence and change of taxon status of *Rhyacophila aquitanica* ssp *carpathica* to *Rhyacophila carpathica* stat. n.[J]. Zootaxa, 2009, 2148: 39-48.

[68] Waringer J, Lubini V, Hoppeler F, et al. DNA-based association and description of the larval stage of *Apatania helvetica* Schmid 1954 (Trichoptera, Apataniidae), with notes on its ecology and zoogeography [J]. Zootaxa, 2016, 2(4020): 244-256.

[69] Ruiter D E, Boyle E E, Zhou X. DNA barcoding facilitates associations and diagnoses for Trichoptera larvae of the Churchill (Manitoba, Canada) area[J]. BioMed Central Ecology, 2013, 5(13): 1-39.

[70] Xu J H, Sun C H, Wang B X. A new species of *Stenopsyche*, with descriptions of larvae and females of some species associated by gene sequences (Insecta: Trichoptera)[J]. Zootaxa, 2015, 4057(1): 63-78.

[71] Hebert P D N, Cywinska A, Ball S L, et al. Biological identification through DNA barcodes[J]. Proceedings of the Royal Society B: Biological Sciences, 2003, 270: 313-321.

[72] Oláh J, Johanson K A. Trinominal terminology for cephalic setose warts in Trichoptera (Insecta)[J]. Braueria, 2007, 34: 43-50.

[73] 陈仲芳,周善义. 基础昆虫分类学[M]. 西安:陕西师范大学出版社,1993.

[74] Ivanov V D. Vibrations, pheromones, and communication patterns in Trichoptera[C]// Holzenthal R, Flint O. Proceedings of the 8th International Symposium on Trichoptera. Columbus, Ohio: Ohio Biological Survey, 1997.

[75] Ivanov V D. Ground plan and basic evolution treands of male terminal segments in Trichoptera[C]// Tanida K, Rossiter A. Proceedings of the 11th International Symposium on Trichoptera. Kanagawa, Japan: Tokai University Press, 2005.

[76] Nielsen A. A comparative study of the genital segments and the genital chamber in female Trichoptera[J]. Kongelige Danske Videnskabernes Selskab Biologiske Skrifter, 1980, 23: 1-20.

[77] 高燕,刘斯宇,杨光,等. 毛翅目化石研究进展[J]. 应用昆虫学报, 2012, 49(2): 543-555.

[78] Zheng D, Chang S C, Wang H, et al. Middle-Late Triassic insect radiation revealed by diverse fossils and isotopic ages from China[J]. Science Advances, 2018, 4(9): t1380.

[79] Eskov K Y, Sukatcheva I D. Geographical distuibution of the Palaeozoic and Mesozoic caddisflies (Insecta: Trichoptera)[C]// Holzenthal R W, Flint O S. Proceedings of the 8th international symposium on Trichoptera, Minneapolis and Lake Itasca. Columbus, Ohio: Ohio Biological Surver, 1997.

[80] Martynov A V. Rucheiniki (caddisflies [Trichptera])[in Russian][M]// Bogdanova-Kat' Kova N N. Prakticheskaya entomologiya. Leningrad: Gosudarstvennoe Izdatelstvo. 1924.

[81] 佟一杰,杨海东,马德英,等. 蜣螂后胸叉骨的几何形态学分析及其适应进化研究[J]. 昆虫学报, 2016, 59(8): 871-879.

[82] 李玲,党海燕,丁三寅,等. 基于几何形态学对三种实蝇翅脉形态析[J]. 应用昆虫学报, 2017, 54(1): 84-91.

[83] 邱立飞,魏朝明,王俊杰,等. 基于几何形态学方法的秦巴山区中华蜜蜂翅形态变异研究[J]. 应用昆虫学报, 2018, 55(3): 503-513.

[84] 中国地质科学院地质研究所,武汉地质学院. 中国古地理图集说明书[M]. 北京: 地图出版社, 1985.

[85] 钟筱春,赵传本,杨时中,等. 中国北方侏罗系(Ⅱ):古环境与油气[M]. 北京: 石油工业出版社, 2003.

[86] 刘平娟,黄建东,任东. 中侏罗世燕辽昆虫群结构与古生态分析[J]. 动物分类学报, 2010, 35(3): 568-584.

[87] 邓胜徽,卢远征,赵怡,等. 中国侏罗纪古气候分区与演变[J]. 地学前缘, 2017, 24(1): 106-142.

[88] 吴鸿. 龙王山昆虫[M]. 北京: 中国林业出版社, 1998.

[89] 黄迪颖,吴灏,董发兵. 中国石蚕巢化石(昆虫纲,毛翅目)的发现与初步研究[J]. 古生物学报, 2009, 48(4): 646-653.

[90] 李吉均,方小敏,潘保田,等. 新生代晚期青藏高原强烈隆起及其对周边环境的影响[J]. 第四纪研究, 2001, 21(5): 381-391.

[91] 杨星科. 长江三峡库区昆虫[M]. 重庆: 重庆出版社, 1997.

[92] 吴鸿. 华东百山祖昆虫[M]. 北京: 中国林业出版社, 1995.

[93] Chuluunbat S, Morse J C, Lessard J L, et al. Evolution of terrestrial

habitat in *Manophylax* species (Trichoptera: Apataniidae), with a new species from Alaska[J]. Journal of the North American Benthological Society, 2010, 29(2): 413-430.

[94] Harding D J L. Distribution and population dynamics of a litter-dwelling caddis, *Enoicyla pusilla* (Trichoptera)[J]. Applied Soil Ecology, 1998, 9: 203-208.

[95] Nozaki T. A new terrestrial caddisfly, *Nothopsyche montivaga* n. sp., from Japan (Trichoptera: Limnephilidae)[C]// Malicky H, Chantaramongkol P. Proceedings of the 9th International Symposium on Trichoptera. Chiang Mai, Thailand: Chiang Mai University, 1999.

[96] Nozaki T, Vshivkova T S, Ito T. Larva, pupa and adults of *Nothopsyche nigripes* Martynov, 1914 (Trichoptera, Limnephilidaea), with biological notes[J]. Biology of inland waters, 2006, 1: 49-55.

[97] Nozaki T. Life histories of *Nothopsyche* species (Trichoptera) from aquatic to terrestrial habit[J]. Nature & Insects, 2008, 43: 4-7.

[98] Riek E F. The marine caddisfly family Chathamiidae (Trichoptera)[J]. Australian Journal of Entomology, 1977, 15(4): 405-419.

[99] Wiggins G B. Caddisflies: the underwater architects[M]. Toronto: University of Toronto Press, 2004.

[100] Cardinale B J, Gelmann E R, Palmer M A. Net spinning caddisflies as stream ecosystem engineers: the influence of *Hydropsyche* on benthic substrate stability[J]. Functional Ecology, 2004, 18(3): 381-387.

[101] Benke A, Wallace J. Trophic basis of production among net-spinning caddisflies in a Southern appalachian stream [J]. Ecology, 1980, 61(1): 108-118.

[102] Ross D H, Wallace J B. Longitudinal patterns of production, food consumption, and seston utilization by net-spinning caddisflies (Trichoptera) in a Southern Appalachian stream[J]. Holarctic Ecology, 1983, 6: 270-284.

[103] Resh V H, Rosenberg D M. The ecology of aquatic insects[M]. New York: Praeger Publishers, 1984.

[104] 黄小清,蔡笃程. 水生昆虫在水质生物监测与评价中的应用[J]. 华南热带农业大学学报, 2006, 12(2): 72-75.

[105] Dohet A. Are caddisflies an ideal group for the biological assessment of water quality in streams? [J]. Nova Supplementa Entomologica, 2002,

15：507-520.

[106] Lenat D R. A biotic index for the southeastern United States：derivation and list of tolerance values，with criteria for assigning water-quality ratings[J]. Journal of the North American Benthological Society，1993，12：279-290.

[107] Resh V H. Recent trends in the use of Trichoptera in water quality monitoring [C]// Otto C. Proceedings of the 7th International Symposium on Trichoptera. Leiden，The Netherlands：Backhuys Publishers，1993.

[108] Resh V H，Unzicker J D. Water quality monitoring and aquatic organisms：the importance of species identification[J]. Journal Water Pollution control Federation，1975，47：9-19.

[109] Agency U S E P，Water O O. Rapid bioassessment protocols for use in streams and wadeable rivers：periphyton，benthic macroinvertebrates，and fish [M]. 2nd ed. Washington，D. C.：U. S. Environmental Protection Agency，Office of Water，1999.

[110] Bonada N，Zamora-Muñoz C，Rieradevall M，et al. Ecological profiles of caddisfly larvae in Mediterranean streams：implications for bioassessment methods[J]. Environmental Pollution，2004，132(3)：509-521.

[111] Karr J R，Allan J D，Benke A C. River conservation in the United States and Canada[M]// Boon P J，Davis B R，Petts G E. Global Perspectives on River Conservation：Science，Policy，and Practice. New York：J. Wiley，2000.

[112] 吴天惠. 新疆福海底栖动物的研究[J]. 水生生物学报，1991，14(4)：303-313.

[113] 吴天惠，陈其羽. 长江下游南京至江阴江段底栖动物的种群密度与分布状况[J]. 水生生物学报，1986，10(1)：73-85.

[114] 蔡晓明，任久长，宗志祥，等. 青龙河底栖无脊椎动物群落结构及其水质评价[J]. 应用生态学报，1992，3(4)：364-370.

[115] 阴琨，王业耀，许人骥，等. 中国流域水环境生物监测体系构成和发展[J]. 中国环境监测，2014，30(5)：114-120.

[116] 孙峰，黄振芳，杨忠山，等. 北京市水生态监测评价方法构建及应用[J]. 中国环境监测，2017，33(2)：82-87.

[117] 金小伟，王业耀，王备新，等. 我国流域水生态完整性评价方法构建[J]. 中国环境监测，2017，33(1)：75-81.

[118] Blahnik R J，Holzenthal R W，Prather A L. The lactic acid method for

clearing Trichoptera genitalia[C]// Bueno-Soria J, Barba-Alvarez R, Armitage B. Proceedings of the 12th International Symposium on Trichoptera. Columbus, Ohio: The Caddis Press, 2007.

[119] Cumming J M. Lactic acid as an agent for macerating Diptera specimens [J]. Fly Times, 1992, 8: 7.

[120] 章士美. 中国农林昆虫地理区划[M]. 北京：中国农业出版社，1998.

[121] 郑景云，尹云鹤，李炳元. 中国气候区划新方案[J]. 地理学报，2010，65(1)：3-13.

[122] Yang L F, Sun C H, Morse J C. An amended checklist of the caddisflies of China (Insecta, Trichoptera)[J]. Zoosymposia, 2016, 10: 451-479.

[123] Jaccard P. Étude comparative de la distribution florale dans une portion des Alpes et des Jura[J]. Bulletin de la Société Vaudoise des Sciences Naturelles, 1901, 1(37): 547-579.

[124] 申效诚. 中国昆虫地理[M]. 郑州：河南科学技术出版社，2015.

[125] Mey W. Three new species of the genus *Arctopsyche* McLachlan, 1862 from Asia (Insecta, Trichoptera): Arctopsychidae[J]. Aquatic Insects, 2009, 31(2): 83-89.

[126] 冷科明，杨莲芳. 中国沼石蛾科五新种记述(昆虫纲，毛翅目)[J]. 动物分类学报，2004，29(3)：516-522.

[127] 李静敏. 鹞落坪自然保护区蜻蜓目昆虫区系及多样性研究[D]. 合肥：安徽大学，2013.

[128] 顾勇，姜少平，支立锋. 湖北罗田天堂寨蝶类资源初报[J]. 安徽农业科学，2008，36(8)：3294-3295,3457.

[129] 诸立新. 安徽天堂寨国家级自然保护区蝶类名录[J]. 四川动物，2005，24(1)：47-49.

[130] Holt B G, Lessard J, Borregarrd M K, et al. An update of Wallace's zoogeographic regions of the world[J]. Science, 2013, 339: 75-104.

[131] 单人骅，刘昉勋. 安徽省大别山区的植被及其地理分布纪要[J]. 植物生态学与地植物学丛刊，1964，2(1)：93-102.

[132] Vannote R L, Minshall G W, Cummins K W, et al. The River Continuum Concept [J]. Journal of Fisheries and Aquatic Sciences, 1980, 1(37): 130-137.

[133] 刘晔，沈泽昊. 长江三峡库区昆虫丰富度的海拔梯度格局——气候、土地覆盖及采样效应的影响[J]. 生态学报，2011，31(19)：5663-5675.

[134] Nielsen A. A comparative study of the genital segments and their

appendages in male Trichoptera[J]. Biologiske Skrifter，1957，8：1-15.

[135] 田立新，杨莲芳，李佑文. 中国经济昆虫志：第四十九册——毛翅目(一)：小石蛾科 角石蛾科 纹石蛾科 长角石蛾科[M]. 北京：科学出版社，1996：404.

[136] Wiggins G B，Currie D C. Trichoptera families[M]// Merritt R W，Cummins K W，B B M. An introduction to the aquatic insects of North America. Dubuque，Iowa：Kendall/Hunt Publishing Company，2008：439-480.

[137] Holzenthal R W，Blahnik R J，Kjer K M，et al. An update on the phylogeny of caddisflies (Trichoptera)[C]// Proceedings of the 12th International Symposium on Trichoptera. Columbus：The Caddis Press，2007.

[138] Holzenthal R W，Blahnik R J，Prather A L，et al. Order Trichoptera Kirby，1813 (Insecta)，caddisflies[J]. Zootaxa，2007，1668：639-698.

[139] Oláh J，Johanson K A. Generic review of Hydropsychinae，with description of *Schmidopsyche*，new genus，3 new genus clusters，8 new species groups，4 new species clades，12 new species clusters and 62 new species from the Oriental and Afrotropical regions (Trichoptera：Hydropsychidae)[J]. Zootaxa，2008，1802：3-78.

[140] Oláh J，Johanson K A，Barnard P C. Revision of the Oriental and Afrotropical species of *Cheumatopsyche* Wallengren (Hydropsychidae，Trichoptera)[J]. Zootaxa，2008，1738：1-171.

[141] 黄其林. 中国毛翅目的新种[J]. 动物学报，1958，10(3)：279-285.

[142] Banks N. Report on certain groups of Neuropteroid insects from Szechwan，China[J]. Proceedings of the United States National Museum，1940，88：173-220.

[143] 黄邦侃. 福建昆虫志[M]. 福州：福建科学技术出版社，1999.

[144] Schmid F. Quelques Trichoptères de Chine[J]. Mitteilungen aus dem Zoologischen Museum in Berlin，1959，35：317-345.

[145] Mosely M E. Chinese Trichoptera：A collection made by Mr. M. S. Yang in Foochow[J]. Transactions of the Royal Entomological Society of London，1942，92：343-362.

[146] 田立新，李佑文. 福建省毛翅目昆虫名录及纹石蛾属二新种(毛翅目：纹石蛾科)[J]. 武夷科学，1985，5(0)：51-58.

[147] Schmid F. Quelques trichoptères de Chine Ⅱ[J]. Bonner Zoologische

Beiträge, 1965, 16: 127-154.

[148] Cartwright D I. Taxonomy of the larvae, pupae and females of the Victorian species of *Chimarra* Stephens (Trichoptera: Philopotamidae) with notes on biology and distribution[J]. Royal Society of Victoria Proceedings, 1990, 102: 15-22.

[149] Cooper H J, Morse J C. Females of *Chimarra* (Trichoptera : Philopotamidae) from eastern North America[J]. Journal of the New York Entomologist Society, 1998, 106(4): 185-198.

[150] Cartwright D I. The Australian species of *Chimarra* stephens (Trichoptera: Philopotamidae)[J]. Memoirs of Museum of Victoria, 2002, 59(2): 393-437.

[151] 孙长海. 毛翅目昆虫六新种记述[J]. 昆虫分类学报, 1997, 19(4): 289-296.

[152] Ivanov V D. The caddisflies of Pamir (Russian) [J]. Acta Hydroentomologica Latvica, 1991, 1: 46-61.

[153] Sun C H, Malicky H. 22 new species of Philopotamidae (Trichoptera) from China[J]. Linzer Biologische Beiträge, 2002, 34/1: 521-540.

[154] 黄其林. 中国的角石蛾科昆虫(毛翅目)[J]. 昆虫学报, 1963, 12(4): 476-489.

[155] Xu J H, Wang B X, Hai S C. The *Stenopsyche simplex* Species Group from China with descriptions of three new species (Trichoptera: Stenopsychidae)[J]. Zootaxa, 2014, 3785(2): 217-230.

[156] Nozaki T, Saito R, Nishimura N, et al. Larvae and females of two *Stenopsyche* species in Taiwan with redescription of the male of *S. formosana* (Insecta: Trichoptera) [J]. Zootaxa, 2016, 4121 (4): 485-494.

[157] 冷科明,杨莲芳,王建国,等. 江西省毛翅目昆虫名录[J]. 江西植保, 2000, 23(1): 12-16.

[158] Li Y W, Morse J C. Species of the genus *Ecnomus* (Trichoptera: Ecnomidae) from the People's Republic of China[J]. Transactions of the American entomological society, 1997, 123(1,2): 85-134.

[159] Johanson K A, Espeland M. Phylogeny of the Ecnomidae (Insecta: Trichoptera)[J]. Cladistics, 2010, 26(1): 36-48.

[160] Oláh J, Malicky H. New species and new species records of Trichoptera

from Vietnam[J]. Braueria, 2010, 37: 13-42.

[161] Li Y W. A revision of Chinese Ecnomidae, Dipseudopsidae, Polycentropodidae and Psychomyiidae (Insecta: Trichoptera, Hydropsychoidea) and the Biogeography of Chinese caddisflies [D]. Clemson: Clemson University, 1998.

[162] 钟花,杨莲芳,Morse J C. 中国缺叉多距石蛾属六新种(毛翅目,多距石蛾科)[J]. 动物分类学报, 2008, 33(3): 600-607.

[163] Zhong H, Yang L F, Morse J C. The genus *Nyctiophylax* Brauer in China (Trichoptera, Polycentropodidae)[J]. Zootaxa, 2014, 3846(2): 273-284.

[164] Zhong H, Yang L F, Morse J C. The genus *Plectrocnemia* Stephens in China (Trichoptera, Polycentropodidae) [J]. Zootaxa, 2012, 3489: 1-24.

[165] Mey W. The Fan Si Pan Massif in North Vietnam - towards a reference locality for Trichoptera in SE Asia [C]// Tanida K, Rossiter A. Proceedings of the 11th International Symposium on Trichoptera. Kanagawa: Tokai University Press, 2005.

[166] Li Y W, Morse J C, Tachet H. Pseudoneureclipsinae in Dipseudopsidae (Trichoptera: Hydropsychoidea), with descriptions of two new species of *Pseudoneureclipsis* from each Asia[J]. Aquatic Insects, 2001, 23(2): 107-117.

[167] Tachet H, Coppa P G, Forcellini M. A comparative description of the larvae of *Psychomyia pusilla* (Fabricius 1781), *Metalype fragilis* (Pictet 1834), and *Paduniella vandeli* Décamps 1965 (Trichoptera: Psychomyiidae) and comments on the larvae of other species belonging to these three genera[J]. Zootaxa, 2018, 1(4402): 91-112.

[168] Torii T, Nakamura S. DNA identification and morphological description of the larva of *Eoneureclipsis montanus* (Trichoptera, Psychomyiidae) [J]. Zoosymposia, 2016, 10: 424-431.

[169] Qiu S, Morse J C, Yan Y. A review of the genus *Metalype* Klapálek, with descriptions of three new species from China (Trichoptera, Psychomyiidae)[J]. ZooKeys, 2017, 656: 1-23.

[170] Li Y W, Morse J C. The *Paduniella* (Trichoptera: Psychomyiidae) of China, with a phylogeny of the world species[J]. Insecta Mundi, 1997,

11(3-4): 281-299.

[171] Li Y W, Morse J C. *Tinodes* species (Trichoptera: Psychomyiidae) from The People's Republic of China[J]. Insecta Mundi, 1997, 11(3-4): 273-280.

[172] Ross H H. Phylogeny and biogeography of the caddisflies of the genera *Agapetus* and *Electragapetus* (Trichoptera: Rhyacophilidae)[J]. Journal of the Washington Academy of Science, 1951, 41(11): 247-256.

[173] Morse J C, Yang L F. *Glossosoma* subgenera *Glossosoma* and *Muroglossa* (Trichoptera: Glossosomatidae) of China[C]// Sakai O, Kutsugi S. Proceedings of the 11th international symposium on Trichoptera. Kanagawa: Tokai University Press, 2005.

[174] Yang L F, Morse J C. *Glossosoma* subgenus *Lipoglossa* (Trichoptera: Glossosomatidae) of China[J]. Nova Supplementa Entomologica, 2002, 15: 253-276.

[175] Morse J C, Yang L F. The world subgenera of *Glossosoma* Curtis (Trichoptera: Glossosomatidae), with a revision of the Chinese species of *Glossosoma* subgenera *Synafophora* Martynov and *Protoglossa* Ross [J]. Proceedings of the Entomological Society of Washington, 2004, 106: 52-73.

[176] Mey W. The distribution of *Apsilochorema* Ulmer, 1907: biogeographic evidence for the Mesozoic accretion of a Gondwana microcontinent to Laurasia[M]// Hall R, Holloway J D. Biogeography and geological evolution of SE Asia. Leiden, The Netherlands: Backhuys Publishers, 1998.

[177] Schmid F. Les Hydrobiosides (Trichoptera, Annulipalpia)[J]. Bulletin de l'Institut Royal des Sciences Naturelles de Belgique, Entomologie, 1989, 59: 1-154.

[178] Mey W. Notes on the taxonomy and phylogeny of *Apsilochorema* Ulmer, 1907 (Trichoptera, Hydrobiosidae)[J]. Deutsche Entomologische Zeitschrift, 1999: 155-178.

[179] Kelley R W. Phylogeny, morphology and classification of the micro-caddisfly genus *Oxyethira* Eaton (Trichoptera: Hydroptilidae)[J]. Transactions of the American Entomological Society, 1984, 110: 435-463.

[180] KelleyR W. Revision of the micro-caddisfly genus *Oxyethira* (Trichoptera:

Hydroptilidae). Part Ⅱ: subgenus *Oxyethira*[J]. Transactions of the American Entomological Society, 1985, 111: 223-253.

[181] KelleyR W. Revision of the micro-caddisfly genus *Oxyethira* (Trichoptera: Hydroptilidae) Part Ⅲ: subgenus *Holarctotrichia*[J]. Proceedings of the Entomological Society of Washington, 1986, 88: 777-785.

[182] Schmid F. Le genre *Stactobia* Mch. [J]. Miscelanea Zoologica, Barcelona, 1959, 1: 1-56.

[183] Wells A. A review of the Australian species of *Hydroptila* Dalman (Trichoptera: Hydroptilidae) with descriptions of new species[J]. Australian Journal of Zoology, 1978, 26: 745-762.

[184] Wells A. A review of the Australian genera *Xuthotrichia* Mosely and *Hellyethira* Neboiss (Trichoptera: Hydroptilidae), with descriptions of new species[J]. Australian Journal of Zoology, 1979, 27: 311-329.

[185] Wells A. The Australian species of *Orthotrichia* Eaton (Trichoptera: Hydroptilidae), with descriptions of new species[J]. Australian Journal of Zoology, 1979, 27: 586-622.

[186] Wells A. A review of the Australian genera *Orphninotrichia* Mosely and *Maydenoptila* Neboiss (Trichoptera: Hydroptilidae), with descriptions of new species[J]. Australian Journal of Zoology, 1980, 28: 627-645.

[187] Wells A. Tricholeiochiton Kloet & Hincks and new genera in the Australian Hydroptilidae (Trichoptera)[J]. Australian Journal of Zoology, 1982, 30: 251-270.

[188] Marshall J E. A review of the genera of the Hydroptilidae (Trichoptera)[J]. Bulletin of the British Museum (Nature History) Entomology, 1979, 39: 135-239.

[189] 周蕾. 中国小石蛾科分类研究(昆虫纲:毛翅目)[D]. 南京: 南京农业大学, 2009.

[190] 周蕾,孙长海,杨莲芳. 中国小石蛾属四新种记述(毛翅目,小石蛾科)[J]. 动物分类学报, 2009, 34(4): 905-911.

[191] 周蕾,孙长海,杨莲芳. 中国小石蛾属研究及二新种二新纪录种记述(毛翅目,小石蛾科)[J]. 动物分类学报, 2009, 34(2): 353-359.

[192] Zhou L, Yang L F, Morse J C. New species of microcaddisflies from China (Trichoptera: Hydroptilidae)[J]. Zootaxa, 2016, 4097(2): 203-219.

[193] Zhou L, Yang L F, Morse J C. Six new species and 1 new species record of *Orthotrichia* (Trichoptera: Hydroptilidae) from China[J]. Zootaxa, 2010, 2560: 29-41.

[194] Zhou L, Yang L F, Morse J C. New species of *Stactobia* McLachlan (Trichoptera: Hydroptilidae) from China[J]. Journal of the Kansas Entomological Society, 2013, 86(3): 277-286.

[195] Schmid F. Legenre *Rhyacophila* et la famille des Rhyacophilidae (Trichoptera)[J]. Memoires de la Société Entomologique du Canada, 1970, 66: 7-23.

[196] Prather A L, Morse J C. Eastern Nearctic *Rhyacophila* species, with revision of the *Rhyacophila invaria* group (Trichoptera: Rhyacophilidae)[J]. American Entomological Society, 2001, 127(1): 85-166.

[197] Emoto J. A Revision of the retracta-Group of the Genus *Rhyacophila* [J]. Kontyu, 1979, 47(4): 556-569.

[198] Sun C H. Notes on the *Rhyacophila scissa* species group with description of two new taxa from China (Trichoptera, Rhyacophilidae) [J]. Zootaxa, 2016, 4072(4): 441-452.

[199] Armitage B J. A new species in the *Rhyacophila lieftincki* Group (Trichoptera: Rhyacophilidae) from southwestern Virginia [J]. Zootaxa, 2008, 1958: 65-68.

[200] Schmid F, Arefina T J, Levanidova I M. Contribution to the knowledge of the *Rhyacophila* (Trichoptera) of the *sibirica* group[J]. Bulletin de l' Institut Royal des Sciences Naturelles de Belgique, Entomologie, 1993, 63: 161-172.

[201] Arefina T I. An outline of females of the Genus *Rhyacophila* (Tricboptera: Rhyacophilidae) from Eastern Asia[C]// Bae Y. The 21st Century and Aquatic Entomology in East Asia: Proceedings of the 1st Symposium of the Aquatic Entomological Societies of East Asia. Korea: Korean Society of Aquatic Entomology, 2001: 21-44.

[202] Schmid F, Botosaneanu L. Le genre *Himalopsyche* Banks (Trichoptera, Rhyacophilidae)[J]. Annales de la Société Entomologique de Quebec, 1966, 11: 123-176.

[203] Lakhwinder K, Malkiat S S. A new species of the genus *Himalopsyche* (Trichoptera, Rhyacophilidae), with keys to and catalogue of indian

species[J]. Vestnik Zoologii, 2015, 49(1): 3-12.

[204] Malicky H. Beiträg zur Kenntnis asiatischer Calamoceratidae (Trichoptera) (Arbeit uber thailandische Köcherfliegen Nr. 13) [J]. Zeitschrift der Arbeitsgemeinschaft Österreichischer Entomologen, 1994, 46: 62-79.

[205] Oláh J, Johanson K A. Description of 33 new species of Calamoceratidae, Molannidae, Odontoceridae and Philorheithridae (Trichoptera), with detailed presentation of their cephalic setal warts and grooves[J]. Zootaxa, 2010, 2457: 1-128.

[206] Morse J C. A phylogeny and classification of family-group taxa of Leptoceridae (Trichoptera)[C]// Moretti G P. Proceedings of the 3rd International Symposium on Trichoptera. Dordrecht: Dr W. Junk Publishers, 1981: 257-264.

[207] Morse J C, Holzenthal R W. Higher classification of Triplectidinae (Trichoptera: Leptoceridae)[C]// Bournaud M, Tachet H. Proceedings of the 5th International Symposium on Trichoptera. Dordrecht: Dr W. Junk Publishers, 1987: 139-144.

[208] Yang L F, Morse J C. Leptoceridae (Trichoptera) of the People's Republic of China [J]. Memoirs of the American Entomological Institute, 2000, 64: 5-63.

[209] Chen Y E. Revision of the *Oecetis* (Trichoptera: Leptoceridae) of the world[D]. Clemson: Clemson University, 1993.

[210] Minakawa N, Arefina T I, Ito T, et al. Caddisflies (Trichoptera) of the Kuril Archipelago [J]. Biodiversity and Biogeography of the Kuril Islands and Sakhalin, 2004, 1: 49-80.

[211] Park S J, Bae Y J. Checklist of the Limnephiloidea (Insecta: Trichoptera) of Korea[J]. Entomological Research Bulletin (KEI), 1998, 24: 33-42.

[212] 袁红银,杨莲芳. 中国裸齿角石蛾属三新种(毛翅目,齿角石蛾科)[J]. 动物分类学报, 2013, 38(1): 114-118.

[213] Schmid F. Contribution à l'étude de la sous-famille des Apataniinae (Trichoptera: Limnophilidae)[J]. Tijdschrift voor Entomologie, 1953, 96: 109-167.

[214] Schmid F. Contribution à l'etude de la sous-famille des Apataniinae (Trichoptera: Limnophilidae)[J]. Tijdschrift voor Entomologie, 1954,

97：1-74.

[215] Chuluunbat S. Revision of East Palearctic *Apatania* (Trichoptera：Apataniidae)[D]. Clemson：Clemson University，2008.

[216] Gall W K. Phylogenetic studies in the Limnephiloidea，with a revision of the world genera of Goeridae (Trichoptera)[D]. Toronto：University of Toronto，1994.

[217] Yang L F，Armitage B J. The genus *Goera* (Trichoptera，Goeridae) in China[J]. Proceedings of the Entomological Society of Washington，1996，98(3)：551-569.

[218] Nozaki T. Revision of the genus *Nothopsyche* Banks (Trichoptera：Limnephilidae) in Japan[J]. Entomological Science，2002，5(1)：103-124.

[219] Wiggins G B，Weaver J S I，Unzicker J D. Revision of the caddisfly family Uenoidae (Trichoptera)[J]. The Canadian Entomologist，1985，117：763-800.

[220] Wiggins G B，Erman N A. Additions to the systematics and biology of the caddisfly family Uenoidae (Trichoptera)[J]. Canadian Entomologist，1987，119：867-872.

[221] Botosaneanu L. Sur une nouvelle espece d' Uenoa de l' Himalaya Central，et sur la remarquable manlere dont les felles protegent leur ponte (Trichoptera：Uenoidae)[J]. Entomologische Berichten，1979，39：141-144.

[222] Chapin J W. Systematics of nearctic *Micrasema* (Trichoptera：Brachycentridae)[D]. Clemson：Clemson University，1978.

[223] Botosaneanu L，Gonzalez M. Un difficile probleme de taxonomie：les *Micrasema* (Trichoptera：Brachycentridae) des eaux courantes de la Peninsule Iberique et des Pyrenees [J]. Annales de la Société Entomologique de France，2006，42：119-127.

[224] Cianficconi F，González M. New taxonomic status for *Micrasema setiferum dolcinii* Botosaneanu & Moretti，1986 and first description of its larva (Trichoptera：Brachycentridae)[J]. Deutsche Entomologische Zeitschrift，2009，56(1)：133-136.

[225] Weaver J S I. A synonymy of the caddisfly genus *Lepidostoma* Rambur (Trichoptera：Lepidostomatidae)，including a species checklist[J].

Tijdschrift voor Entomologie, 2002, 145: 173-192.

[226] Yang L F, Weaver J S I. The Chinese Lepidostomatidae (Trichoptera) [J]. Tijdschrift voor Entomologie, 2002, 145: 267-352.

[227] Wiggins G B. A new family of Trichoptera from Asia[J]. Canadian Entomologist, 1959, 91(12): 745-757.

附录A　本研究采样地点信息

本研究采样地点信息如表A.1和图A.1所示。

表A.1　本研究采样地点信息表

编号	省	市县	地区	坐标	海拔	日期	同行者
1	安徽	金寨	古碑镇	31°28′51.67″N 115°49′3.11″E	320 m	2014-9-27	汪明潇
2	安徽	六安	毛坦厂	31°20′28.69″N 116°36′0.37″E	91 m	2014-8-16	汪明潇
3	安徽	六安	东河口	31°24′46.10″N 116°34′39.24″E	74 m	2014-8-18	汪明潇
4	安徽	潜山	板仓村	31° 0′6.02″N 116°32′30.96″E	502 m	2014-9-12	邱桂汉
						2015-10-3	曾乐平
5	安徽	桐城	龙眠山	31° 6′22.56″N 116°53′18.13″E	122 m	2014-9-14	邱桂汉
6	安徽	岳西	鹞落坪	30°59′10.66″N 116° 5′53.26″E	1141 m	2015-5-9	刘天宇
7	安徽	岳西	枯井园	31°2′11.48″N 116°30′11.88″E	735 m	2015-10-2	曾乐平
8	河南	信阳	天目山	32°34′34.00″N 113°48′23.67″E	215 m	2015-4-9	刘天宇
9	河南	信阳	鸡公山	31°48′13.21″N 114° 5′4.67″E	177 m	2014-9-20	孙先辉
						2015-7-11	何仁喜
10	河南	信阳	董寨	31°56′56.39″N 114°15′18.38″E	134 m	2015-7-9	孙先辉
11	湖北	大悟	大悟山	31°22′30.00″N 114°13′51.77″E	661 m	2015-5-1	刘天宇
12	湖北	黄梅	挪步园	30°13′48.87″N 115°49′53.60″E	919 m	2015-4-22	刘天宇
						2015-6-24	刘天宇
13	湖北	罗田	天堂寨	31° 5′57.31″N 115°44′1.22″E	518 m	2013-7-13	闫云君
						2014-4-3	查代明
						2014-5-28	柯彩霞
						2014-7-12	闫云君
						2015-3-24	刘天宇
						2015-6-10	刘天宇
						2015-7-18	闫云君
						2017-7-17	闫云君
						2019-7-7	闫云君
14	湖北	麻城	狮子峰	31°23′15.30″N 115° 19′39.49″E	578 m	2015-8-23	段鹤维
15	湖北	英山	桃花冲	30°59′33.31″N 115°59′45.87″E	469 m	2015-5-7	刘天宇
16	湖北	黄陂	锦里沟	31°16′28.69″N 114°12′48.19″E	297 m	2015-8-12	刘凤杰
17	湖北	红安	天台山	31°34′22.35″N 114°36′45.84″E	574 m	2015-9-19	金爽

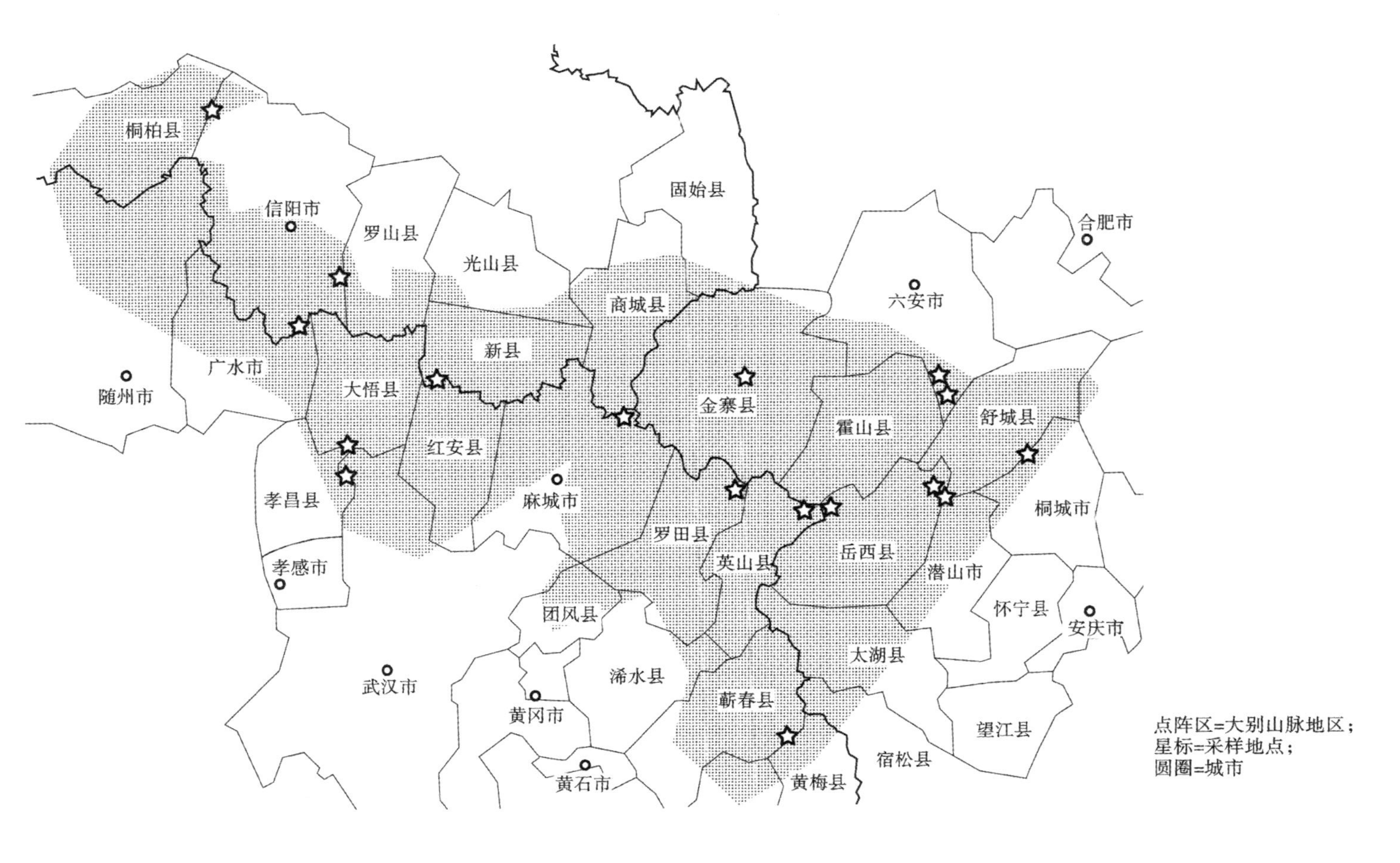

附图 A.1 大别山脉地区采样地点分布示意图

附录B 大别山脉地区毛翅目昆虫名录

阶元	前人发现的种类	本研究中采集到的种类	特有种类	新种或疑似新种
环须亚目 Annulipalpia				
纹石蛾总科 Hydropsychoidea Curtis，1835				
弓石蛾科 Arctopsychidae Martynov，1924				
弓石蛾属 *Arctopsyche* McLachlan，1868				
武夷山弓石蛾 *Arctopsyche wuyshanensis* Mey，2009.	+	+		
纹石蛾科 Hydropsychidae Curtis，1835				
腺纹石蛾亚科 Diplectroninae Ulmer，1951				
腺纹石蛾属 *Diplectrona* Westwood，1839				
浅带腺纹石蛾 *Diplectrona albofasciata* Ulmer，1913	+	+		
叉突腺纹石蛾 *Diplectrona furcata* Hwang，1958	+	+		
* 欧式腺纹石蛾 *Diplectrona obal* Malicky & Melnitsky，2010	+	+		
腺纹石蛾 *Diplectrona* sp. 1		+	+	+
纹石蛾亚科 Hydropsychinae Curtis，1835				
短脉纹石蛾属 *Cheumatopsyche* Wallengren，1891				
条尾短脉纹石蛾 *Cheumatopsyche albofascia*（McLachlan，1872）	+	+		
中华短脉纹石蛾 *Cheumatipsyche chinensis*（Martynov，1930）	+	+		
多斑短脉纹石蛾 *Cheumatipsyche dubitans* Mosely，1942	+	+		
德永短脉纹石蛾 *Cheumatopsyche tokunagai*（Tsuda，1940）	+	+		

续表

阶元	前人发现的种类	本研究中采集到的种类	特有种类	新种或疑似新种
杨莫短脉纹石蛾 *Cheumatopsyche yangmorseorum* Oláh & Johanson, 2008	+		+	
离脉纹石蛾属 *Hydromanicus* Brauer, 1865				
具沟离脉纹石蛾 *Hydromanicus canaliculatus* Li, Tian & Dudgeon, 1990	+	+		
纹石蛾属 *Hydropsyche* Pictet, 1834				
卡巴纹石蛾 *Hydropsyche cabarym* Malicky, 2012	+	+	+	
奇氏纹石蛾 *Hydropsyche cipus* Malicky & Chantaramongkol, 2000	+	+	+	
柯隆纹石蛾 *Hydropsyche columnata* Martynov, 1931	+	+		
格氏纹石蛾 *Hydropsyche grahami* Banks, 1940	+	+		
截茎纹石蛾 *Hydropsyche penicillata* Martynov, 1931	+	+		
裂茎纹石蛾 *Hydropsyche simulata* Mosely, 1942	+	+		
瓦尔纹石蛾 *Hydropsyche valvata* Martynov, 1927	+	+		
缺距纹石蛾属 *Potamyia* Banks, 1900				
中华缺距纹石蛾 *Potamyia chinensis* (Ulmer, 1915)	+	+		
长角纹石蛾亚科 Macronematinae Ulmer, 1907				
长角纹石蛾属 *Macrostemum* Kolenati, 1859				
长角纹石蛾 *Macrostemum* sp. 1		+	+	+
等翅石蛾总科 Philopotamoidea Stephens, 1829				
等翅石蛾科 Philopotamidae Stephens, 1829				
缺叉等翅石蛾亚科 Chimarrinae Stephens, 1829				
缺叉等翅石蛾属 *Chimarra* Stephens, 1829				
方须缺叉等翅石蛾 *Chimarra cachina* (Mosely, 1942)	+	+		
波缘缺叉等翅石蛾 *Chimarra fluctuate* Sun, 2007	+	+	+	
钩肢缺叉等翅石蛾 *Chimarra hamularis* Sun, 1997	+	+		
双齿缺叉等翅石蛾 *Chimarra sadayu* Malicky, 1993	+	+		

续表

阶元	前人发现的种类	本研究中采集到的种类	特有种类	新种或疑似新种
瑶山缺叉等翅石蛾 *Chimarra yaoshanensis* (Hwang, 1957)	+	+		
等翅石蛾亚科 Philopotaminae Stephens, 1829				
短室等翅石蛾属 *Dolophilodes* Ulmer, 1909				
* 双色短室等翅石蛾 *Dolophilodes bicolor* Kimmins, 1955	+	+		
埃律短室等翅石蛾 *Dolophilodes erysichthon* Sun & Malicky, 2002	+	+		
艳丽短室等翅石蛾 *Dolophilodes ornata* Ulmer, 1909	+	+		
合脉等翅石蛾属 *Gunungiella* Ulmer, 1913				
萨氏合脉等翅石蛾 *Gunungiella saptadachi* Schmid, 1968	+	+		
梳等翅石蛾属 *Kisaura* Ross, 1956				
欧安梳等翅石蛾 *Kisaura euandros* Sun & Malicky, 2002	+	+		
欧妙梳等翅石蛾 *Kisaura eumaios* Sun & Malicky, 2002	+	+	+	
梳等翅石蛾 *Kisaura* sp. 1		+	+	+
蠕形等翅石蛾属 *Wormaldia* McLachlan, 1865				
四刺蠕形等翅石蛾 *Wormaldia quadriphylla* Sun, 1997	+	+		
浙江蠕形等翅石蛾 *Wormaldia zhejiangensis* Sun & Malicky, 2002	+	+		
蠕形等翅石蛾 *Wormaldia* sp. 1		+	+	+
角石蛾科 Stenopsychidae Martynov, 1924				
角石蛾属 *Stenopsyche* McLachlan, 1866				
窄角石蛾 *Stenopsyche angustata* Martynov, 1930	+	+		
双叶角石蛾 *Stenopsyche bilobata* Tian & Li, 1991	+		+	
宽阔角石蛾 *Stenopsyche camor* Malicky, 2012	+	+		
阔茎角石蛾 *Stenopsyche complanata* Tian & Li, 1991	+	+	+	
天目山角石蛾 *Stenopsyche tianmushanensis* Hwang, 1957	+	+		
角石蛾 *Stenopsyche* sp. 1		+	+	+

续表

阶元	前人发现的种类	本研究中采集到的种类	特有种类	新种或疑似新种
蝶石蛾总科 Psychomyiodea Curtis，1835				
径石蛾科 Ecnomidae Ulmer，1903				
径石蛾属 *Ecnomus* McLachlan，1864				
双色径石蛾 *Ecnomus bicolorus* Tian & Li，1992	+	+		
椭圆径石蛾 *Ecnomus ellipticus* Li & Morse，1997	+	+		
宽阔径石蛾 *Ecnomus latus* Li & Morse，1997	+	+		
直角径石蛾 *Ecnomus perpendicularis* Li & Morse，1997	+	+		
纤细径石蛾 *Ecnomus tenellus* (Rambur，1842)	+	+		
山科径石蛾 *Ecnomus yamashironis* Tsuda，1942	+			
多距石蛾科 Polycentropodidae Ulmer，1903				
闭径多距石蛾属 *Nyctiophylax* Brauer，1865				
艾氏闭径多距石蛾 *Nyctiophylax aliel* Malicky，2012	+		+	
巨喙闭径多距石蛾 *Nyctiophylax macrorrhinus* Zhong，Yang & Morse，2014	+	+	+	
缘脉多距石蛾属 *Plectrocnemia* Stephens，1836				
中华缘脉多距石蛾 *Plectrocnemia chinensis* Ulmer，1926	+	+		
隐突缘脉多距石蛾 *Plectrocnemia cryptoparamere* Morse，Zhong & Yang，2012	+			
锄形缘脉多距石蛾 *Plectrocnemia hoenei* Schmid，1965	+	+		
缺叉多距石蛾属 *Polyplectropus* Ulmer，1905				
尖锐缺叉多距石蛾 *Polyplectropus acutus* Li & Morse，1997	+		+	
扁平缺叉多距石蛾 *Polyplectropus explanatus* Li & Morse，1997	+	+		
钩状缺叉多距石蛾 *Polyplectropus unciformis* Zhong，Yang & Morse，2008	+	+	+	
背突石蛾科 Pseudoneureclipsidae Ulmer，1951				
背突石蛾属 *Pseudoneureclipsis* Ulmer，1913				

续表

阶元	前人发现的种类	本研究中采集到的种类	特有种类	新种或疑似新种
田氏背突石蛾 *Pseudoneureclipsis tiani* Li，2001	+	+		
蝶石蛾科 Psychomyiidae Walker，1852				
蝶石蛾亚科 Psychomyiinae Walker，1852				
多节蝶石蛾属 *Paduniella* Ulmer，1913				
普通多节蝶石蛾 *Paduniella communis* Li & Morse，1997	+	+		
蝶石蛾属 *Psychomyia* Latreille，1829				
复杂蝶石蛾 *Psychomyia complexa* Li，Morse and Peng，2020		+		+
指茎蝶石蛾 *Psychomyia dactylina* Sun，1997	+	+		
广布蝶石蛾 *Psychomyia extensa* Li，Sun & Yang，1999	+	+		
蝶石蛾 1 *Psychomyia* sp. 1		+		+
蝶石蛾 2 *Psychomyia* sp. 2		+	+	+
齿叉蝶石蛾亚科 Tinodinae Li & Morse，1997				
齿叉蝶石蛾属 *Tinodes* Curtis，1834				
隐茎齿叉蝶石蛾 *Tinodes cryptophallicata* Li & Morse，1997	+	+		
叉形齿叉蝶石蛾 *Tinodes furcatus* Li & Morse，1997	+	+		
小枝齿叉蝶石蛾 *Tinodes harael* Malicky，2017	+	+	+	
桨形齿叉蝶石蛾 *Tinodes sartael* Malicky，2017	+	+	+	
蕊形齿叉蝶石蛾 *Tinodes stamens* Qiu，2018		+	+	+
腹齿叉蝶石蛾 *Tinodes ventralis* Li & Morse，1997	+	+		
完须亚目 Integripalpia				
舌石蛾科 Glossosomatidae Wallengren，1891				
魔舌石蛾亚科 Agapetinae Martynov，1913				
魔舌石蛾属 *Agapetus* Curtis，1834				
魔舌石蛾 *Agapetus* sp. 1		+	+	+
舌石蛾亚科 Glossosomatinae Wallengren，1891				

续表

阶元	前人发现的种类	本研究中采集到的种类	特有种类	新种或疑似新种
舌石蛾属 *Glossosoma* Curtis，1834				
织针舌石蛾 *Glossosoma chelotion* Yang & Morse，2002	+	+		
瓣状舌石蛾 *Glossosoma valvatum* Ulmer，1926	+	+		
螯石蛾科 Hydrobiosidae Ulmer，1905				
竖毛螯石蛾属 *Apsilochorema* Ulmer，1907				
黄氏竖毛螯石蛾 *Apsilochorema hwangi*（Fischer，1970）	+	+		
小石蛾科 Hydroptilidae Stephens，1836				
小石蛾属 *Hydroptila* Dalman，1819				
奇异小石蛾 *Hydroptila extrema* Kumanski，1990	+	+		
钩突小石蛾 *Hydroptila hamistyla* Xue & Wang，1995	+	+		
星期四小石蛾 *Hydroptila thuna* Oláh，1989	+	+		
直毛小石蛾属 *Orthotrichia* Eaton，1873				
长突直毛小石蛾 *Orthotrichia apophysis* Zhou & Yang，2010	+	+		
尖毛小石蛾属 *Oxyethira* Eaton，1873				
中脊尖毛小石蛾 *Oxyethira tropis* Yang & Kelley，1997	+	+		
钳爪尖毛小石蛾 *Oxyethira volsella* Yang & Kelley，1997	+	+		
滴水小石蛾属 *Stactobia* McLachlan，1880				
豆肢滴水小石蛾 *Stactobia salmakis* Malicky & Chantaramongkol，2007	+	+		
原石蛾科 Rhyacophilidae Stephens，1836				
喜马石蛾属 *Himalopsyche* Banks，1940				
那氏喜马石蛾 *Himalopsyche navasi* Banks，1940	+	+		
原石蛾属 *Rhyacophila* Pictet，1834				
短背原石蛾 *Rhyacophila brevitergata* Qiu，2016		+	+	+
槌形原石蛾 *Rhyacophila claviforma* Sun & Yang，1998	+	+		

续表

阶元	前人发现的种类	本研究中采集到的种类	特有种类	新种或疑似新种
欧律原石蛾 *Rhyacophila eurystheus* Malicky & Sun, 2002	+	+	+	
欧忒原石蛾 *Rhyacophila euterpe* Malicky & Sun, 2002	+	+	+	
拟冠原石蛾 *Rhyacophila haplostephanodes* Qiu, 2016		+	+	+
长枝原石蛾 *Rhyacophila longiramata* Qiu, 2016		+	+	+
长侧突原石蛾 *Rhyacophila longistyla* Sun & Yang, 1995	+	+		
长袖原石蛾 *Rhyacophila manuleata* Martynov, 1934	+	+		
拟棰原石蛾 *Rhyacophila mimiclaviforma* Sun & Yang, 1998	+	+		
五角原石蛾 *Rhyacophila pentagona* Malicky & Sun, 2002	+	+		
三角原石蛾 *Rhyacophila triangularis* Schmid, 1970	+	+		
原石蛾 *Rhyacophila* sp. 1		+	+	+
短幕骨下目 Brevitentoria				
长角石蛾总科 Leptoceroidae				
枝石蛾科 Calamoceratidae Ulmer, 1905				
异距枝石蛾亚科 Anisocentropodinae Lestage, 1936				
异距枝石蛾属 *Anisocentropus* McLachlan, 1863				
河村异距枝石蛾 *Anisocentropus kawamurai* Iwata, 1927	+	+		
长角石蛾科 Leptoceridae Leach,1815				
长角石蛾亚科 Leptocerinae Leach, 1815				
并脉长角石蛾属 *Adicella* McLachlan, 1877				
椭圆并脉长角石蛾 *Adicella ellipsoidalis* Yang & Morse, 2000	+	+		
* 岛神并脉长角石蛾 *Adicella kalypso* Malicky, 2002	+	+		
长肢并脉长角石蛾 *Adicella longiramosa* Yang & Morse, 2000	+	+		
乳突并脉长角石蛾 *Adicella papillosa* Yang & Morse, 2000	+	+		
* 三叉并脉长角石蛾 *Adicella trichotoma* Ito & Kuhara, 2013	+	+		
突长角石蛾属 *Ceraclea* Stephens, 1829				

续表

阶元	前人发现的种类	本研究中采集到的种类	特有种类	新种或疑似新种
隐刺突长角石蛾 *Ceraclea nycteola* Mey，1997	+	+		
栖岸突长角石蛾 *Ceraclea riparia*（Albarda，1874）	+	+		
须长角石蛾属 *Mystacides* Berthold，1827				
长须长角石蛾 *Mystacides elongatus* Yamamoto & Ross，1966	+	+		
黄褐须长角石蛾 *Mystacides testaceus* Navás，1931	+	+		
栖长角石蛾属 *Oecetis* McLachlan，1877				
杯形栖长角石蛾 *Oecetis caucula* Yang & Morse，2000	+	+		
繁栖长角石蛾 *Oecetis complex* Huang，1957	+	+		
湖栖长角石蛾 *Oecetis lacustris*（Pictet，1934）	+	+		
黑斑栖长角石蛾 *Oecetis nigropunctata* Ulmer，1908	+	+		
刺栖长角石蛾 *Oecetis spinifera* Yang & Morse，2000	+	+		
条带栖长角石蛾 *Oecetis taenia* Yang & Morse，2000	+	+		
姬长角石蛾属 *Setodes* Rambur，1842				
簇状姬长角石蛾 *Setodes peniculus* Yang & Morse，2000	+	+		
方肢姬长角石蛾 *Setodes quadratus* Yang & Morse，1989	+	+		
叉长角石蛾属 *Triaenodes* McLachlan，1865				
秦岭叉长角石蛾 *Triaenodes qinglingensis* Yang & Morse，2000	+	+		
棕红叉长角石蛾 *Triaenodes rufescens* Martynov，1935	+	+		
毛姬长角石蛾属 *Trichosetodes* Ulmer，1915				
锯毛姬长角石蛾 *Trichosetodes serratus* Yang & Morse，2000	+		+	
歧长角石蛾亚科 Triplectidinae Ulmer，1906				
歧长角石蛾属 Triplectides Kolenati，1859				
伪马氏歧长角石蛾 *Triplectides deceptimagnus* Yang & Morse，2000	+	+		
细翅石蛾科 Molannidae Wallengren，1891				

续表

阶元	前人发现的种类	本研究中采集到的种类	特有种类	新种或疑似新种
细翅石蛾属 *Molanna* Curtis，1834				
暗褐细翅石蛾 *Molanna moesta* Banks，1906	+	+		
拟细翅石蛾属 *Molannodes* McLachlan，1866				
多叶拟细翅石蛾 *Molannodes ephialtes* Malicky，2000	+	+	+	
拟细翅石蛾 *Molannodes* sp. 1		+	+	+
齿角石蛾科 Odontoceridae Wallengren，1891				
海齿角石蛾属 *Marilia* Mueller，1880				
平行海齿角石蛾 *Marilia parallela* Hwang，1957	+	+		
裸齿角石蛾属 *Psilotreta* Banks，1899				
内钩裸齿角石蛾 *Psilotreta daidalos* Malicky，2000	+	+	+	
短刺裸齿角石蛾 *Psilotreta brevispinosa* Qiu，2020		+	+	+
双叉裸齿角石蛾 *Psilotreta furcata* Qiu，2020		+	+	+
全幕骨下目 Plenitentoria				
沼石蛾总科 Limnephiloidea				
幻石蛾科 Apataniidae Wallengren，1886				
幻石蛾亚科 Wallengren，1886				
幻石蛾属 *Apatania* Kolenati，1847				
长肢幻石蛾 *Apatania protracta* Qiu，2017		+	+	+
半圆幻石蛾 *Apatania semicircularis* Leng & Yang，1998	+	+		
腹突幻石蛾属 *Apatidelia* Mosely，1942				
拟马氏腹突幻石蛾 *Apatidelia paramartynovi* Qiu，2017		+		+
长刺幻石蛾亚科 Moropsychinae Schmid，1953				
长刺幻石蛾属 *Moropsyche* Banks，1906				
大悟长刺幻石蛾 *Moropsyche dawuensis* Qiu，2018		+		+
瘤石蛾科 Goeridae Ulmer，1903				
瘤石蛾属 *Goera* Stephens，1829				
裂背瘤石蛾 *Goera fissa* Ulmer，1926	+	+		

续表

阶元	前人发现的种类	本研究中采集到的种类	特有种类	新种或疑似新种
马氏瘤石蛾 *Goera martynowi* Ulmer, 1932	+	+		
细条瘤石蛾 *Goera naphtu* Malicky, 2012	+	+	+	
塞氏瘤石蛾 *Goera sehaliah* Malicky, 2017	+	+	+	
沼石蛾科 Limnephilidae Kolenati, 1848				
双序沼石蛾亚科 Dicosmoecinae Schmid, 1955				
长须沼石蛾属 *Nothopsyche* Banks, 1906				
挪氏长须沼石蛾 *Nothopsyche nozakii* Yang & Leng, 2004	+	+		
乌石蛾科 Uenoidae Iwata, 1927				
乌石蛾属 *Uenoa* Iwata, 1927				
乌石蛾 *Uenoa* sp. 1		+	+	+
石蛾总科 Phryganeoidea				
短石蛾科 Brachycentridae Ulmer, 1903				
小短石蛾属 *Micrasema* McLachlan, 1876				
卡氏小短石蛾 *Micrasema carsiel* Malicky, 2017	+	+	+	
加氏小短石蛾 *Micrasema gabriel* Malicky, 2012	+	+		
拉氏小短石蛾 *Micrasema raaziel* Malicky, 2017	+	+	+	
鳞石蛾科 Lepidostomatidae Ulmer, 1903				
鳞石蛾属 *Lepidostoma* Rambur, 1842				
尖锐鳞石蛾 *Lepidostoma acutum* Yang & Weaver, 2002	+	+	+	
角茎鳞石蛾 *Lepidostoma buceran* Yang & Weaver, 2002	+	+		
黄纹鳞石蛾 *Lepidostoma flavum* Ulmer, 1926	+	+		
内钩鳞石蛾 *Lepidostoma maruth* Malicky, 2015	+	+		
盂须鳞石蛾 *Lepidostoma propriopalpum* (Hwang, 1957)	+	+		
拟石蛾科 Phryganopsychidae Wiggins, 1959				
拟石蛾属 *Phryganopsyche* Wiggins, 1959				
宽羽拟石蛾 *Phryganopsyche latipennis* (Banks, 1906)	+	+		

注：* 表示我国的新记录。

附录C　翅脉术语缩写

A＝anal vein 臀脉

C＝costa 前缘脉

Cu＝cubitus 肘脉

DC＝discoidal cell 中室

F＝fork 翅叉

M＝media 中脉

MC＝median cell 中室

PC＝postcostal cell 后缘室

R＝radius 经脉

Sc＝subcosta 亚前缘脉

TC＝thyridial cell 明斑室